计算机专业"十三五"规划教材

Windows Server 2008 项目教程

何 山 邹劲松 杨旭东 主编

兵器工业出版社

内容简介

　　本书系统地介绍了 Windows Server 2008 网络服务器配置与管理的各方面的内容。主要分为网络服务器安装与配置、网络服务器管理员、网络服务器架设等三个模块，包括安装 Windows Server 2008、Windows Server 2008 工作环境设置、虚拟化技术、域控制器管理、用户和组的管理、磁盘管理、网络资源共享、备份与恢复、远程桌面连接管理、文件服务器设置、DNS 和 WINS 服务器配置、DHCP 服务器设置、Web 服务器设置、FTP 服务器架设、邮件服务器架设、流媒体服务器架设以及路由和远程访问服务器等 16 个课题。

　　本书适合应用型本科院校、职业院校计算机网络技术专业教学使用，也可作为网络技术人员、网络管理和维护人员的参考书。

图书在版编目（ＣＩＰ）数据

Windows Server 2008 项目教程 / 何山，邹劲松，杨旭东主编. -- 北京 ： 兵器工业出版社，2015.7
　　ISBN 978-7-5181-0112-2

　　Ⅰ. ①W… Ⅱ. ①何… ②邹… ③杨… Ⅲ. ①Windows 操作系统－网络服务器－高等学校－教材 Ⅳ. ①TP316.86

中国版本图书馆 CIP 数据核字（2015）第 159758 号

出版发行：兵器工业出版社　　　　　　　　　　责任编辑：陈红梅
发行电话：010-68962596，68962591　　　　　封面设计：赵俊红
邮　　编：100089　　　　　　　　　　　　　　责任校对：郭　芳
社　　址：北京市海淀区车道沟 10 号　　　　　责任印制：王京华
经　　销：各地新华书店　　　　　　　　　　　开　本：787×1092　1/16
印　　刷：冯兰庄兴源印刷厂　　　　　　　　　印　张：21
版　　次：2023 年 8 月第 1 版第 2 次印刷　　　字　数：500 千字
印　　数：3001 - 6000　　　　　　　　　　　　定　价：48.00 元

前　言

Windows Server 2008 是新一代 Windows Server 操作系统,可以帮助信息技术（IT）专业人员最大限度地控制其基础结构，同时提供空前的可用性和管理功能，建立比以往更加安全、可靠和稳定的服务器环境。Windows Server 2008 是微软历史上最稳定的平台之一，对所有的应用均能提供非常好的支持，而且其可管理性非常高，使得用户只需花费较少的精力就可以做好系统及应用的管理。

> ## 本书特点

本书主要有以下几个特点：

（1）突出教育特色，重视职业能力培养。根据计算机网络技术专业毕业生所从事职业的实际需要，合理选择教学内容，突出企业工作实践内涵，使读者具有组建网络、管理网络、使用网络等职业技能，满足企业对计算机网络技能型人才的要求。

（2）贯彻任务驱动编写思路。结合先进的教学理论，做到理论学习有载体、工作实训有实体，通过具体的工作任务引导读者进行知识和技能学习，有利于激发读者的学习积极性，变被动学习为主动学习，使读者在获得知识和技能的同时，获得学习兴趣。

（3）根据国家职业标准、计算机技术与软件考试大纲以及行业、企业工作规范组织教学内容，涵盖网络管理员、网络工程师等国家职业标准的相关要求，使教材具有很强的实用性和针对性。

> ## 本书结构安排

本书系统地介绍了 Windows Server 2008 网络服务器配置与管理的各方面的内容。主要分为网络服务器安装与配置、网络服务器管理员、网络服务器架设等三个模块，包括安装 Windows Server 2008、Windows Server 2008 工作环境设置、虚拟化技术、域控制器管理、用户和组的管理、磁盘管理、网络资源共享、备份与恢复、远程桌面连接管理、文件服务器设置、DNS 和 WINS 服务器配置、DHCP 服务器设置、WEB 服务器设置、FTP 服务器架设、邮件服务器架设、流媒体服务器架设以及路由和远程访问服务器等 16 个课题。

本书采用任务驱动的教学方法，通过 45 个具体的学习任务引导学生学习 Windows Server 2008 网络服务器配置与管理的技能。理论知识讲解清晰、简练，实践操作具体、详尽，便于学习掌握相关的技术与方法。

➢ 本书编写人员

本书由常州技师学院的何山、重庆水利电力职业技术学院的邹劲松、重庆安全技术职业学院的杨旭东担任主编，常州技师学院的郭征、何永为等参与了本书的部分编写工作。本书的相关资料和售后服务可扫封底的二维码或登录 www.bjzzwh.com 下载获得。

➢ 本书适合对象

本书适合应用型本科院校、职业院校计算机网络技术专业教学使用，也可作为网络技术人员、网络管理和维护人员的参考书。

本书在编写过程中，难免有疏漏和不当之处，敬请各位专家及读者不吝赐教。

编　者

目　录

Windows Server 2008 项目教程

Windows Server 2008 项目教程

模块一　网络服务器基本知识

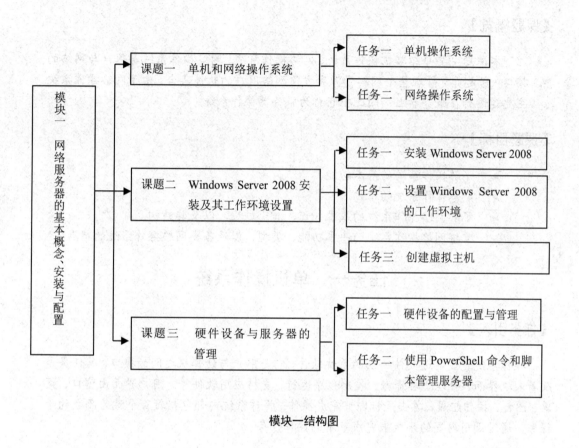

模块一结构图

课题一　单机和网络操作系统

【课题概览】

本课题主要介绍单机操作系统、网络操作系统。网络操作系统是用户与网络的接口，它是负责管理整个网络资源和方便网络用户的软件集合。由于网络操作系统主要是运行在服务器上，因此把它称为服务器操作系统。

【课题目标】

> ➢ 了解操作系统的基本功能
> ➢ 熟悉操作系统的结构
> ➢ 了解网络操作系统的基本知识、演变过程，以及其结构
> ➢ 掌握网络操作系统的基本功能、类型，以及各类网络操作系统的特点

任务一　单机操作系统

【任务引入】

操作系统是最靠近硬件一层的系统软件，它是用户与计算机之间的接口，其任务是改善人机界面、管理全部资源、控制程序运行、支持应用软件等。用户界面由窗口、菜单、图标、按钮组成，单击鼠标即可完成操作。操作系统内部包括数百个称为函数的子程序，通过调用内置的函数来完成基本的操作任务。

【任务分析】

操作系统必须为用户提供各种简便有效的获取本机资源的手段，并且合理地组织系统工作流程，以便有效地管理系统。为了实现这些基本功能，需要在操作系统中建立各种进程，编写不同的功能模块，并按层次结构的思想，将这些功能模块有机地组织起来，以完成处理器管理、存储管理、文件系统管理、设备管理与作业控制等主要功能。

【相关知识】

一、操作系统的管理功能

操作系统的管理功能包括进程管理、内存管理、文件管理和设备 I/O 管理等。系统的硬件资源和软件资源都由操作系统根据用户需要按一定的策略分配和调试。

1. 进程管理

进程（Process）是所有操作系统的一个基本概念，所谓进程就是一个将执行的程序，它附有该进程的地址空间、相应的寄存器组以及运行程序所需要的其他信息。例如，在分时操作系统中，将周期性地中止某个进程、启动某个进程。挂起某个进程，必须把它所有的状态保存起来，以便再次启动后能够继续运行。

因此，操作系统必须提供一种启动机制。在 DOS 中，该机制就是 EXEC 函数，Windows 中启动进行的函数是 CreateProcess，它的代码存储在操作系统的内核里，即在 KERNEL32.DLL 文件中。当 CreateProcess 接收一个可执行的文件名后，它便装入该文件并开始执行。它与 EXEC 不同的是，CreateProcess 在调用后几乎能立即返回，以便更多的程序可以被启动。

操作系统的处理器管理是根据一定的策略将指令交替地分配给系统内等待运行的程序。Windows 是多任务操作系统，其内核含有分时器，允许多个进程同时运行。Windows 进程还包括一个或多个执行线程。每隔几毫秒，分时器便从当前正在执行的进程接过 CPU 控制权，用一种复杂的分配优先机制决定下一个要执行的线程，然后在上次被打断的地方开始执行这个线程。

操作系统的作业管理功能是为用户提供一个使用系统的良好环境，使用户能有效地组织自己的工作流程，并使整个的系统高效地运行。

2. 内存管理

操作系统的存储管理功能是管理内存资源，主要实现内存的分配与回收、存储保护以及内存的扩充等。

内存管理的目标是给每一个应用程序分配所必需的内存空间，而又不占用其他应用程序的内存。DOS 的内存管理运行在实模式下，只有 1MB 的内存可以用来编址；Windows 的内存管理运行在保护模式下，1MB 可寻址内存使用完后可以扩展内存。通常，应用程序可以调用操作系统的内存分配函数。如果系统不提供足够的内存来满足一个应用程序的需要，虚拟内存管理程序就会介入来弥补不足。因此，Windows 在内存管理方面做得很好，它可以管理 PC 上安装的所有内存，当某些内存不足时，则从硬盘上空闲空间生成虚拟内存以供使用。

Windows 内存管理的另一个任务是采取某些步骤以阻止应用程序访问不属于它的内存。在 DOS 中，一个应用程序可能偶然地或故意地写到其他的内存中，甚至写到属于操作系统的内存中，并导致整个系统崩溃。Windows 通过把应用程序限制在自己的地址空间来避免冲突，这些地址在逻辑上是彼此隔离的。它通过结构化的内存来保护操作系统的代码和数据，这样 CPU 会在一个非法的访问发生之前通知操作系统。

3. 文件管理

文件系统是操作系统最重要的组成部分之一，它负责管理在硬盘和其他大容量存储设备中存储的文件，通过文件管理向用户提供创建文件、删除文件、读写文件、打开和关闭文件等功能。操作系统提供高级函数，以便应用程序调用来生成文件、打开文件进行读写，以及完成一些文件管理的琐事，例如重命名和删除等。

从应用程序的角度来看，文件 I/O 是一个简单的任务。要从一个文件读数据，应用程序首先要调用操作系统函数并传送文件名，再选择一个到该文件的路径来打开文件。该函数取回一个顺序号，即文件句柄（File Handle），该文件句柄对于打开的文件是唯一的识别依据。要从文件中读取一段数据，应用程序需要调用函数 ReadFile，并将文件句柄在内存中的地址和要复制的字节数传送给操作系统。当完成任务后，再通过调用另一个操作系统函数来关闭该文件。

操作系统之所以能够找到磁盘上的文件，是因为有磁盘上的文件名也存储位置的记录。在 DOS 里，它称为文件表（File Allocation Table，FAT）；在 Windows 里，称为虚拟文件表（Virtual File Allocation Table，VFAT）。

4. 设备 I/O 管理

操作系统的设备管理负责分配和回收外部设备，以及控制外部设备按用户程序的要求进行操作，设备 I/O 是操作系统的又一个重要的角色。所谓设备是指键盘、鼠标以及显示器、打印机等硬件。为了能与一个设备对话，程序必须会说该设备能够理解的"语言"。这些语言是由 1 和 0 组成的数据命令。有多少种设备，就有多少种这样的命令。

DOS 使用的设备驱动程序是非常基本的，如屏幕、硬盘和打印机的驱动程序。这些低级的程序通常都放在计算机的 BIOS 中。而 Windows 使用特殊的设备驱动程序来把输入/输出请求翻译成命令传给特定的硬件设备。

例如，我们为了在屏幕上画一条线，Windows 应用程序在操作系统的 GDI 中调用一个称为 LineTo 的函数，同时，GDI 把请求传给显示驱动程序，显示驱动程序再把该行扫描转化为 1 和 0 来代表像素色彩，然后把色彩值放入显卡的缓存。如果把像素色彩放入显卡的缓存中是随着显卡的不同而不同，应用程序不必考虑，因为显示驱动会处理这些细节。由于 Windows 带有许多显示驱动程序，因此应用程序可以在各种显示卡上工作，而与硬件无关。此外，还有为键盘、鼠标、串行口、打印机、磁盘控制器、CD-ROM 驱动器以及其他设备提供的驱动程序，而且许多附件的驱动程序可以从第三方厂商那里得到。

二、操作系统的结构

操作系统通常有四类组件：驱动程序、内核、接口库和外围部件。

（1）驱动程序是最底层的、直接控制和监视各类硬件的部分，职责是要隐藏硬件的具体细节，并向其他部分提供一个抽象的、通用的接口。

（2）内核是操作系统最核心的部分，运行于最高特权级，负责提供基础性、结构性的功能。

（3）接口库是最靠近应用程序的部分，负责把系统提供的基本服务包装成应用程序能够使用的应用程序编程接口 API。

（4）外围部件是用于提供特定高级服务的组件。

操作系统常见的结构有简单结构、层次结构、微内核结构、垂直结构和虚拟机结构。很多早期的操作系统都采用非常简单的结构。系统中的各个部分混杂在一起，没有清晰的整体结构；内核是操作系统的核心、最基础的组件，内核结构对操作系统外部特征以及应用领域有一定程序的影响，是操作系统常用的分类标准。

内核结构可以分为单内核、微内核、超微内核以及外核。单内核结构是操作系统中各核心部件的形态，是操作系统内核与外围分离时的最初形态；在应用领域中，以单内核为基础的操作系统一直占据着主导地位。大部分 UNIX、Linux 以及 Windows 操作系统都采用单内核结构，而 Windows NT 则是基于改良的微内核结构。

任务二　网络操作系统

【任务引入】

网络操作系统（Network Operating System，NOS）是网络的心脏和灵魂，向网络计算机提供网络通信和信息资源共享。它是负责管理整个网络资源和方便网络用户的软件集合。网络操作系统是运行在服务器之上的，因此也把它称为服务器操作系统。

【任务分析】

NOS 与运行在工作站上的单用户操作系统和多用户操作系统，由于提供的类型不同而有差别。一般情况下，NOS 是以使用网络相关特性最佳为目的，如共享数据文件、软件应用以及共享硬盘、打印机、扫描仪和传真机等。

一般来说，NOS 可以分为两类：专用型 NOS 和通用型的 NOS。

专用型 NOS 是为了某一种特殊网络应用要求而设计的；通用型网络操作系统能提供基本网络服务功能，满足用户在各个领域的应用需求。

对于通用型 NOS，一般又可分为两类：变形级系统和基础级系统。变形级系统是在原有的单机操作系统基础上，通过增加网络功能构成的；基础级系统则是以计算机硬件基础，根据网络服务的要求，直接利用硬件与少量软件资源专门设计的网络操作系统。

【相关知识】

一、网络操作系统的基本知识

NOS 是指除了单机操作系统外所需的功能（如内存管理、CPU 管理、输入输出管理、文件管理）之外，还能使网络上各个计算机方便而有效地共享网络资源，为用户提供所震怒的各种服务功能。这些服务功能包括：

（1）提供高效、可靠的网络通信能力。

（2）提供多项网络服务功能，如远程管理、文件传输、电子邮件、远程打印等。

由操作系统的定义可以看出，NOS 是使联网的计算机能够方便而有效的共享网络资源，为网络用户提供所需的各种服务的软件协议的集合。因此，NOS 的基本任务应当包括屏蔽本地资源与网络资源的差异性，用户提供各种基本的网络服务功能，完成网络共享系统资源的管理，并提供网络系统的安全性服务。

NOS 是局域网高层软件，利用局域网低层提供的数据传输功能，为高层网络用户提供共享资源管理服务，提供各种网络服务功能。有人把基于 Web 的操作系统（Web OS）称为网络操作系统，这里把 NOS 称为服务器操作系统，而把 Web OS 称为客户端操作系统。

二、网络操作系统的演变

1. 早期的网络操作环境

早在大型主机的时代，IBM 公司、Burroughs 公司、Unisys 公司就曾经提供过完备的网络环境。依赖于单一厂家的产品，提供 SNA 网络范围内的操作连接、共享应用程序和网络环境的各种工具。

近 20 年来，局域网技术取得了长足的发展，从最初的共享介质局域网逐渐发展到交换式局域网，并在此基础上发展起来虚拟局域网、无线局域网。最近几年，快速以太网、千兆位以太网、万兆位以太网以及 ATM 局域网仿真（ATMLAN）等局域网得到了广泛的应用。但作为网络用户和计算机网络之间的接口的网络操作系统，并不需要针对不同的网络硬件都要有自己的网络操作系统。

一个典型的网络操作系统应当具有独立的特征，换句话说，它应当独立于具体的硬件平台，支持多平台，使系统可以运行于各种硬件平台之上。例如：可以运行于基于 Intel 的 x86 系统，也可以运行于基于精简指令（RISC）集的系统，如 DEC Alpha.MISR4000 等。用户做系统迁移时，可以直接将基于 Intel 系统的机器转移到 RISC 系列主机上，而不必修改系统，为此，Microsoft 公司提出硬件抽象层（HAL）这一概念，HAL 与具体的硬件平台无关，当改变具体的硬件平台时，不必修改网络操作系统，只要改换其 HAL，系统就可以实现平稳转换。

2. 网络操作系统的形成

20 世纪 80 年代，Novell 公司和 Banyan 公司进入 NOS 市场。20 世纪 90 年代，IBM 公司和 Microsoft 公司也成为 NOS 的主要厂商，网络环境呈现出多样化的局面。

20 世纪 90 年代中期，Artisof 公司和 Perfomance Technology 公司推出了可运行多种类型服务器的客户端软件，NOS 市场开始向集成网络环境的方向飞速发展，Microsoft 公司紧跟潮流，推出了 Windows 95，使它成为一个通常的客户端软件，可同时连接六种不同的服务器操作系统。

20 世纪 90 年代中后期，简单的文件和打印服务的 NOS 已经退出了历史舞台，当时出现了四种最具代表的网络操作系统系统，它们分别是：

➢ **Windows NT Server 3.51：** 具有良好的文件与打印能力、优秀的应用程序服务及可选的数据库、主机连接和管理应用程序，几乎提供了网络操作环境所需的一切功能，主要缺点是没有全球性的目录服务功能。

➢ **NetWare4.1：** 是 Novell 公司的网络操作系统，它有高级文件与打印功能和强大的目录和名字服务。它的 NetWare Directory Services 比 NT 的域名服务优越得多，但是在运行网络数据库和消息发送方面不如 Windows NT Server。

➢ **OS/2 Warp Server Advanced：** IBM 公司的 OS/2 Warp Server Advanced 也是当时比较好的网络操作系统之一。除了基本的文件与打印服务外，它还提供 LAND Distance 远程访问软件和实用程序，但是缺乏强大的目录服务。

➢ **Banyan 的 Vines 6.0：** Banyan 公司的 Vines 6.0 也是颇有特点的网络操作系统，它曾为精心设计的 Street Talk III 提供了当时最为强大的目录服务功能。

3. 当前的网络操作环境

网络技术和应用的发展，也促进了网络操作系统的发展。当前的网络操作系统一般具有如下特征：

> **NOS 与 Internet 技术的综合。** 尽管强大的文件与打印服务仍然是大多数的 NOS 的标准服务，但可借助于 Internet 的门户网站，使组合的目录、内容服务更加简化。在应用服务器方面，Web 浏览器是一个图形化的、与平台无关的客户端软件，它与 HTTP 服务器通信，HTTP 服务器又与 SQL 数据库服务器通信，使应用服务提高到新水平。通信信息革命的中心，无论通过 E-mail 还是通过组件，如今的网络已经能实现高效的协作。

> **NOS 提供了多用户、多任务和多进程的服务。** 在多进程系统中，为了避免两个进程并行处理带来的问题，可以采用多线程的处理方式。线程相对于进程而言，需要较少的系统开销，其管理系统控制交给其他线程，而且主动将系统控制交给首先申请得到系统资源的其他线程，这样就可以使系统更好的操作性能。

> **支持 SMP 技术。** SMP 的全称是"对称多处理器"（Symmetrical Multi-Processing）技术，是指在一台计算机上汇集了一组处理器（多 CPU），各 CPU 之间共享内存子系统及总线结构。在对称多处理系统中，系统资源被系统中所有 CPU 共享，工作负载能够均匀分配到所有可用处理器之上。支持 SMP 技术是对现代网络操作系统的基本要求。

三、网络操作系统的结构

从网络操作系统 20 多年的发展历史来看，NOS 经历了从对等网络向非对待结构的演变的过程。

（1）对等结构网络操作系统。在对等结构网络操作系统中，所有的联网结点地位是平等的，安装在每个联网结点上的操作系统软件相同，联网计算机的资源在原则上都是可以相互共享的。每台联网的计算机都以前后台方式工作，前台为本地用户提供服务，后台为其他结点的网络用户提供服务。对等网络操作系统可以提供的服务包括共享硬盘、共享打印机、电子邮件、共享屏蔽和共享 CPU 服务等。

（2）非对等结构网络操作系统。在非对等结构的网络操作系统中，联网结点分为网络服务器（Network Server）和网络工作站（Network Workstation）两类。网络服务器采用高配置与高性能的计算机，以集中方式管理局域网的共享资源，并为网络工作站提供各类服务；网络工作站一般是低配置的微型系统，主要为本地用户访问本地资源与访问网络资源提供服务。

非对等结构网络操作系统软件可分为主从两部分：一部分运行在服务器上，另一部分运行在工作站上，网络服务器上运行的网络操作系统的功能与性能，直接决定了网络服务功能的强弱及系统性能与安全性，它是网络操作系统的核心部分。

（3）硬盘服务器。硬盘服务器的大容量可以作为多个工作站用户使用的共享硬盘空间。硬盘服务器将共享硬盘划分成多个虚拟盘体，虚拟盘体可分为三个部分：专用盘体、公用盘体和共享盘体。

专用盘体可以分配给不同的用户，用户可以通过网络命令将专用盘体链接到工作站，用户可以通过口令、盘体的读写属性与盘体属性，来保护存放在盘体上的用户数据；公用盘体为只读属性，它允许用户同时进行读操作；共享盘体的属性可读可写，它允许用户同时进行读写操作。

（4）文件服务器。基于文件服务的网络系统主要可以分为文件服务器和工作站软件两部分。

文件服务器主要功能是：文件服务器具有分时系统文件管理的全部功能，支持文件的概念与标准的文件操作，提供网络用户访问的文件、目录的并发控制和安全保密措施。

目前的网络操作系统都属于文件服务器类型，如 Microsoft 公司的 Windows Server 2008、LAN Manager、Novell 的 NetWare 和 IBM 的 LAN Server 网络操作系统。

（5）应用服务器。在网络操作系统中，经常将一台或多台高档微型计算机、工作站和大型计算机作为局域网服务器，并由文件服务器向各种各样的应用服务器发展，用于集中管理局域网中的共享资源，除了提供文件服务、打印服务外，还有数据库服务器、通信服务器、Web 服务器、域名服务器等各种服务器。

四、网络操作系统的基本功能

尽管说不同的网络操作系统具有不同的特点，但它们提供的服务功能还有很多的相同之外。一般来说，网络操作系统的基本功能有以下几种：

（1）文件服务。文件服务是最重要与最基本的网络服务功能。文件器以集中方式管理共享文件，网络工作站可以根据所规定的权限对文件进行读写及其他各种操作，文件服务器为网络用户的文件安全与保密提供必需的控制方法。

（2）打印服务。打印服务也是最基本的网络服务功能之一。打印服务可以通过设置专门的打印服务器来完成，或者由工作站或文件服务器来担任，通过网络打印服务功能，局域网中可以安装一台或几台网络打印机，网络用户就可以远程共享网络打印机。打印服务实现对用户打印的接收、打印格式的说明、打印机的配置、打印队列的管理等功能。网络打印服务在接收用户打印请求后，本着先到先服务的原则，将多用户需要打印的文件排队，用打印队列管理用户打印任务。

（3）数据库服务。随着 NetWare 的广泛应用，网络数据库服务变得越来越重要，选择适当的网络数据库软件，依照客户机/服务器工作模式，开发出客户端数据库应用程序，这样，客户端可以用结构化查询语言向数据库存服务发送查询请求，服务器进行查询后将查询结果传送到客户端，它优化了局域网系统的协同操作模式，从而有效地改善了局域应用系统性能。

（4）通信服务。局域网提供的通途服务主要有工作站与工作站之间的对等通信、工作站与网络服务器之间的通信服务等功能。

（5）信息服务。局域网可以通过存储转发的方式或对等方式完成电子邮件服务。目前，信息服务已经逐步发展为文件、图像、数字视频与语音数据的传输服务。

（6）分布式服务。网络操作系统为支持分布式服务功能，提供了一种新的网络资源管理机制，即分布式目录服务。分布式目录服务将分布在不同的网络中的资源，组织在一个全局性的、可复制的分布数据库中，网中多个服务器都有该数据库中的副本。用户在一个工作站上注册，便可与多个服务器连接。对于用户来说，网络系统中分布在不同位置的资源都是透明的，这样就可以用简单方法去访问一个大型的互联局域网系统。

（7）网络管理服务。网络操作系统提供了丰富的网络管理服务工具，可以提供网络性能分析、网络状态监控存储管理等多种管理服务。

（8）Internet/Intranet 服务。为了适应 Internet 与 Intranet 的应用，网络操作系统一般都支持 TCP/IP 协议，提供各种 Internet 服务，支持 Java 应用开发工具，使局域网服务器很容易成为 Web 服务器，全面支持 Internet 与 Intranet 访问。

五、网络操作系统分类

网络操作系统严格来说应称为软件平台，因为目前并非单一的网络操作系统一统天下。目前，常见的网络操作系统主要以下几类：

1. Windows 类

对于这类操作系统相信用过电脑的人都不会陌生，这是全球最大的软件开发商——Microsoft（微软）公司开发的。微软公司的 Windows 系统不仅在个人操作系统中占有绝对优势，它在网络操作系统中也是具有非常强劲的力量。这类操作系统配置在整个局域网配置中是最常见的，但由于它对服务器的硬件要求较高，且稳定性能不是很高，所以微软的网络操作系统一般只是用在中低档服务器中，高端服务器通常采用 UNIX、LINUX 或 Solairs 等非 Windows 操作系统。在局域网中，微软的网络操作系统主要有：Windows NT 4.0 Serve、Windows 2000 Server/Advance Server、Windows 2003 Server/ Advance Server 以及最新的 Windows Server 2008/Advance Server 等，工作站系统可以采用任一 Windows 或非 Windows 操作系统，包括个人操作系统，如 Windows 9x/ME/XP 等。

在整个 Windows 网络操作系统中最为成功的还是要算 Windows NT4.0 这一套系统，它几乎成为中、小型企业局域网的标准操作系统。一则是它继承了 Windows 家族统一的界面，使用户学习、使用起来更加容易。再则它的功能也的确比较强大，基本上能满足所有中、小型企业的各项网络求。虽然相比 Windows 2000/2003 Server 系统来说在功能上要逊色许多，但它对服务器的硬件配置要求要低许多，可以更大程度上满足许多中、小企业的 PC 服务器配置需求。

2. NetWare 类

NetWare 操作系统虽然远不如早几年那么风光，在局域网中早已失去了当年雄霸一方的气势，但是 NetWare 操作系统仍以对网络硬件的要求较低（工作站只要是 286 机就可以了）而受到一些设备比较落后的中、小型企业，特别是学校的青睐。人们一时还忘不了它在无盘工作站组建方面的优势，还忘不了它那毫无过分需求的大度。且因为它兼容 DOS 命令，其应用环境与 DOS 相似，经过长时间的发展，具有相当丰富的应用软件支持，技术完善、可靠。目前常用的版本有 3.11、3.12 和 4.10 、V4.11，V5.0 等中英文版本，NetWare 服务器对无盘站和游戏的支持较好，常用于教学网和游戏厅。目前这种操作系统有市场占有率呈下降趋势，这部分的市场主要被 Windows NT/2000 和 Linux 系统瓜分了。

3. UNIX

目前常用的 UNIX 系统版本主要有：UNIX SUR4.0、HP-UX 11.0，SUN 的 Solaris8.0 等。支持网络文件系统服务，提供数据等应用，功能强大，由 AT&T 和 SCO 公司推出。

这种网络操作系统稳定性能和安全性能非常好，但由于它多数是以命令方式来进行操作的，不容易掌握，特别是初级用户。正因如此，小型局域网基本不使用 UNIX 作为网络操作系统，UNIX 一般用于大型的网站或大型的企、事业局域网中。UNIX 网络操作系统历史悠久，其良好的网络管理功能已为广大网络用户所接受，拥有丰富的应用软件的支持。目前 UNIX 网络操作系统的版本 有：AT&T 和 SCO 的 UNIXSVR3.2、SVR4.0 和 SVR4.2 等。UNIX 本是针对小型机 主机环境开发的操作系统，是一种集中式分时多用户体系结构。因其体系结构不够合理，UNIX 的市场占有率呈下降趋势。

4. Linux

这是一种新型的网络操作系统，它最大的特点就是源代码开放，可以免费得到许多应用程序。目前也有中文版本的 Linux，如 REDHAT（红帽子），红旗 Linux 等。在国内得到了用户充分的肯定，主要体现在它的安全性和稳定性方面，它与 UNIX 有许多类似之处。但目前这类操作系统目前使仍主要应用于中、高档服务器中。

总的来说，对特定计算环境的支持使得每一个操作系统都有适合于自己的工作场合，这就是系统对特定计算环境的支持。例如，Windows 2000 Professional 适用于桌面计算机，Linux 目前较适用于小型的网络，而 Windows 2008 Server 和 UNIX 则适用于大型服务器应用程序。因此，对于不同的网络应用，需要我们有目的地选择合适的网络操作系统。

六、各类网络操作系统的特点

1. Windows Server 2008 操作系统

微软中国于 2008 年发布了新一代企业级应用平台和开发技术：Windows Server 2008、Visual Studio 2008、SQL Server 2008。Windows Server 2008 有四个方面的创新性能。

➤ **虚拟化技术**：在操作系统和硬件之间，以一个角色的身份添加一个 Hypervisor 软件层，负责直接虚拟机的工作。

➤ **增加平台的可靠性**：通过服务器的内核、外壳、Windows Deployment Servers 以及增加的联网与集群技术，为应用要求和工作负荷提供可靠的 Windows Server 平台。

➤ **提高安全性**：为网络、数据和业务提供接入保护、联合权限管理以及只读的域控制器，增加了操作系统的安全性。

➤ **广泛适用的网络解决方案**：通过改进的管理、诊断、开发与应用工具以及更低的基础设施成本，能够高效地提供丰富的 Web 体验和最新的网络管理方案

最新发布的 IIS7.0 集成了 ASP.NET、Windows Communication Foundation 以及 Windows SharePoint Services，提供了 Web 发布的统一平台。

2. NetWare 操作系统的特点

NetWare 操作系统是以文件服务器为中心的，它主要由文件服务器内核、工作站外壳与低层通信协议等三部分组成。

文件服务器内核实现了 NetWare 的核心协议（NCP），并提供 NetWare 的所有核心服务。文件服务器内核负责对工作站网络服务器请求的处理，完成文件进程管理、文件系统管理、安全保密管理、硬盘管理、系统容错管理、服务器与工作站的连接管理、网络监控

等网络服务与管理任务。

NetWare 的主要优点有：

➢ 强大的文件及打印服务能力。

➢ 良好的兼容性及系统容错能力。

➢ 比较完备的安全措施。

NetWare 的主要缺点有：

➢ 存在工作站资源无法直接共享。

➢ 安装及管理维护比较复杂。

➢ 多用户同时获取文件及数据时会导致网络效率低，服务器运行功能没有得到发挥。

3. UNIX 网络操作系统的特点

UNIX 网络操作系统历史悠久，它以简洁、优美的网络、稳定、高效的性能赢得了科研人员和用户的广泛支持，是普遍使用的操作系统之一。

在系统结构上，UNIX 可分为两大部分：操作系统的内核和核外程序。其中，内核部分又由文件子系统和进程控制子系统组成，文件子系统对系统中的文件进行管理，并提供高速缓冲机制，进程控制子系统负责进程的创建、撤销、同步、通信、调度及存储管理；核外程序由用户程序和系统提供的服务组成。

UNIX 系统之所以能获得巨大的成功，并经久不衰，这与它具有的优越的特性分不开。UNIX 的主要特性体现在以下几个方面：

➢ UNIX 系统一个多用户、多任务的操作系统。每个用户都可以同时运行多个程序。用户进程数目在逻辑上不受任务限制，在实现方面也有独到之处，有比较高的运行效率。当然，事实上，由于 CPU 速度和物理内存的限制，如果进程过多也会使运行效率降低。

➢ UNIX 系统的大部分是用 C 语言来编写的，这使得系统易读、易修改、易移植。一般说来，用汇编语言编写的系统，在执行速度方面要比用 C 语言编写的系统快20%~30%。但是，用汇编语言编写的系统不易读、不易修改、难于移植，所以现在的大多数操作系统都是用 C 语言编写的。

➢ 提供了丰富的、经过精心挑选的系统调用，整个系统实现十分紧凑、简洁、优美。

➢ UNIX 系统采用的树形文件系统，具有良好的安全性、保密性和可维护性。

➢ UNIX 系统提供了多种通信机制，例如管道通信、软中断通信、消息通信、共享存储器通信和信号灯通信。

➢ UNIX 系统采用进程对换的内存管理机制和请求调页的存储管理方式，实现了虚拟存储管理，大大提高了内存的使用效率。

4. Linux 网络操作系统的特点

1991 年，芬兰赫尔辛基大学的学生 Linux B.Torvald 利用因特网，发布了他在 i386 个人计算机上开发的 Linux 操作系统内核的源代码，创建了具有全部 UNIX 特征的 Linux 操作系统。近年来，Linux 操作系统发展十分迅猛，每年的发展速度都超过 200%，得到了包括 IBM、COMPAQ、HP、Oracle、Sybase、Informix 在内的许多著名软硬件公司的支持。目前 Linux 全面进入应用领域。由于它是因特网和开放源代码的基础，许多系统软件设计专家利用因特网共同对它进行了改进和提高。

Linux 操作系统由四个部分组成：内核、外壳、文件系统和应用程序。内核是运行程序和管理硬件设备的核心程序。外壳是系统的用户界面，提供了用户和内核进行交互操作的接口。Linux 支持目前的多种文件系统，如 FAT、VFAT、EXT2、EXT3、ISO9660、NFS、SMB 等。标准的 Linux 系统都有一套应用程序的程序集，包括文本编辑器、编程语言、办公套件、Internet 工具、数据库、X Windows 等。

Linux 操作系统与传统的网络操作系统最大的区别是 Linux 开放源代码。它有以下几个特点：

➢ Linux 操作系统是自由软件，具有开放性，用户可以按照需要，混合搭配组件，进行自定义的扩展。

➢ Linux 操作系统支持多用户、多任务，在同一时间内可有多个用户使用自己的资源互不影响；多个任务相互独立运行。

➢ Linux 操作系统能把 CPU 的性能发挥到了极限，具有出色的高速度。

➢ Linux 操作系统具有良好的用户界面，包括用户命令界面、系统调用界面和图形用户界面。

➢ Linux 操作系统具有丰富的网络能力，可通过 TCP/IP 协议与其他的计算机相连，通过网络进行分布处理。

➢ Linux 操作系统采取了许多的安全措施，包括对读写进行权限控制、带保护的子系统、审计跟踪、核心授权等。

➢ Linux 操作系统具有可移植性，能在微型计算机到大型计算机的任务环境和任务平台上运行。

➢ Linux 操作系统具有标准的兼容性。

课题小结

本课题主要讲述了单机操作系统和网络操作系统。通过本课题的学习，读者应该了解操作系统的基本功能；熟悉操作系统的结构；了解网络操作系统的基本知识、演变过程，以及其结构能；掌握网络操作系统的基本功能、类型，以及各类网络操作系统的特点

课后练习

1. 什么是操作系统？什么是网络操作系统？
2. 操作系统功能是什么？网络操作系统的功能是什么？

课题二　Windows Server 2008 安装及其工作环境设置

【课题概览】

本课题将介绍 Windows Server 2008 有哪些版本，它与 Windows Server 2003 相有哪些新特性，它的安装条件是什么，以及如何安装、登录、注销等内容。同时介绍如何设置 Windows Server 2008 的工环境，以及如何创建虚拟主机。

【课题目标】

➢ 熟悉 Windows Server 2008 的版本及特性，及其安装条件和安装模式
➢ 掌握 Windows Server 2008 的全新安装过程
➢ 掌握 Windows Server2008 工作界面的配置
➢ 掌握计算机名称和所属工作组设置
➢ 了解虚拟内存配置和网络配置
➢ 了解虚拟化技术，并掌握 Hyper-V 技术要求
➢ 能安装 Hyper-V 服务，并能创建虚拟机并安装虚拟系统

任务一　安装 Windows Server 2008

【任务引入】

A 公司是一家小型的商务公司，公司服务器需要提供资源共享、局域网共享上网、IP 地址自动分配、公司网站等服务。为了优化网站与服务器的管理、提高资源的可用性、减少成本支出、保护企业应用程序与数据，让网管人员更有效地控制管理服务器环境。要求选择一种合适的 Windows Server 2008 版本，并在符合安装条件的计算机上安装。

【任务分析】

Windows Server 2008 作为微软公司推出的最新版本的服务器操作系统，具有高性能、高可靠性、高安全性和配置方便等特点，在任意规模的应用中都可以成为理想的服务器平台。可以在它提供的几个版本中根据应用环境和所需的功能进行选择，根据它的安装条件选择符合要求的计算机，选择合适安装模式进行安装，然后激活和设置自动更新。

【相关知识】

一、Windows Server 2008 的版本

Windows Server 2008 具有以下几个版本：

> **Windows Server 2008 Standard Edition（标准版）**：此版本具备主流服务器所拥有的功能。

> **Windows Server 2008 Enterprise Edition（企业版）**：此版本提供更高的扩展性与可用性，并且增加了适用于企业的技术。

> **Windows Server 2008 Datacenter Edition（数据中心版）**：此版本除了提供与企业版相同的功能之外，还可以支持更大的内存和多处理器。

上述三个版本均包括全功能的 Server Core 安装选项。

> **Windows Web Server 2008（Web 服务器版）**：它只包含 Web 应用，不支持其他服务器角色和 Server Core 安装。

上述四个版本均分为 32 位与 64 位版本。

> **Windows Server 2008 for Itanium-based Systems（安腾版）**：它是针对 Intel Itanium 64 位处理器所设计的操作系统，用来支持网站与应用程序服务器的搭建。

二、Windows Server 2008 的新特性

1. Server Core

Windows Server 2008 Server Core 是只有文本命令行操作界面的安装方式，它提供了 Windows Server 2008 的核心功能，这样就可以架设一台安全稳定的小型专用服务器。

2. PowerShell

PowerShell 是一种新的命令行外壳和脚本语言，用于进行系统管理和自动化。

3. 虚拟化技术

Windows Server 2008 中的 Hyper-V 的虚拟化技术是一种基于虚拟硬件模式的技术，并且提供虚拟硬件支持平台，因而优于 Vmware 这一类第三方虚拟化软件。

4. Windows 硬件错误架构

在 Windows Server 2008 中，硬件相关错误都使用同样的界面汇报给系统，通过这种应用程序向系统汇报发现错误协议标准化的方法，方便了第三方软件管理和消除错误。

5. 随机地址空间分布

据微软公司解释，恶意软件是一段不守规矩的代码，不会按照操作系统要求的正常程序执行，如果它想在用户磁盘上写入文件，就需要知道系统服务的位置。采用随机地址空间分布，每一个系统服务的地址空间是随机的，加大了恶意软件找到这些地址的难度，因而提升了系统的安全性。

三、Windows Server 2008 的安装条件

硬件配置要求如表 1-2-1 所示。

表 1-2-1 硬件配置要求表

硬　件	需　求
处理器（CPU）	最低：1GHz(x86)或 1.4GHz(x64)，推荐：2GHz 或更高 Windows Server 2008 for Itanium-based Systems 需要使用 Itanium 2 处理器
内存（RAM）	最低：512MB，推荐：2GB 或更多 最多：32 位系统：4GB（标准版）或 64GB（企业版、数据中心版） 64 位系统：32GB（标准版）或 2TB（企业版、数据中心版、安腾版）
硬盘	最少：10GB，推荐：40GB 或更多
光驱	DVD-ROM 光驱
显示设备	Super VGA（800x600）或更高分辨率
其他	键盘、鼠标（或兼容的指针设备）

软件需求方面要求安装 Windows Server 2008 系统的硬盘分区必须采用 NTFS 格式，不低于 10GB 的可用空间。

四、Windows Server 2008 的安装模式

完整安装模式，这是一般的安装模式，您可以利用图形用户界面（GUI）来管理 Windows Server 2008，并且可以让它充当各种服务器角色。

服务器核心（Server Core）安装，这种安装模式提供一个最小化的环境，它可以降低维护与管理需求、减少所占用的硬盘容量、减少被攻击次数。用户只能在命令行环境下利用命令来管理它，它仅支持部分的服务器角色，如： Active Director 域服务、DHCP 服务器、DNS 服务器、文件服务器、打印管理、Windows 媒体服务等。

【任务实施】

根据任务要求，我们可以选择 Windows Server 2008 Enterprise Edition（企业版）进行安装。可以选择全新安装 Windows Server 2008 或升级原有的 Windows 系统：

一、全新安装

直接用 Windows Server 2008 DVD 来启动计算机并运行 DVD 内安装程序。如果磁盘中已经有以前版本的 Windows 系统，也可以先启动此系统，然后将 Windows Server 2008 DVD 放入光驱，系统将默认自动运行 DVD 内的安装程序。这种方式只能进行全新安装。将计算机的 BIOS 设定改为先从光驱启动系统，将 Windows Server 2008 DVD 放入光驱。重新启动计算机，按下列步骤完成 Windows Server 2008 系统的安装。

步骤一： 当系统通过 Windows Server 2008 DVD 引导后，出现如图 1-2-1 所示的预加载界面。

步骤二： 在如图 1-2-2 所示的窗口中选择安装语言、时间格式和键盘类型等设置，一般直接采用系统默认设置，单击"下一步"按钮。

图 1-2-1　Windows Server 2008 预加载界面　　　　图 1-2-2　设置安装语言等

步骤三： 在弹出的"安装 Windows"对话框中单击"现在安装"链接。

步骤四： 在如图 1-2-3 所示的窗口中选择需要安装的 Windows Server 2008 版本，本任务中选择"Windows Server 2008 Enterprise（完全安装）"，单击"下一步"按钮。

步骤五： 阅读如图 1-2-4 所示的窗口中的许可条款后，勾选"我接受许可条款"复选框，单击"下一步"按钮。

图 1-2-3　选择安装的版本　　　　　　　　　图 1-2-4　接受许可条款

步骤六： 在如图 1-2-5 所示的对话框中，单击"自定义（高级）（C）"选项，选择全新安装模式。

步骤七： 在如图 1-2-6 所示的窗口中选择将要安装 Windows Server 2008 的磁盘分区，单击"下一步"按钮。

如果磁盘需要安装厂商提供的驱动程序才可以存储的话，请选择"加载驱动程序（L）"；如果要直接进行删除、创建、格式化分区等操作的话，则请选择"驱动器选项（高级）（A）"。注意安装 Windows Server 2008 的磁盘分区必须是 NTFS 格式，可用空间大于 10GB。

图 1-2-5 全新安装 Windows Server 2008

图 1-2-6 选取 Windows Server 2008 安装分区

步骤八：安装程序开始安装 Windows Server 2008，此时经历复制和展开文件两个步骤。

步骤九：在复制展开系统安装文件完毕后，计算机会重新启动。在重新启动后，Windows Server 2008 安装程序会自动继续，并且依次完成安装功能、更新等。

步骤十：从安全角度考虑，系统要求在如图 1-2-7 所示的首次登录窗口中，单击"确定"按钮更改登录密码。

步骤十一：在如图 1-2-8 所示，分别在密码框中输入两次完全一样的密码，单击"→"图标确认密码更改。注意：密码至少要求 8 位，其中至少包含大小写字母和数字。

图 1-2-7 首次登录窗口

图 1-2-8 设置用户密码

步骤十二：如果出现"您的密码已更改"提示，则表示用户密码已经设置成功，此时单击"确定"按钮开始登录 Windows Server 2008 系统。

步骤十三：在第一次进入 Windows Server 2008 之前，系统还会进行准备桌面等的最后配置，需要稍等片刻。

步骤十四：登录成功后先出现如图 1-2-9 所示的"初始配置任务"窗口；可以关闭，以后再设置；接着出现如图 1-2-10 所示的"服务器管理器"窗口，仍然可以关闭，以后再设置。

如果计算机内安装了几个操作系统，则计算机重新开机时，就会出现 Windows 启动管理器画面，此时 30s 内从列表中选择要启动的 Windows 系统，若 30s 内未选择，则自动启动 Windows Server 2008。

　　至此，完成 Windows Server 2008 安装过程。我们发现它与以前版本的 Windows 服务器系统安装区别不大，而且整个过程用时更少，通常在 20min 钟左右。

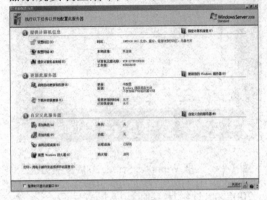

图 1-2-9　初始配置任务

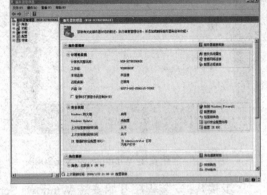

图 1-2-10　服务器管理器

　　如果想关闭计算机，在图 1-2-11 所示菜单中单击左下角"开始"按钮后，单击 ⓞ 图标，在弹出的菜单中单击"关机（U）"选项，在如图 1-2-12 所示关机窗口选项列表中选择合适的原因，单击"确定"按钮。

　　单击"重新启动（R）"选项选项后进行同关机类似的操作后重新启动。

　　单击如图 1-2-11 所示菜单中" 🔒 "图标或"锁定（O）"选项后将锁定计算机，锁定期间，所有程序仍会继续运行。重新输入密码后可以继续使用此计算机。

　　单击如图 1-2-11 所示菜单中"注销（L）"选项后将注销，注销会结束目前正在运行的应用程序。重新登录后可以继续使用此计算机。

　　如还有其他账户，可单击如图 1-2-11 所示菜单"切换用户（W）"选项，切换成其他账户登录。

　　解除锁定和重新登录，都需要按【Ctrl+Alt+Del】键，然后在出现的窗口中输入密码或重新登录。

图 1-2-11　开始菜单

图 1-2-12　关机窗口

二、升级安装

升级安装必须先启动以前版本的 Windows 系统，然后将 Windows Server 2008 DVD 放入光驱，系统将默认自动运行 DVD 内的安装程序。升级安装时，只有 Windows Server 2003可以升级至 Windows Server 2008 系统。其中 Windows Server 2003 标准版可以可以升级到Windows Server 2008 标准版和企业版，Windows Server 2003 数据中心版可以升级到Windows Server 2008 数据中心版。

升级安装 Windows Server 2008 的操作步骤和全新安装几乎一样，只是在如图 1-2-5 所示的窗口中需要选择"升级"选项，这时安装程序将根据当前 Windows 系统版本自动选择可以升级的 Windows Server 2008 版本，然后参照全新安装的步骤即可。

由于 Windows Server 2008 正式发布时间不久，很多第三方应用程序存在兼容性问题，在升级安装时会有一个对话框提示用户有哪些应用程序在 Windows Server 2008 中将无法正常工作。因此一般不建议采用升级安装模式。

三、激活 Windows Server 2008

Windows Server 2008 安装后，必须在 60 天内运行激活程序，否则 60 天后就无法正常使用 Windows Server 2008，只能执行与激活有关的操作。

步骤一：在"开始"菜单中选择"计算机"选项，右击，在弹出菜单中选择"属性"命令，在如图 1-2-13 所示的窗口中，单击"剩余××天可以激活。立即激活 Windows"，在弹出的"Windows 激活"对话框中单击"现在联机激活 Windows（A）"选项。如果安装时未输入序号，请在如图 1-2-13 所示的窗口中单击下方"更改产品密钥（K）"链接，在弹出的如图 1-2-14 所示的窗口中输入产品密钥，单击"下一步"按钮（确保当前计算机可以成功接入 Internet）。

图 1-2-13　系统信息窗口

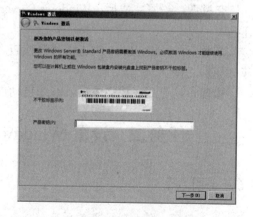

图 1-2-14　输入产品密钥

步骤二：系统自动连接微软官方网站进行 Windows Server 2008 的激活，稍等片刻，如果出现激活成功对话框，则表示 Windows Server 2008 正式授权，能够正常使用。返回如图 1-2-13 所示的窗口，在下部可以看到"Windows 已激活"的提示信息。

若试用期限已到，但是暂时不想激活的话，还可以延长试用期。在 60 天试用期到期前运行命令：

slmgr –rearm

待出现命令运行完成画面后重启计算机，它会将试用期重新配置为 60 天，最多可以延长 3 次，试用 240 天。

四、Windows Server 2008 的更新

步骤一: 依次选择"开始→控制面板"命令,在控制面板窗口中双击"Windows Update"图标。

步骤二: 在如图 1-2-15 所示的窗口中,单击"立即启用（N）"按钮开启该功能。

步骤三: 在如图 1-2-15 所示的窗口中,单击"更改设置"链接,可以在如图 1-2-16 所示的窗口中设置自动更新方法,一般可以选择"下载更新,但是让我选择是否安装更新（O）"选项。

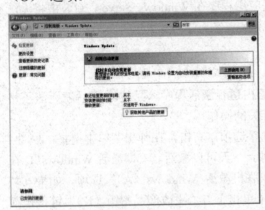

图 1-2-15　自动更新界面

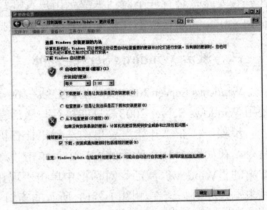

图 1-2-16　设置自动更新方法

步骤四: 设置完成后,Windows Server 2008 将立即连接到 Internet 检查是否有更新补丁包。

步骤五: 在 Windows Update 程序检查之后发现了安装更新,这时单击"安装更新（I）"下载更新文件。

步骤六: 更新下载完成后,系统自动进行安装,出现更新安装成功提示。

任务二　设置 Windows Server 2008 的工作环境

【任务引入】

A 公司是一家小型的商务公司,公司的服务器安装了 Windows Server 2008 Enterprise Edition（企业版）,现在需要对其工作环境进行设置,以便系统更好地运行。其具体设置要求如下:

（1）在工作界面中添加"我的电脑"、"网上邻居"等操作图标,并设置桌面背景。

（2）设置计算机名称为,所属工作组为"manage"。

（3）根据系统物理内存设置虚拟内存。

（4）根据局域网环境设置 TCP/IP。

（5）设置电源计划来来实现最优化性能。

【任务分析】

Windows Server 2008 与 Windows Server 2003 等以前的服务器操作系统相比桌面有了比较大的变化。因此，首先进行桌面相关的设置，将常用的操作图标显示在桌面上；根据实际使用情况设置"manage"工作组，将该服务器命名为"win2008srv"；为了提高系统性能需要合理设置虚拟内存，根据相关知识的内容确定虚拟内存容量后进行设置；进行网络配置从而使 Windows Server 2008 服务器接入网络；了解其他的配置内容。

【相关知识】

Windows 操作系统及各种软件功能越来越强大，占用的内存资源也越来越多，虽然目前主流计算机的内存配置在 1GB 或以上，但还是不能满足要求的，Windows 可以将部分硬件空间设置为虚拟内存，从而扩大可用内存满足程序的运行。Windows Server 2008 采用分页文件的方式实现虚拟内存的创建，通常用户可以按系统默认的设置让 Windows 管理虚拟内存，但这种方式考虑了兼容性，工作效率有时偏低，故用户可以对其进行优化管理。

微软公司建议分页文件的初始大小为当前系统内存容量再加上 12MB，而最大值通常设置为初始值的 2~3 倍。在确定分页文件的位置时：如果多硬盘间速度差异不大，可以将分页文件分布到各硬盘；多硬盘间速度差异大，则将分页文件存放在速度快的硬盘上；单硬盘的用户，则应将分页文件存放在同一个分区中。分页文件 pagefile.sys 是受保护的系统文件。

【任务实施】

一、配置 Windows Server 2008 工作界面

第一次进入 Windows Server 2008 系统，桌面上只有"回收站"，如要保持原来的使用习惯，可以添加如"我的电脑"、"网上邻居"等图标。

步骤一：在桌面空白处单击鼠标右键，在弹出的快捷菜单中选择"个性化"命令。如图 1-2-17 所示。

步骤二：如图 1-2-18 所示，Windows Server 2008 中的"个性化外观和声音"窗口提供了细致的属性设置分类。单击左上部的"更改桌面图标"链接，并在弹出的如图 1-2-19 所示的对话框中勾选需要在桌面上显示图标的复选框。这样，桌面上出现了刚才选取的图标，就可以通过双击图标进行相关操作。

步骤三：在如图 1-2-18 所示的窗口中单击"桌面背景"链接打开如图 1-2-20 所示桌面背景设置窗口。在"位置"下拉列表中可选择"windows 墙纸"、"图片"、"纯色"等，选择附带的图片，如果用户不满意这些图片，可在如图 1-2-20 所示的窗口单击"浏览"按钮，在文件浏览对话框中选取硬盘中的图片，打开选定图片后返回选择桌面背景窗口，其中增加了刚才选中的图片，再选择该图片作为背景即可。

在如图 1-2-20 所示的窗口下部的"应该如何定位图片？"区域中提供了适应屏幕、平铺和居中三种显示方式，选择"适应屏幕"可以让选取的图片自动适应整个屏幕，从而获得最佳的显示效果。

图 1-2-17　快捷菜单中选择"个性化"命令

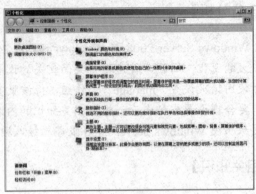

图 1-2-18　个性化外观和声音设置窗口

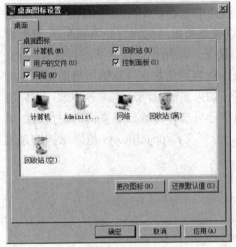

图 1-2-19　选择显示在桌面的图标

图 1-2-20　在系统附带图片中选择桌面背景

步骤四：在如图 1-2-20 所示窗口中单击"显示设置"链接，打开如图 1-2-21 所示对话框，可以拖曳"分辨率"滑块调整显示分辨率，在"颜色"下拉列表中选择颜色的位数。如果使用 CRT 显示器，屏幕刷新频率太低，显示器会闪烁，因此选择 75Hz 以上的刷新频率。在上述对话框中单击"高级设置"按钮，在如图 1-2-22 所示的对话框中选择"监视器"选项卡，在"屏幕刷新频率"下拉列表中选择刷新频率。

还有"调整字体大小"、"Windows 颜色和外观"、"屏幕保护程序"、"鼠标指针"等设置，其设置方法与以前的 Windows 操作系统基本一致。

图 1-2-21 设置分辨率和颜色

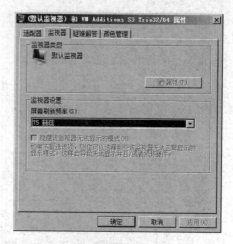

图 1-2-22 设置刷新频率

二、设置计算机名称和所属工作组

在安装过程中，系统会提示用户设置计算机名称和所属工作组，这时如果没有正确设置相关内容，不影响安装。根据任务要求，A 公司的服务器属于"manage"工作组，计算机名称"win2008srv"。

步骤一：右击桌面上的"计算机"图标，在弹出的快捷菜单中选择"属性"命令，出现如图 1-2-23 所示的"系统"信息窗口，在此单击"改变设置"链接。

图 1-2-23 系统信息窗口

步骤二：如图 1-2-24 所示对话框的"计算机名"选项卡，可以查看到当前的计算机名称及工作组名称。

步骤三：单击"更改"按钮，弹出如图 1-2-25 所示对话框分别按要求设置计算机名称和工作组名称后，单击"确定"按钮；首先出现"欢迎加入 MANAGE 工作组"对话框，单击"确定"按钮；然后出现"您必须重新启动计算机才能应用这些更改"对话框，单击"确定"按钮，最后出现重新启动计算机提示窗口，单击"立即重新启动"按钮重新启动计算机后即完成更改。

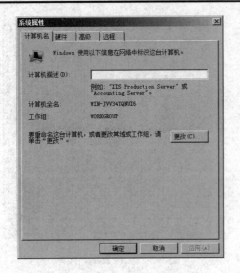
图 1-2-24　系统属性对话框

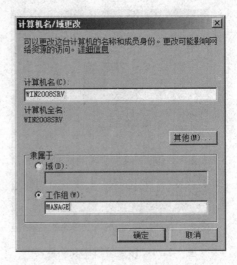
图 1-2-25　设置计算机名称和工作组名称

三、配置虚拟内存

步骤一：在桌面上右击"计算机"图标，选择"属性"命令，接着在如图 1-2-23 所示的系统信息窗口左侧单击"高级系统设置"链接。弹出"系统属性"对话框，单击"高级"选项卡，在如图 1-2-26 所示对话框中单击"性能"区域的"设置"按钮。

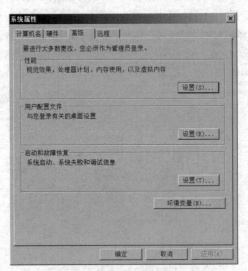
图 1-2-26　系统属性"高级"选项卡

步骤二：在弹出的性能选项对话框中选择"高级"选项卡，出现如图 1-2-27 所示的对话框，在"处理器计划"区域中，根据计算机用途选择：个人使用选"程序"，服务器使用选"后台服务"，然后单击"更改"按钮。

步骤三：在如图 1-2-28 所示窗口中，首先去掉"自动管理所有驱动器的分页文件大小"复选框的勾选，在"驱动器"列表中选择存放分页文件的分区，接着单击"自定义大小"单选按钮，根据系统物理内存 1024MB 确定"初始大小"1036MB 和"最大值"3108MB，进行设置，单击"设置"按钮即可。重新启动计算机才能生效。

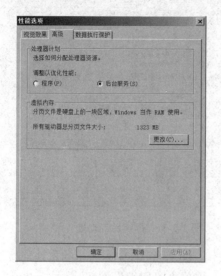

图 1-2-27　性能选项的"高级"选项卡

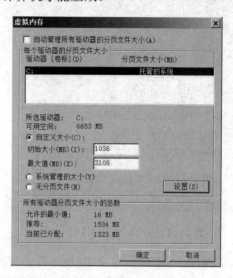

图 1-2-28　虚拟内存设置

四、设置 TCP/IP

在 Windows Server 2008 中新增了网络和共享中心的单元组件，在该窗口中可以查看网络状态、本地网卡状态、共享资源信息以及网络相关操作。

步骤一：在"开始"菜单中右击"网络"命令，在弹出的快捷菜单中单击"属性"命令，打开如图 1-2-29 所示"网络和共享中心"窗口，由于网络还没有设置，因此该图显示"网络连接存在故障"。

图 1-2-29　网络和共享中心窗口

步骤二：单击"查看状态"链接，打开如图 1-2-30 所示的网卡状态对话框，可以了解网卡的连接速度、连接时间、发送和接收数据包等信息。

步骤三：单击如图 1-2-30 所示下部的"诊断"按钮，启动网络诊断功能，如图 1-2-31 所示，提供了"更改网络适配器'本地连接'的设置"与"重置网络适配器'本地连接'"。

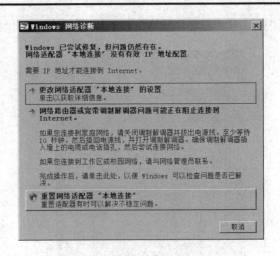

图 1-2-30 网卡状态对话框   图 1-2-31 网络诊断功能

步骤四：单击如图 1-2-30 所示的"属性"按钮，打开如图 2-32 所示的本地连接属性对话框，选取"Internet 协议版本 4（TCP/IPv4）"，并单击"属性"按钮。

步骤五：打开如图 1-2-33 所示对话框，先单击"使用下面的 IP 地址"单选按钮，因所在局域网网段为 192.168.0.0，网关为 192.168.0.1，设置 IP 地址为 192.168.0.254，设置默认网关，设置一个 Internet 中的 DNS 服务器 202.102.3.141，单击"确定"按钮。在如图 1-2-30 所示对话框中，单击"关闭"按钮。即可在网络和共享中心中查看当前连接状态。

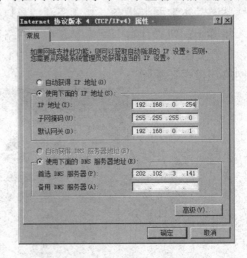

图 1-2-32 本地连接属性对话框   图 1-2-33 设置 IP 参数

通过上述设置用户可以采用共享局域网的方式接入 Internet，如果采用 ADSL 拨号方式上网，按下述步骤操作。

步骤六：在网路和共享中心窗口中单击左侧的"设置连接或网络"，弹出如图 1-2-34 所示的窗口，选择"连接到 Internet"，单击"下一步"按钮。

步骤七：在弹出的对话框中选择"宽带（PPPoE）"，在如图 1-2-35 所示对话框中设置 ADSL 信息，单击"连接"按钮，如果 ADSL Modem 已连好，系统会自动进行拨号连接。

图 1-2-34　设置连接或网络窗口　　　　　　图 1-2-35　设置 ADSL 拨号信息

五、设置电源计划

用户可以用电源计划来节省计算机的电源消耗或最优化性能。Windows Server 2008 提供了 3 个默认的电源计划：

（1）已平衡。在需要使用计算机的时候提供完整的功能，但也可以在闲置时省电，如在硬盘闲置超过 20min 后关闭。

（2）节能程序。通过降低性能来节省电源。

（3）高性能。提供最高的性能与反应能力，其硬盘随时处于工作状态，但较不省电。作为服务器使用时，为了实现最优化性能，需选择"高性能"的电源计划。

步骤一：在"开始"菜单中，单击"控制面板"命令，在控制面板中，双击"电源选项"图标，打开如图 1-2-36 所示"电源选项"窗口。

图 1-2-36　电源选项

步骤二：在窗口右侧"选择电源计划"项目中，选择"高性能"单选框，完成其设置。

完成上述五方面的工作环境设置后，Windows Server 2008 服务器能够在网络中良好的运行，其中要注意虚拟内存容量的确定和根据网络环境进行 TCP/IP 的设置。一些相对简单的设置，如"主题"、"屏幕保护程序"等，可以自行设置。

任务三　创建虚拟主机

【任务引入】

A 公司是一家小型的商务公司，为了节约成本公司考虑在一台服务器上提供资源共享、局域网共享上网、IP 地址自动分配、公司网站等服务，将这些功能都放在同一个服务器上不便于管理，也不安全，因此在该台服务器上安装多个虚拟服务器，将不同安全级别的服务安放在不同的虚拟服务器上。

【任务分析】

虚拟服务器是在一台计算机上建立一个或多个虚拟机，由虚拟机来做服务器的工作，将不同安全级别的服务安放在不同的虚拟服务器上，便于管理；如果其中一台虚拟服务器受到恶意控制不会牵连到其他虚拟机，因而更加安全；而且虚拟服务器的移植和恢复非常快。本任务通过安装 Hyper-V 服务，然后在 Hyper-V 控制器中创建虚拟机，安装虚拟系统，今后可以根据需要在虚拟服务器架设不同服务器。

【相关知识】

一、虚拟化技术简介

虚拟化技术是指在真实的硬件和宿主系统环境中创建一个或多个客户机操作系统，而这些客户机操作系统是运行在虚拟主机的基础上，其中的应用程序在相互独立的空间内运行而互不影响。虚拟化技术分为两类：

1. 纯软件虚拟模式

这种模式下，客户机操作系统通过虚拟监视器（Virtual Machine Monitor，VMM）与硬件进行通信，且由 VMM 决定对其系统上所有虚拟机的访问。

2. 虚拟硬件模式

这种模式将计算机、存储设备和网络硬件间建立一个抽象的虚拟化平台，使得所有的硬件被统一到一个虚拟化层中，在这个平台创建的虚拟机具有同样的结构。有 VMWare、Virtual PC 等第三方虚拟化软件，Hyper-V 也是基于这种模式。

二、Hyper-V 技术要求

Hyper-V 是微软提出的一种系统管理程序虚拟化技术，其虚拟监视器（VMM）直接在硬件中执行，即宿主系统和客户机操作系统构建在 VMM 之上，客户机操作系统可以直接利用硬件资源，因此运行效率最高。Hyper-V 技术对计算机的硬件和软件要求较高。

1. 硬件要求

Hyper-V 需要特定的 CPU。首先必须是 X64 等级，如 AMD64、Intel 公司的 EM64T；其次必须支持"硬件辅助虚拟化"，如 Intel 或 AMD-V,且主板也支持；第三必须启用"硬件数据运行预防（DEP）"，如 Intel XD bit 或 AMD NX bit，且主板也支持。

2. 软件要求

Windows Server 2008 Standard、Enterprise Edition 或 Datacenter Edition 的 X64 版本。因为 Windows Server 2008 中自带的 Hyper-V 是预发行版，所以还要下载下列更新补丁，下载网址如下。

> **Windows Server 2008 Hyper-V 64 位：**
> http://download.microsoft.com/download/8/b/f/8bfabc2a-4fa5-4325-8ea7-21d4746022
> 93/Windows6.0-KB950050-x64.msu

> **Hyper-V 多国语言包 64 位：**
> http://download.microsoft.com/download/2/7/4/2748315b-4faf-454f-8b12-263acee37c
> 79/Windows6.0-KB951636-x64.msu

> **Vista 64 位远程管理补丁：**
> http://download.microsoft.com/download/1/0/e/10ed8801-b2f9-43aa-bcd1-25a5b5369
> 9f4/Windows6.0-KB952627-x64.msu

【任务实施】

一、安装 Hyper-V 服务

Windows Server 2008 安装时并没有安装 Hyper-V 服务，需要手工安装。

步骤一： 安装上述更新补丁，前两个必须安装，如安装 Windows6.0-KB950050-x64.msu，双击该文件，弹出如图 1-2-37 所示对话框，单击"确定"按钮，出现如图 1-2-38 所示的安装对话框。安装完后，根据提示重启计算机，另外两个更新补丁安装后不需要重启。

图 1-2-37　安装更新

图 1-2-38　更新安装过程

步骤二： 在开始菜单中选择"服务器管理器"命令打开服务器管理器窗口，选择左侧的"角色"项后，在右侧区域单击"添加角色"链接，打开如图 1-2-39 所示的"选择服务器角色"对话框，勾选"Hyper-V"复选框，单击"下一步"按钮。

步骤三： 在如图 1-2-40 所示的对话框中，有 Hyper-V 简介和注意事项，单击 "下一步"按钮。

步骤四： 在如图 1-2-41 所示的对话框列表中显示当前系统存在的网卡，勾选其中一个网卡复选框，用于虚拟系统创建网络。

步骤五： 在如图 1-2-42 所示"确认安装选择"对话框中单击"安装"按钮，开始 Hyper-V 的安装。

步骤六： 当所需文件复制完后，在图 1-2-43 所示的"安装结果"对话框中单击"关闭"按钮，重新启动计算机。

步骤七： 计算机重新启动后，系统对 Hyper-V 进行最后的配置，最终显示如图 1-2-44 所示的服务安装完成的提示。

图 1-2-39　选择服务器角色对话框

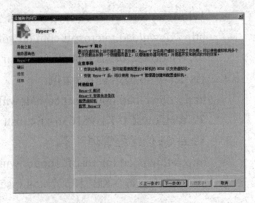

图 1-2-40　Hyper-V 简介

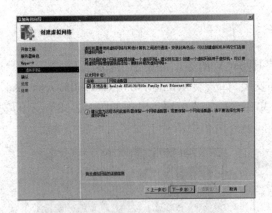

图 1-2-41　选择用于虚拟系统的网卡

图 1-2-42　确认安装选择

图 1-2-43　安装结果

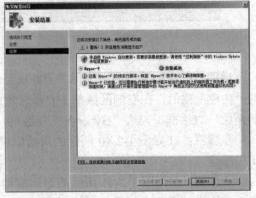

图 1-2-44　Hyper-V 安装完成

步骤八：在"服务器管理器"中选择左侧"角色"项，可以在右侧区域看到 Hyper-V 服务已经安装完成。展开左侧的"角色→Hyper-V"项目，在如图 1-2-45 所示的窗口中可以查看 Hyper-V 服务的具体运行状况。

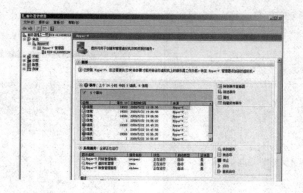

图 1-2-45 Hyper-V 服务信息

二、创建虚拟机

步骤一： 在如图 1-2-45 所示窗口中打开 Hyper-V 管理器，如图 1-2-46 所示，单击右侧的"虚拟网络管理器"链接。

步骤二： 如图 1-2-47 所示，有"外部"、"内部"、"专用"三种虚拟网卡类型，"外部"方式是虚拟网卡和真实网卡间采用桥接方式，网络内的其他计算机和虚拟系统可以互相访问，虚拟系统相当于物理网络内的一台独立的计算机，任务中的应用，应采用这种方式；"内部"方式是真实系统与虚拟系统可以双向访问，但网络内其他计算机不能访问虚拟系统，而虚拟系统可通过真实系统以 NAT 协议访问网络内其他计算机；"专用"方式只能进行虚拟系统和真实系统之间的通信。

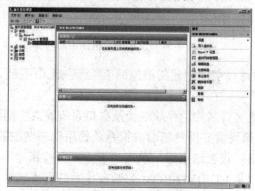

图 1-2-46 Hyper-V 管理器

图 1-2-47 选择虚拟网卡类型

步骤三： 在如图 1-2-48 所示的窗口中为名为"新建虚拟网络"的虚拟网卡，选择需要桥接的真实物理网卡。

步骤四： 在 Hyper-V 管理器窗口中，依次单击"操作→新建→虚拟机"命令，打开新建虚拟机向导程序，如图 1-2-49 所示，单击"下一步"按钮。

步骤五： 如图 1-2-50 所示，设置虚拟机名称为"win2008"，且可以设置虚拟机存储位置，单击"下一步"按钮。

步骤六： 如图 1-2-51 所示，设置虚拟机使用的物理内存，本任务中虚拟机系统为 windows server 2008，应在保证真实系统能够稳定运行的情况下给虚拟机多分配内存，设置好后单击"下一步"按钮。

图 1-2-48　选择桥接的真实物理网卡

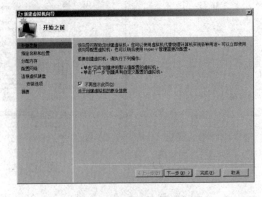

图 1-2-49　新建虚拟机向导程序

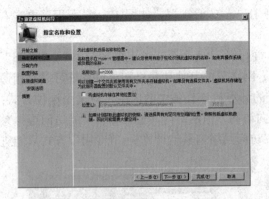

图 1-2-50　设置虚拟机名称及存储位置

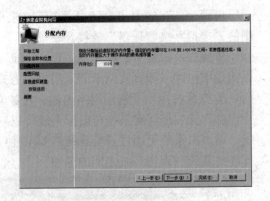

图 1-2-51　设置虚拟机使用的内存

步骤七：如图 1-2-52 所示，在下拉列表中选择前面创建的虚拟网卡"新建虚拟网络"，单击"下一步"按钮。

步骤八：如图 1-2-53 所示，设置虚拟硬盘文件名称、存放路径及虚拟系统硬盘空间限额，该文件应保存在空间足够大的分区中，虚拟硬盘文件是随着虚拟系统使用动态增加的；也可使用现有的虚拟硬盘或以后附加虚拟硬盘。设置结束后，单击"下一步"按钮。

步骤九：如图 1-2-54 所示，安装选项有"从 CD/DVD-ROM 安装操作系统"、"从引导软盘安装操作系统"及"从基于网络的安装服务器安装操作系统"三种，第一种又有物理光盘和光盘镜像文件两种选择，本任务采用物理光盘安装，单击"下一步"按钮。

步骤十：在如图 1-2-55 所示对话框中，显示了虚拟机安装的摘要信息，单击"完成"按钮结束虚拟机的创建。这时，在如图 1-2-56 所示的 Hyper-V 管理器窗口中看到新建的虚拟机处于关闭状态。

步骤十一：在 Hyper-V 管理器窗口中，右击新建的虚拟机，从弹出的快捷菜单中选择"设置"命令，在如图 1-2-57 所示的窗口中，"Processor"一项中，如果是双核 CPU 可以将"逻辑处理器数量"设为"2"，提高虚拟机性能，还可以设置虚拟机使用资源的限制。

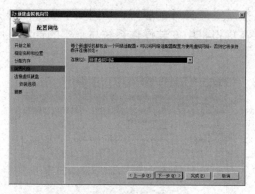

图 1-2-52   选择虚拟网卡

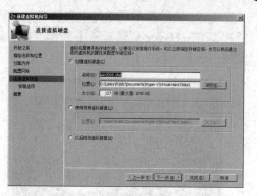

图 1-2-53   设置虚拟机硬盘文件

图 1-2-54   选择安装选项

图 1-2-55   虚拟机安装摘要信息

图 1-2-56   创建好的虚拟机

图 1-2-57   设置 CPU 内核数量和资源限制

三、安装虚拟系统

步骤一：在 Hyper-V 管理器窗口中，右击新建的虚拟机，从弹出的快捷菜单中选择"启动"命令，这时虚拟机会根据事先的设置从光盘引导系统，并开始安装，可以在下部预览窗口查看进度画面。

步骤二：在 Hyper-V 管理器窗口中，右击新建的虚拟机，选择"连接"命令，打开虚拟系统窗口，如图 1-2-58 所示，这时就像在真实的计算机一样安装操作系统。

步骤三：安装完成之后，就可使用该虚拟系统，如图 1-2-59 所示。

Hyper-V 的技术要求高,安装 Hyper-V 服务需要在 X64 的版本,还需要下载必需的更新补丁,在 Hyper-V 管理器中创建虚拟机后,在虚拟机中安装操作系统与真实的计算机中安装方法是一致的。

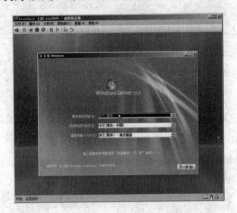

图 1-2-58　安装虚拟系统

图 1-2-59　安装好的虚拟系统

课题小结

本课题主要讲述了 Windows Server 2008 的安装、设置 Windows Server 2008 的工作环境,以及如何创建虚拟主机。通过本课题的学习,读者应了解 Windows Server 2008 的版本及特性,及其安装条件和安装模式;掌握 Windows Server 2008 的全新安装过程、Windows Server 2008 工作界面的配置,以及计算机名称和所属工作组设置;了解虚拟内存配置和网络配置、虚拟化技术,并掌握 Hyper-V 技术要求;能安装 Hyper-V 服务,并能创建虚拟机并安装虚拟系统。

课后练习

一、简述题

1. Windows Server 2008 有哪些版本?有哪些新特性?安装条件有哪些?

2. 一台 Windows Server 2008 服务器物理内存为 4GB,请确定合适的虚拟内存。

3. 虚拟化技术有哪些?Hyper-V 的技术要求有哪些?

二、实践题

1. 安装 Windows Server 2008 Enterprise Edition(企业版),设置自动更新。

2. 局域网网段为 192.168.1.0,网关为 192.168.1.254,DNS 服务器为 192.168.1.1,设置 Windows Server 2008 服务器的 TCP/IP。

3. 安装 Hyper-V 服务,创建虚拟机,在虚拟机中安装 Windows Server 2008 Enterprise Edition(企业版)。

课题三　硬件设备与服务器的管理

【课题概览】

在服务器安装 Windows Server 2008 后，就需要对其硬件设备进行相应的配置与管理。通常，我们可以通过 Windows 图形化工具很方便地管理一台计算机，但随着管理的计算机数量增加，就需要使用能够有效自动化配置计算机的工具，PowerShell 就是这样一种新的命令行外壳和脚本语言，用于进行系统和自动化。

【课题目标】

➢ 了解 Windows Server2008 对硬件设备的支持情况
➢ 掌握如何安装新硬件和卸载设备
➢ 掌握查看设备属性及更新驱动程序
➢ 了解 PowerShell，并能进行 PowerShell 的安装和使用

任务一　硬件设备的配置与管理

【任务引入】

一台服务器安装 Windows Server 2008 后，需要对其硬件设备进行相应的配置与管理。具体的配置要求如下：

（1）因发现网卡没有正确安装，请手动安装网卡。
（2）为了提供路由服务，通过自动安装方法，添加一块网卡。
（3）因声卡暂时不需要使用，将其卸载。
（4）为了使硬件更好地运行而升级硬件驱动程序。

【任务分析】

Windows Server 2008 对大部分主流硬件设备能够很好得支持，如主流显卡、声卡、U盘等设备能准确识别，并自动安装驱动程序，但对于非主流的设备有可能无法正确识别，需要安装相应的驱动程序。

Windows Server 2008 和 Windows Server 2003 的系统内核不同，旧版 Windows 中的硬件驱动程序可能无法安装，用户可以先尝试 Windows Server 2003 的驱动程序，如果失败再尝试 Windows Vista 的驱动程序，通过这种方式基本上能解决上述问题，也可以到硬件设备官方网站寻找最新版本的 Windows Server 2008 驱动程序。

【任务实施 】

一、手动添加硬件——网卡

任务中网卡没有正确安装，因此需要手动添加驱动程序。

步骤一：在"开始"菜单中选择"控制面板"命令，打开控制面板窗口，单击"添加硬件"图标，打开如图1-3-1所示的"添加硬件"向导，单击"下一步"按钮。

步骤二：在弹出的如图1-3-2所示对话框中，选择"安装我手动从列表选择的硬件（高级）"单选框，单击"下一步"按钮。

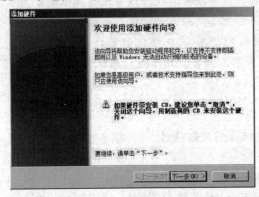

图 1-3-1 添加硬件向导

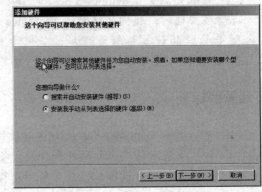

图 1-3-2 添加硬件向导

步骤三：在弹出的如图1-3-3所示对话框中选择"网络适配器"，单击"下一步"按钮。

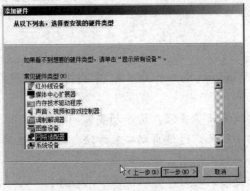

图 1-3-3 选择硬件类型

步骤四：在弹出的如图1-3-4所示对话框中，如果有合适的网络适配器，选中后单击"下一步"按钮开始安装。否则单击"从磁盘安装"按钮，在如图1-3-5所示对话框中，选择驱动程序文件夹，单击"确定"按钮。

步骤五：在如图1-3-6所示对话框中，选择合适的网络适配器，单击"下一步"按钮。

步骤六：在如图1-3-7所示对话框中，单击"下一步"按钮，开始安装，安装完成后在完成对话框中单击"完成"按钮即可。

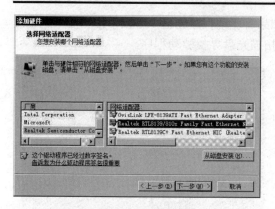

图 1-3-4 选择网络适配器

图 1-3-5 选择驱动程序文件夹

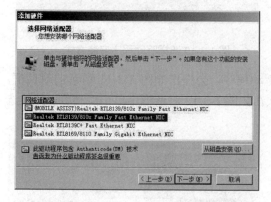

图 1-3-6 选择合适的网络适配器

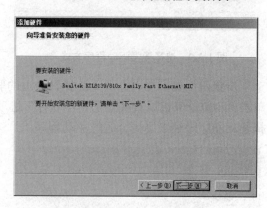

图 1-3-7 要安装的硬件

二、自动安装新硬件——网卡

将新增的网卡插入主板上的扩展槽，启动计算机，按下列步骤自动安装驱动程序。

步骤一：进入 Windows server 2008 系统后，会出现如图 1-3-8 所示的发现新硬件对话框，有"查找并安装驱动程序软件"、"以后再询问我"和"不要再为此设备显示此信息"三种选项，直接单击第一个选项即可。

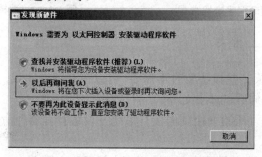

图 1-3-8 发现新硬件窗口

步骤二：在如图 1-3-9 所示的对话框中包括"是，始终联机搜索"、"是，仅此次联机搜索"和"不联机搜索"三种搜索驱动程序的方法，前两者是直接接入 Internet 搜索硬件相关的驱动程序，如有驱动程序软件，可以选择最后一项。

步骤三： 在如图 1-3-10 所示对话框中，如果有驱动程序光盘，可以单击"插入随以太网控制器一起提供的光盘"，这样系统会自动扫描光盘寻找驱动程序。

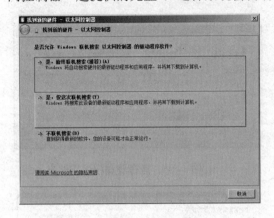
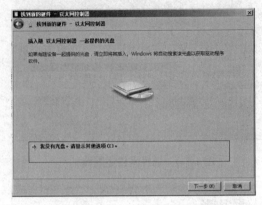

图 1-3-9　选择搜索驱动程序方式　　　　　图 1-3-10 选择驱动程序安装方式

步骤四： 如果在光盘中无法找到合适的驱动程序，会弹出如图 1-3-11 所示的对话框，单击"浏览计算机以查找驱动程序软件"选项在如图 1-3-12 对话框中单击"浏览"按钮选择驱动程序路径来寻找合适的驱动程序。

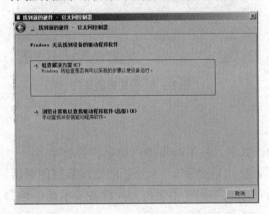
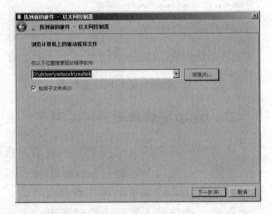

图 1-3-11　选择驱动程序查找方式　　　　　图 1-3-12　选择驱动程序路径

三、卸载设备——声卡

在使用过程中，如果某些设备暂时不需要，可以在系统中卸载，如作为服务器应用时，很少用到声卡设备，其卸载的步骤如下。

步骤一： 依次单击"开始→控制面板→系统→设备管理器"命令，打开设备管理器窗口。

步骤二： 在如图 1-3-13 所示的窗口选择声卡设备，右键单击，在弹出的快捷菜单中选择"卸载"命令。

步骤三： 在弹出的确认设备删除提示框中，单击"确定"按钮即可。返回设备管理器，可发现刚才选取的设备已经移除。

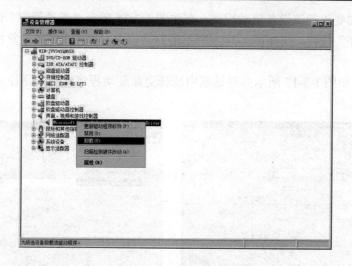

图 1-3-13　选择需卸载的设备

四、查看设备属性与升级硬件驱动程序

　　用户可以升级更新版本的驱动程序，除去以前版本中存在的 bug 和增强原有硬件的功能，使硬件运行在更好的状态下。首先通过查看设备属性，了解设备运行情况及设备驱动程序版本等信息；接着可以在网上搜索硬件厂商推出的更新版本的硬件驱动程序，下载后备用，然后通过下列步骤更新驱动程序（以显卡为例）。

　　步骤一：在如图 1-3-14 所示设备管理器窗口中，选择需要查看属性的设备，右键单击，在弹出快捷菜单中选择"属性"命令。在如图 3-14 所示对话框中，"常规"选项卡中显示该设备的类型、制造商、位置等信息。

　　步骤二：在如图 1-3-15 所示"驱动程序"选项卡中显示了该设备所使用的驱动程序版本、发布日期及是否经过数字签名等信息。

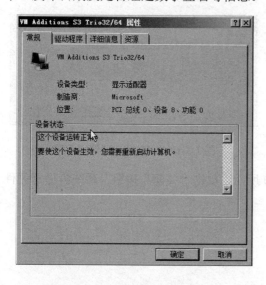

图 1-3-14　设备常规信息

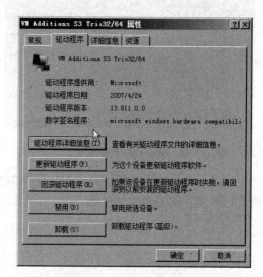

图 1-3-15　驱动程序信息

步骤三： 如要更新该设备驱动程序，在如图 1-3-15 所示"驱动程序"选项卡中，单击"更新驱动程序"按钮，在如图 1-3-16 所示的对话框中，单击"浏览计算机以查找驱动程序软件"。

步骤四： 在如图 1-3-17 所示的对话框中选择更新驱动程序软件的路径，单击"下一步"按钮。

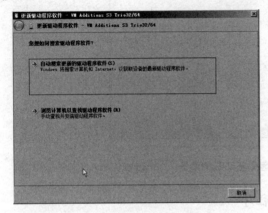

图 1-3-16　选择驱动程序软件搜索方式

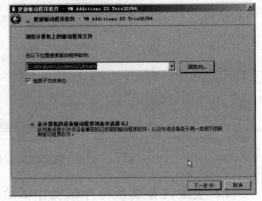

图 1-3-17　选择驱动程序软件路径

步骤五： 系统安装驱动程序完成后，可以看到如图 1-3-18 所示的更新成功信息。

步骤六： 如果更新失败，Windows Server 2008 还提供了回滚驱动程序功能，在如图 1-3-15 所示对话框中，单击"回滚驱动程序"按钮，弹出如图 1-3-19 所示的提示框，单击"是"按钮。

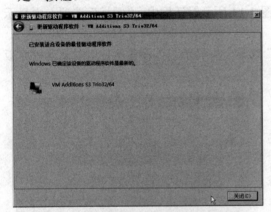

图 1-3-18　驱动程序更新成功

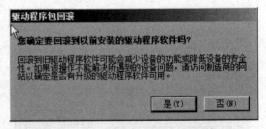

图 1-3-19　驱动程序回滚提示框

步骤七： 这时设备属性对话框如图 1-3-20 所示，单击"关闭"按钮。系统将提示硬件设置已改变，需要重启后生效。

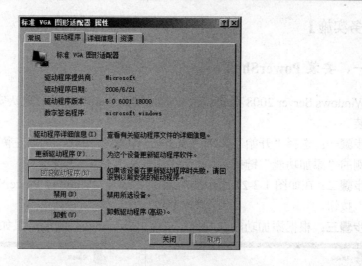

图 1-3-20 驱动程序回滚后的设备属性

任务二 使用 PowerShell 命令和脚本管理服务器

【任务引入】

通过 Windows 图形化工具可以很方便地管理一台计算机,但随着管理的计算机数量增加,就需要使用能够有效自动化配置计算机的工具,PowerShell 就是这样一种新的命令行外壳和脚本语言,用于进行系统和自动化。下面完成几个具体的应用:

(1)安装 PowerShell。

(2)收集有关计算机的信息。

(3)管理本地进程。

(4)管理本地服务。

(5)锁定、注销、关闭和重新启动计算机。

(6)进行有关网络的操作。

(7)修改注册表。

【任务分析】

Windows PowerShell 命令行 shell 以及脚本语言能够帮助 IT 人员实现常见任务的自动化。通过使用新的以管理为中心的脚本语言,129 个称为"cmdlet"的命令行工具以及连续的语法与功能,Windows PowerShell 使系统更加易于为 IT 人员管理,并加快了自动流程。Windows PowerShell 易于采用,因为它与现有的 IT 基础架构和现有的脚本集成。它允许用户自动进行服务器的管理以及终端服务器等服务器角色的配置。

【任务实施】

一、安装 PowerShell

Windows Server 2008 在安装系统的时候 PowerShell 没有默认安装，我们可以按下列步骤安装。

步骤一： 选择"开始"菜单"服务器管理器"命令，选取左侧的"功能"选项后，单击右侧的"添加功能"链接。

步骤二： 在如图 1-3-21 所示的对话框中勾选"Windows PowerShell"复选框，单击"下一步"按钮。

步骤三： 根据添加功能向导提示安装 PowerShell，安装结果如图 1-3-22 所示。

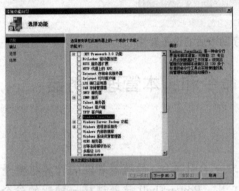

图 1-3-21　选取"Windows PowerShell"　　　图 1-3-22　Windows PowerShell 安装成功

二、收集有关计算机的信息

Get-WmiObject 是用于执行常规系统管理任务的最重要 cmdlet。所有关键的子系统设置都是通过 WMI 公开的。以下示例演示如何通过对任意计算机使用 Get-WmiObject 来收集特定信息。用表示本地计算机的点值（.）指定 ComputerName 参数。用户可以指定与可以通过 WMI 访问的任何计算机关联的名称或 IP 地址。若要检索有关本地计算机的信息，可以省略-ComputerName .。

➢ **列出 BIOS 信息。** 通过"Get-WmiObject -Class Win32_BIOS"命令列出 BIOS 系统信息，如图 1-3-33 所示。

```
Windows PowerShell
PS C:\Users\Administrator> get-wmiobject -class win32_bios

SMBIOSBIOSVersion : 080002
Manufacturer      : American Megatrends Inc.
Name              : BIOS Date: 02/22/06 20:54:49 Ver: 08.00.02
SerialNumber      : 0323-5321-1008-9193-5171-1038-27
Version           : A M I  - 2000622


PS C:\Users\Administrator>
```

图 1-3-33　列出 BIOS 信息

> **列出处理器信息。** 通过"Get-WmiObject -Class Win32_Processor"命令列出处理器信息，如图 1-3-34 所示。

> **列出内存信息。** 通过"Get-WmiObject -Class Win32_physicalmemory"命令列出内存信息，如图 1-3-35 所示。

图 1-3-34　列出处理器信息 　　　　　　　　　　图 1-3-35　列出内存信息

> **列出硬盘信息。** 通过"Get-WmiObject -Class Win32_diskdrive"命令列出硬盘信息，如图 1-3-36 所示。

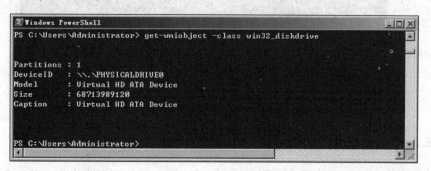

图 1-3-36　列出硬盘信息

> **列出操作系统版本信息。** 通过"Get-WmiObject -Class Win32_OperatingSystem"列出操作系统版本信息，如图 1-3-37 所示。

图 1-3-37　列出操作系统版本信息

> **列出桌面设置。** 通过"Get-WmiObject -Class Win32_Desktop"列出桌面设置信息，如图 1-3-38 所示。

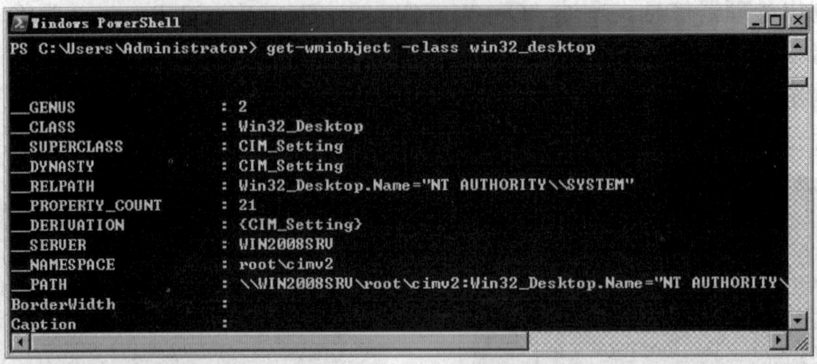

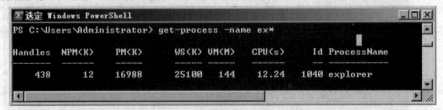

图 1-3-38　列出桌面设置

➢ **获得登录到计算机的用户。**通过 "Get-WmiObject -Class Win32_ComputerSystem -Property UserName" 获得登录到计算机的用户，如图 1-3-39 所示。

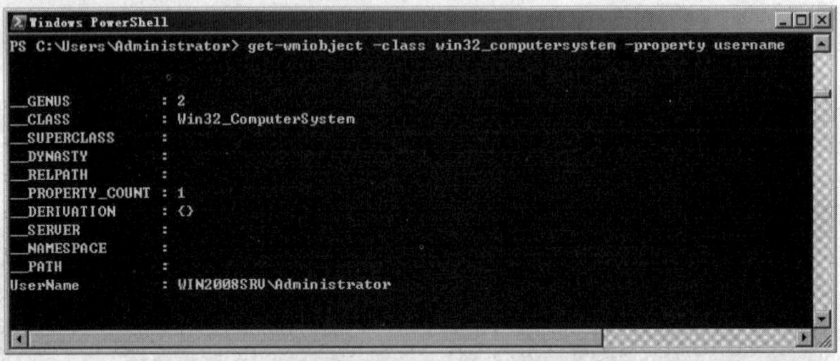

图 1-3-39　获得登录到计算机的用户

三、管理本地进程

管理进程 cmdlet 只有两个：列出进程（Get-Process）和停止进程（Stop-Process）。

➢ Get-Process。通过无参数运行 Get-Process，可以获得正在本地系统中运行的所有进程的列表。通过使用 ID 参数指定 ProcessId，还可以返回单个进程。

Name 参数可以用来基于进程名称指定进程的子集。因为进程可以有相同名称，所以输出可能包括多个进程。"Get-Process -Name ex" 命令，执行结果如图 1-3-40 所示。

图 1-3-40　列出 "ex" 开头的进程

➢ Stop-Process cmdlet。采用 Name 或 ID 来指定希望停止的进程。是否能够停止进程取决于用户的权限。某些进程不能停止。如停止空闲进程，则将报错。

"Stop-Process -Name smss" 命令将停止 "smss" 进程。还可以用 Confirm 参数

强制进行提示。如 "Stop-Process -Name e* -Confirm"。执行结果如图 1-3-41 所示。进程对象有 Responding 属性，当进程不再响应时该属性将为 True，因此可以用以下命令停止所有无响应的应用程序：

"et-Process | Where-Object -FilterScript {$_.Responding -eq $false} | Stop-Process"。

图 1-3-41　停止进程

➤ **停止所有其他 Windows PowerShell 会话。**可能偶尔需要停止除了当前会话以外所有正在运行的 Windows PowerShell 会话。每个 Windows PowerShell 会话都有环境变量 PID，其中包含 Windows PowerShell 进程的 ID。可以对照每个会话 ID 检查该 PID，并只终止有不同 ID 的 Windows PowerShell 会话。"Get-Process -Name powershell|Where-Object-FilterScript{$_.Id-ne$PID}|Stop-Process –PassThru"。

四、管理本地服务

管理核心服务 cmdlet 共有八个，它们是为众多的服务任务设计的。这里我们只介绍如何列出和更改服务的运行状态。

➤ **列出服务。**通过使用 Get-Service，可以枚举计算机上的本地服务。无参数使用 Get-Service 命令将返回所有服务。可以按名称筛选，甚至使用星号通配符，如 "Get-Service -Name d*" 命令，执行结果如图 1-3-42 所示。

```
Windows PowerShell

PS C:\Users\Administrator> get-service -name d*

Status     Name             DisplayName
------     ----             -----------
Running    DcomLaunch       DCOM Server Process Launcher
Running    Dhcp             DHCP Client
Running    DNS              DNS Server
Running    Dnscache         DNS Client
Stopped    dot3svc          Wired AutoConfig
Running    DPS              Diagnostic Policy Service
```

图 1-3-42　列出服务

由于服务的真实名称并非始终是很明显的，因此用户可能发现需要按显示名查找服务。可以按具体名称、使用通配符或使用显示名列表来执行该操作：

➤ **停止、启动、挂起和重新启动服务。**若要停止后台打印程序，请使用："Stop-Service -Name spooler" 命令，执行结果如图 1-3-43 所示。

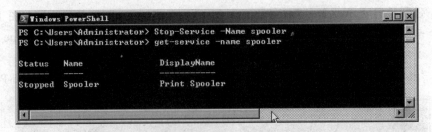

图 1-3-43　停止后台打印程序

（1）如果要在后台打印程序停止之后启动它，请使用"Start-Service -Name spooler"命令。

（2）如果要挂起后台打印程序，请使用："Suspend-Service -Name spooler"命令。

（3）如果要重启后台打印程序，请使用"Restart-Service -Name spooler"命令。

如图 1-3-44 所示。

图 1-3-44　重启后台打印程序

五、更改计算机状态：锁定、注销、关闭和重新启动

可以用命令"rundll32.exe user32.dll,LockWorkStation"锁定计算机，"logoff"命令注销当前会话，"shutdown.exe /s"关闭计算机，"shutdown.exe /r"重新启动计算机。

六、执行网络任务

➢ **列出计算机的 IP 地址。** 使用以下命令可以列出计算机正使用的所有 IP 地址："Get-WmiObject –Class Win32_NetworkAdapterConfiguration -Filter IPEnabled=TRUE -ComputerName .| Select-Object -Property IPAddress"。

➢ 如图 1-3-45 所示。

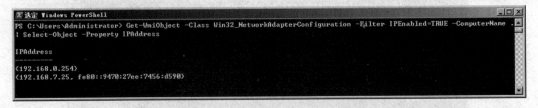

图 1-3-45　列出计算机的 IP 地址

➢ **列出 IP 配置数据。** 为每个网络适配器显示详细的 IP 配置数据，可以使用以下命令："Get-WmiObject -Class Win32_NetworkAdapterConfiguration -Filter IPEnabled=TRUE -ComputerName ."。

如图 1-3-46 所示。

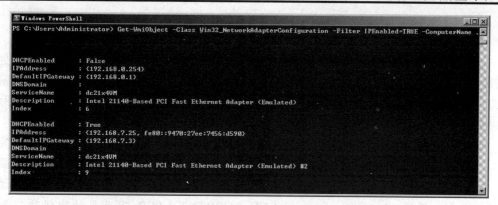

图 1-3-46　列出 IP 配置数据

> **确定启用 DHCP 的适配器。** 使用以下命令，可以在计算机上查找启用 DHCP 的适配器："Get-WmiObject-Class Win32_NetworkAdapterConfiguration -Filter "DHCPEnabled=true" -ComputerName ."

> **创建网络共享。** 可以用 "net share tempshare=c:\users /users:25 /remark:"test share of the temp folder"" 将 "c:\users" 文件夹共享。如图 1-3-47 所示。

图 1-3-47　创建网络共享

> **删除网络共享。** 可以用 "net share tempshare /delete" 命令将删除共享 "TempShare"。如图 1-3-48 所示。

图 1-3-48　删除网络共享

> **连接 Windows 可访问的网络驱动器。** 使用 "net use B: \\win2008srv\tempshare" 命令将共享 "\\win2008srv\tempshare" 映射到本地驱动器 "B: "。如图 1-3-49 所示。

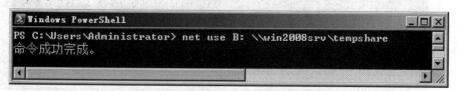

图 1-3-49　连接可访问的网络驱动器

七、处理注册表项及条目

由于注册表项是 Windows PowerShell 驱动器上的项，因此，处理它们的方式与处理文件和文件夹非常类似。一个关键差异是：基于注册表的 Windows PowerShell 驱动器上的每个项都是一个容器，就像文件系统驱动器上的文件夹一样；而注册表条目及其关联值是项的属性，不是不同的项。

> **列出注册表项的所有子项。** 通过 "Get-ChildItem -Path hkcu:\" 命令可以显示 HKEY_CURRENT_USER 注册表配置单元的所有项（Windows PowerShell 驱动器 HKCU:它对应于注册表 HKEY_CURRENT_USER 配置单元）。这些是在注册表编辑器 (Regedit.exe) 中 HKEY_CURRENT_USER 下可见的顶级项。如图 1-3-50 所示。

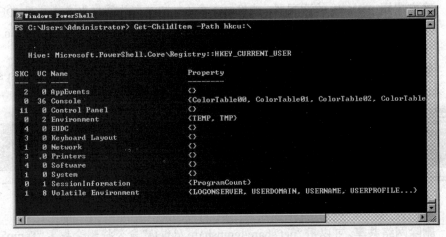

图 1-3-50　列出注册表项的所有子项

若要显示包含的项，需要指定 Recurse 参数。若要列出 HKCU 中的所有注册表项，请使用 "Get-ChildItem -Path hkcu:\ -Recurse" 命令。

> **复制项。** 将 HKLM:\SOFTWARE\Microsoft\Windows\CurrentVersion 及其所有属性复制到 HKCU:\，从而创建一个名为 "CurrentVersion" 的新项。可以使用 "Copy-Item-Path 'HKLM:\SOFTWARE\Microsoft\Windows\CurrentVersion' -Destination hkcu:" 命令。

> **创建项。** 通过 "New-Item -Path hkcu:\software_DeleteMe" 命令，可以在 hkcu:\software\下创建_DeleteMe 项。如图 1-3-51 所示。

图 1-3-51　创建 "_DeleteMe" 项

➢ **删除项。** "Remove-Item -Path hkcu:\Software_DeleteMe" 命令将以无提示方式删除项。但是如果该项包含子项，则会看到如图 1-3-52 所示的内容。

图 1-3-52 删除包含子项的项

➢ **列出注册表条目。** "Get-ItemProperty -Path Registry::HKEY_LOCAL_MACHINE \SOFTWARE\Microsoft\Windows\CurrentVersion" 命令可以查看注册表项 "HKEY_LOCAL_MACHINE\Software\Microsoft\Windows\CurrentVersion" 中条目名称。Ru 如图 1-3-53 所示。

```
Windows PowerShell                                                    _ □ ×
PS C:\Users\Administrator> Get-ItemProperty -Path Registry::HKEY_LOCAL_MACHINE\SOFTWARE\Microsoft\Windows\CurrentV

PSPath                    : Microsoft.PowerShell.Core\Registry::HKEY_LOCAL_MACHINE\SOFTWARE\Microsoft\Windows\Curre
                            sion
PSParentPath              : Microsoft.PowerShell.Core\Registry::HKEY_LOCAL_MACHINE\SOFTWARE\Microsoft\Windows
PSChildName               : CurrentVersion
PSProvider                : Microsoft.PowerShell.Core\Registry
SM_GamesName              : Games
SM_ConfigureProgramsName  : Set Program Access and Defaults
CommonFilesDir            : C:\Program Files\Common Files
DevicePath                : C:\Windows\inf
MediaPathUnexpanded       : C:\Windows\Media
ProgramFilesDir           : C:\Program Files
ProgramFilesPath          : C:\Program Files
```

图 1-3-53 列出注册表条目

➢ **创建新的注册表条目。** 若要将名为 "PowerShellPath" 的新条目添加到 Current Version 项，可以使用 "New-ItemProperty -Path HKLM:\SOFTWARE\Microsoft\ Windows\CurrentVersion -Name PowerShellPath -PropertyType String -Value $PSHome" 命令可以将新条目添加到项，而且该命令还返回有关新条目的信息，如图 1-3-54 所示。

```
Windows PowerShell                                                    _ □ ×
PS C:\Users\Administrator> New-ItemProperty -Path HKLM:\SOFTWARE\Microsoft\Windows\CurrentVersion -Name PowerShell
PropertyType String -Value $PSHome

PSPath        : Microsoft.PowerShell.Core\Registry::HKEY_LOCAL_MACHINE\SOFTWARE\Microsoft\Windows\CurrentVersion
PSParentPath  : Microsoft.PowerShell.Core\Registry::HKEY_LOCAL_MACHINE\SOFTWARE\Microsoft\Windows
PSChildName   : CurrentVersion
PSDrive       : HKLM
PSProvider    : Microsoft.PowerShell.Core\Registry
PowerShellPath : C:\Windows\System32\WindowsPowerShell\v1.0
```

图 1-3-54 创建新的注册表条目

其中，Windows PowerShell 变量 $PSHome 存储 Windows PowerShell 安装目录的路径。

Windows Server 2008 项目教程

PropertyType 值必须是表 1-3-1 中 Microsoft.Win32.RegistryValueKind 枚举成员的。

表 1-3-1 Microsoft.Win32.RegistryValueKind 枚举成员名称

PropertyType 值	含　义
Binary	二进制数据
DWord	一个有效的 UInt32 数字
ExpandString	一个可以包含动态扩展的环境变量的字符串
MultiString	多行字符串
String	任何字符串值
QWord	8 B 二进制数据

➢ **重命名注册表条目**。若要将 PowerShellPath 条目重命名为 "PSHome"，请使用 "Rename-ItemProperty -Path HKLM:\SOFTWARE\Microsoft\Windows\CurrentVersion -Name PowerShellPath -NewName PSHome" 命令。

➢ **删除注册表条目**。若要删除 PSHom 注册表条目，使用 "Remove-ItemProperty -Path HKLM:\SOFTWARE\Microsoft\Windows\CurrentVersion -Name PSHome" 命令。

课题小结

本课题主要讲述了如何对硬件设备进行配置与管理，以及如何使用 PowerShell 命令和脚本来管理服务器。通过本课题的学习，读者应了解 Windows Server 2008 对硬件设备的支持情况；掌握如何安装新硬件和卸载设备，以及如何查看设备属性及和更新驱动程序；了解 PowerShell，并能进行 PowerShell 的安装和使用。

课后练习

1．查看声卡的设备属性，了解设备运行情况及设备驱动程序版本等信息，搜索、下载更新版本的驱动程序，升级其驱动程序。

2．列出正在本地系统中运行的所有进程的列表，停止其中 "smss" 进程。

3．列出计算机上的本地服务，停止后台打印程序。

4．为每个网络适配器显示详细的 IP 配置数据。

5．将 "d:\users" 文件夹共享，设置共享名为 "tempshare"。

模块二　网络服务器管理

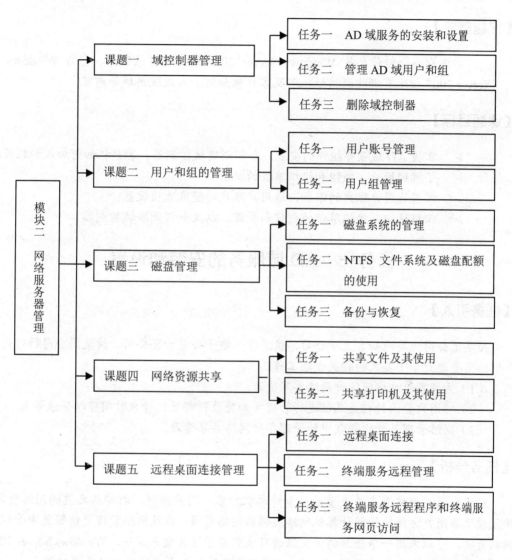

模块二结构图

课题一　域控制器管理

【课题概览】

本课题将介绍什么是 Windows Server 2008 的活动目录服务，它与 Windows Server 2003 相比有哪些新特性，以及客户机如何加入或脱离域等内容。

【课题目标】

➤ 掌握 AD 域服务组件的安装，如何创建域控制器，客户机如何加入和脱离域
➤ 了解域用户、域组和组织单位的概念
➤ 掌握域用户账户的添加，域用户账户的登录选项设置
➤ 掌握域组、组织单位的创建和管理，以及如何删除域控制器

任务一　AD 域服务的安装和设置

【任务引入】

A 集团公司为某地知名上市公司，旗下有一些子公司和孙公司，该集团公司针对计算机网络需要进行如下要求的相关管理工作：

（1）方便各用户访问各种网络共享资源；
（2）对用户登录的相关属性进行管理（如登录到哪里，什么时间可以登录等）；
（3）网络管理员能比较集中的管理各种网络共享资源。

【任务分析】

对于计算机网络存在着大量的诸如计算机对象、用户账户、打印机之类的网络资源，为了便于各用户方便地访问计算机网络提供的网络资源，以及网络管理员能够集中管理全网的资源，可以采用一个全面的企业级的目录服务管理方案来实现，Windows Server 2008 提供了 Active Directory Domain Service（活动目录服务）来实现以上的各项功能。

【相关知识】

一、活动目录的概念和新特性

活动目录是一种集成管理技术，与现实生活中的各种管理模式一样，它的出现是为了更有效，更灵活地实现管理目的。活动目录是一个层次的、树状的结构，通过活动目录组

-52-

织和存储网络上的对象信息，可以让管理员非常方便地进行对象的查询、组织和管理。活动目录具有与 DNS 集成、便于查询、可伸缩可扩展、可以进行基于策略的管理、安全高效等特点，通过组织活动目录，可以实现提高用户生产力、增强安全性、减少宕机时间、减轻 IT 管理的负担与成本等优势。活动目录相关核心概念之间的关系如表 2-1-1 所示。

表 2-1-1　活动目录相关核心概念之间的关系

术　语	说　明	界　定
活动目录	实现 Windows Server 网络管理的核心技术与体制	管理机制
森林/域	活动目录的管理范围	管理范畴
域控制器	存放活动目录中管理对象相关数据的服务器	管理枢纽
管理单元	比域更小的活动目录管理范围	管理范畴
用户账号	一类常用活动目录管理范围	管理对象
组策略	一种活动目录对管理对象进行配置的技术	管理工具

首先从活动目录服务的名称上看，在 Windows Server 2000 和 Windows Server 2003 系统中，活动目录服务被命名为 AD Directory Service，而在 Windows Server 2008 中，活动目录服务有了一个新的名称：Active Directory Domain Service（在下文中简称 ADDS）。名称的改变意味着微软对 Windows Server 2008 的活动目录进行了较大的调整，增加了功能强大的新特性并且对原有特性进行了增强。

相对于 Windows Server 2003，Windows Server 2008 活动目录域服务（ADDS）进行了很大的改进。主要表现在新增了只读域控制器（RODC）的域控制器类型、更新的活动目录域服务安装向导、可重启的活动目录域服务、快照查看以及增强的 Ntdsutil 命令等。由于这些改进，现在可以通过新的安装向导简化部署过程并节省部署时间；可以在物理安全无法得到保证的分支机构部署 RODC；还可以使用 ADDS 的可重启功能来停止 ADDS，因此，可以执行诸如脱机的活动目录对象整理之类的脱机操作，减少在 Windows Server 2008 下需要重启至活动目录还原模式的次数。通过快照查看还可以在线查看储存在快照中的活动目录数据，尽管不能使用此特性来还原已删除的对象和容器，但是可以在不重启域控制器的情况下，使用它来比较不同时间点的快照来确定用哪份数据进行恢复。

二、活动目录的作用

安装了活动目录的计算机称为"域控制器"，对于用户而言，只要加入并接受域控制器的管理就可以在一次登录之后全网使用，方便地访问活动目录提供的网络资源。对于管理员，则可以通过对活动目录的集中管理就能够管理全网的资源。

如果把网络看作为一本书，活动目录就好像是书的目录，用户查询活动目录就类似查询书的目录，通过目录就可以访问相应的网络资源。这时的目录是活动的、动态的，当网络上的资源变化时，其对应的目录项就会动态更新。

三、活动目录的逻辑结构

活动目录的逻辑结构非常灵活，它为活动目录提供了完全的树状层次结构视为用户和管理员查找、定位对象提供了极大的方便。活动目录中的逻辑单元包括：域、组织单元（Organizational Unit，简称 OU）、域树、域森林。

1. 组织单元（Organizational Unit，OU）

OU 是用户、组、计算机和其他对象（也可以包含其他的组织单元）在活动目中的逻辑管理单位，OU 可以包含各种对象，比如用户账户、用户组、计算机、打印机，甚至可以包括其他的 OU。就好像文件夹下面可以包含子文件夹一样。这里的组织单元就是活动目录的一种文件夹。对于一个企业来讲，可以按部门把所有的用户和设备组成一个 OU 层次结构，也可以按地理位置形成层次结构，还可以按功能和权限分成多个 OU 层次结构。由于 OU 层次结构局限于域的内部，所以一个域中的 OU 层次结构与另一个域中的 OU 层次结构完全独立。

2. 域（Domain）

域是网络中对计算机和用户的一种逻辑分组。在活动目录中，域是一个或多个组织单元管理单位，是一个网络安全边界。域管理员只能管理域的内部，除非其他的域赋予他管理权限，他才能够访问或者管理其他的域。每个域都有自己的安全策略，以及它与其他域的安全信任关系。

3. 域树

当多个域通过信任关系连接起来之后，所有的域共享公共的表结构（schema）、配置和全局目录（global catalog），从而形成域树。域树由多个域组成，这些域共享同一个表结构和配置，形成一个连续的名字空间。树中的域通过双向信任关系连接起来。活动目录包含一个或多个域树。

域树中的域层次越深级别越低，一个"."代表一个层次，如 uk.Microsoft.com 就比 microsoft.com 这个域级别低，因为它有两个层次关系，而 microsoft.com 只有一个层次。层次低的称为子域，层次高的称为父域。

域树中的域是通过双向可传递的信任关系连接在一起的。由于这些信任关系是双向而且是可传递的，因此，在域树或域森林中新创建的域可以立即与域树或域森林中每个其他的域建立信任关系。这些信任关系允许单一登录过程，在域树或域森林中的所有域上对用户进行身份验证，但这不一定意味着经过身份验证的用户在域树的所有域中都拥有相同的权利和权限。因为域是安全边界，所以必须在每个域的基础上为用户指派相应的权利和权限。

4. 域之间的双向信任关系

如果两个域之间有双向信任关系，对于这两个域的用户来讲好比是忽略了域的概念。uk.Microsoft.com 域中的用户可以使用 us.Microsoft.com 域中的账号登录 us.Microsoft.com 域，访问 us.Microsoft.com 域中的网络资源，反之亦然。如果没有信任关系，域是逻辑上的安全边界，两个域之间的用户账号是不能互相登录的。

在 Windows Server 2008 的域树中建立的信任关系是可传递的，例如，uk.Microsoft.com

信任 Microsoft.com，us.Microsoft.com 信任 Microsoft.com，所以 uk.Microsoft.com 信任 us.Microsoft.com。

5. 域森林

域森林是指一个或多个没有形成连续名字空间的域树。域林中的所有域树共享同一个表结构、配置和全局目录。域林中的所有域树通过 Kerberos 信任关系建立起来，所以每个域树都知道 Kerberos 信任关系，不同域树可以交叉引用其他域树中的对象。

6. 域控制器

安装了活动目录的计算机提供活动目录供客户机使用。域控制器存储着目录数据并管理用户域的交互关系，其中包括用户登录过程、身份验证和目录搜索等。一个域可以有多个域控制器。为了获得高可用性和容错能力，规模较小的域可以只需要两个域控制器，一个实际使用，另一个用于容错性检查；规模较大的域可以使用多个域控制器。

一个域中可以有多个域控制器，通过设置，各域控制器之间可以相互复制活动目录。一个域林中的域控制器之间也可以相互复制活动目录。

【任务实施】

一、安装域控制器

在 Windows Server 2008 中安装活动目录可以参照下述步骤进行操作。

步骤一：运行"开始→服务器管理器"命令，激活服务器管理器。在左侧选择"角色"一项之后，单击右部区域中的"添加角色"链接，并且在如图 2-1-1 所示的窗口中勾选"Active Directory 域服务"复选框，并单击"下一步"按钮。

步骤二：在如图 2-1-2 所示的窗口中针对域服务进行相关的介绍，单击"下一步"按钮继续操作。

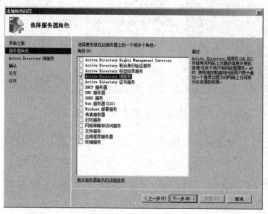

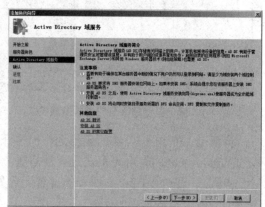

图 2-1-1　勾选"Active Directory 域服务"复选框　　图 2-1-2 域服务简介

步骤三：在如图 2-1-3 所示的窗口中显示了安装域服务的相关信息，确认安装可以单击"安装"按钮。

步骤四：域服务安装完成之后，可以在如图 2-1-4 所示的窗口中查看到当前计算机已

Windows Server 2008 项目教程

经安装了 Active Directory 域控制器，单击"关闭"按钮退出添加角色向导窗口。

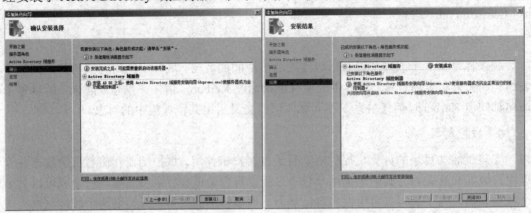

图 2-1-3　域服务安装信息　　　　　　　　　图 2-1-4　关闭安装向导

步骤五：返回服务器管理器窗口，在如图 2-1-5 所示的界面中可以查看到 Active Directory 域服务已经安装，但是还没有将当前服务器作为域控制器运行，因此，需要单击右部窗口中蓝色的"运行 Active Directory 域服务安装向导（dcpromo.exe）"链接来继续安装域服务。

步骤六：域服务安装向导的欢迎界面中可以勾选"使用高级模式安装"复选框，这样可以针对域服务器更多的细节部分进行设置，如图 2-1-6 所示，并单击"下一步"按钮。

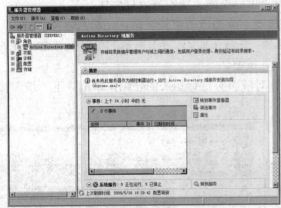

图 2-1-5 服务器管理器窗口查看域服务　　　　图 2-1-6　安装欢迎界面

步骤七：在如图 2-1-7 所示界面中简要介绍了 Windows Server 2008 域控制器和以前版本的 Windows 之间有可能存在兼容性问题，一般了解即可，在此单击"下一步"按钮继续。

步骤八：在如图 2-1-8 所示的部署配置界面中选择"在新林中新建域"一项，并且单击"下一步"按钮。

 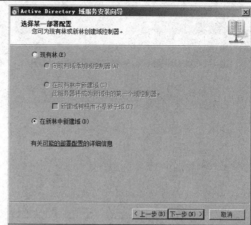

图 2-1-7　兼容性介绍　　　　　　　　　图 2-1-8　设置域林选项

步骤九： 在如图 2-1-9 所示的命名林根域界面中输入新目录林根级域的域名，例如在此输入"company.com.cn"，并单击"下一步"。

步骤十： 在如图 2-1-10 所示的 NetBIOS 名称界面中，系统会自动出现默认的 NetBIOS 名称，此时可以直接单击"下一步"按钮。

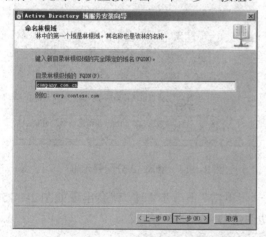

图 2-1-9　设置根级域域名　　　　　　图 2-1-10　设置 NetBIOS 信息

步骤十一： 在如图 2-1-11 所示的设置林功能级别窗口中可以选择多个不同的 Windows 版本，考虑到网络中有低版本 Windows 计算机，此时可以选择"Windows 2000"一项，并单击"下一步"。

步骤十二： 接着在选择域功能级别窗口中选择"Windows 2000 纯模式"一项，如图 2-1-12 所示，并单击"下一步"。

步骤十三： 在如图 2-1-13 所示的窗口中可以对域控制器的其他方面进行设置，例如服务器还没有安装 DNS 服务就可以勾选"DNS 服务器"复选框来一并安装 DNS 服务。

（1）只要此计算机上有一个物理网络适配器未分配 IPv4 或 IPv6 静态 IP 地址，则在单击"下一步"时，就会出现如图 2-1-14 所示的提示窗口，建议将使用的网络适配器全部配置静态 IP，如果 IPv6 不使用可以在网络协议里取消绑定。选"是"可以跳过该窗口。

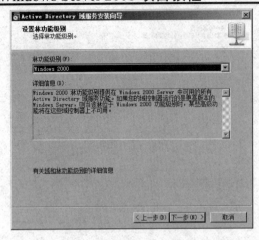

图 2-1-11 选择林功能级别

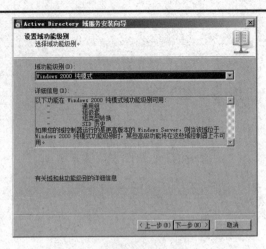

图 2-1-12 选择域功能级别

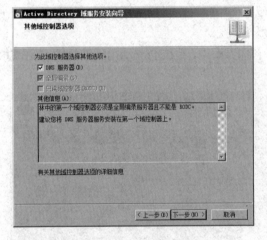

图 2-1-13 设置域控制器选项

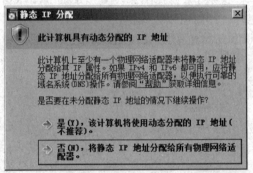

图 2-1-14 静态 IP 分配警示框

（2）如果还没有安装 DNS 服务，则在上一步单击"下一步"时，就会出现如图 2-1-15 所示的提示窗口，选"是"继续，系统将自动创建 DNS 与域的集成。

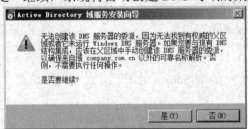

图 2-1-15 是否创建 DNS 与域的集成

步骤十四：在如图 2-1-16 所示的"数据库和日志文件文件夹"界面，可以设置活动目录数据库、日志文件和 SYSVOL 文件夹存放的位置，这里要求必须是 NTFS 分区，至少要有 250MB 的剩余空间。在 Windows Server 2008 的活动目录中，共享系统卷是一个名为 SYSVOL 的文件夹，默认情况下位于 Windows\SYSVOL 安装目录下。该文件夹下存放的是域的公用文件，如果在域下有多个域控制器，就需要在域之间复制 SYSVOL 下的内容。在此通常按照默认设置即可。

步骤十五：在如图 2-1-17 所示的窗口中输入两次完全一致的密码，用以创建目录服务还原模式的 Administrator 账户密码。当启动 Windwos Server 2008 时，在键盘上按下【F8】键，在出现的启动选择菜单中选择"目录还原模式"选项，启动计算机就要输入该密码。目录还原模式允许还原系统状态数据，包括注册表、系统文件、启动文件、Windows 文件保护下的文件、数字证书服务数据库、活动目录数据库、共享的系统卷等，完成设置后单击"下一步"按钮。

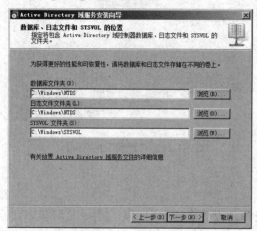

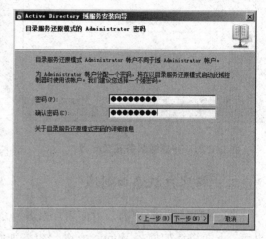

图 2-1-16　"数据库和日志文件文件夹"界面　　图 2-1-17　创建 Administrator 账户密码

步骤十六：在如图 2-1-18 所示的摘要界面中可以查看上述配置的信息，确认之后单击"下一步"按钮继续。

步骤十七：接着安装向导将自动进行活动目录的安装和配置，如图 2-1-19 所示。如果勾选"完成后重新启动"复选框，则计算机会在域服务安装完成之后自动重新启动计算机。

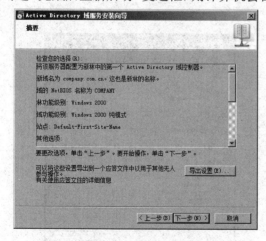

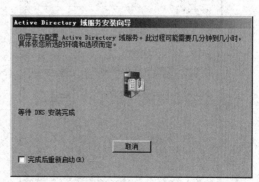

图 2-1-18　域服务安装摘要信息　　　　图 2-1-19　活动目录配置过程

步骤十八：在如图 2-1-20 所示的"完成活动目录安装向导"界面中单击"完成"按钮，并且重新启动计算机，即可完成活动目录的配置。

活动目录安装好以后，Windows Server 2008 的管理工具会出现变化。此时运行"开始→管理工具"命令可以看见如图 2-1-21 所示的"管理工具"快捷菜单。

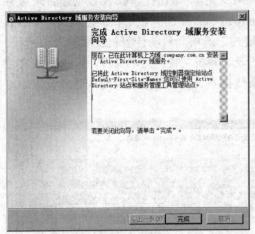
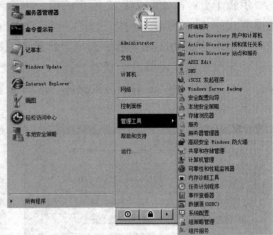

图 2-1-20 完成域服务安装向导   图 2-1-21   "管理工具"界面

二、将客户机添加到域

由于域是集中管理的，方便用户对各种资源进行管理，如用户、文件、打印机、计算机等，下面讲述如何将 Windows 客户机添加到域，接受域控制器的集中管理，其他类型操作系统的客户机可以参照完成。其具体步骤如下。

步骤一： 由于 Windows Server 2008 的活动目录使用 DNS 服务器来解析活动目录建立的域名，因此首先要在客户机上设置使用的 DNS 服务器的 IP 地址。

步骤二： 在客户机的控制面板中选择"系统"选项，切换到如图 2-1-22 所示的系统属性的"计算机名"标签，单击"更改"按钮。

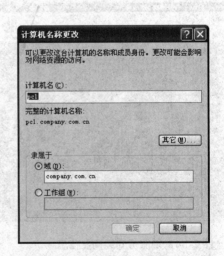

图 2-1-22 系统属性的"计算机名"选项   图 2-1-23   "计算机名称更改"界面

步骤三： 出现如图 2-1-23 所示的"计算机名称更改"界面，选择"隶属于"区域的"域"

一项，并且在文本框中输入域名"company.com.cn"。

步骤四：客户机将通过 DNS 服务器查询是否有域名为"company.com.cn"的域控制器存在，解析成功后出现"计算机名更改"界面。需要在如图 2-1-24 所示的窗口中输入域账号名称和密码进行登录。

步骤五：域控制器对账号和密码成功进行验证后出现如图 2-1-25 所示的界面，表示客户机的设置已经成功得到域控制器的认可。

图 2-1-24　输入域用户名和密码登录

图 2-1-25　成功加入域

步骤六：待出现提示重新启动计算机界面后，按下"确定"按钮重启计算机，则客户机加入域的操作就能生效了。之后，客户机就将接受域控制器的统一管理。

步骤七：客户机要访问网络的资源，只要在"网上邻居"中查找"域"下各种服务器或者客户机提供的共享资源即可。

三、管理客户机

把客户机添加到域中后，可以集中管理这些客户机，具体操作步骤如下。

步骤一：在"Active Directory 用户和计算机"界面下依次选择"company.com.cn→Computer"选项，此时右部区域显示了所有加入到域中的所有客户机，选择要管理的客户机用鼠标右键单击,在出现的快捷菜单中可以完成对客户机的集中管理操作,如图 2-1-26 所示。

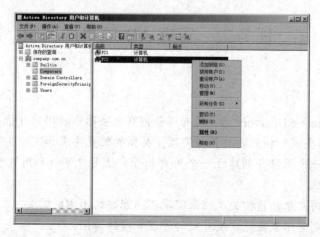

图 2-1-26　"管理客户机"界面

Windows Server 2008 项目教程

在管理客户机的鼠标右键菜单中可以进行下述操作：
➤ **禁用账户**：将禁止在该客户机上使用域账号登录域。
➤ **重设账户**：复位客户机上的域账户。
➤ **移动**：将该管理项移动到左边窗口下的不同的位置。
➤ **管理**：对客户机进行远程管理。
➤ **属性**：配置客户机的属性。

步骤二：在如图 2-1-26 所示的菜单中选择"管理"选项，出现如图 2-1-27 所示的"计算机管理"界面，可以对客户机进行综合管理。

四、将客户机脱离域

在客户端上，重复客户机加入域中步骤二~步骤六，只需在步骤三处如图 2-1-28 所示，选择"隶属于"区域的"工作组"一项，并且在文本框中输入工作组名如"workgroup"重起系统即可。

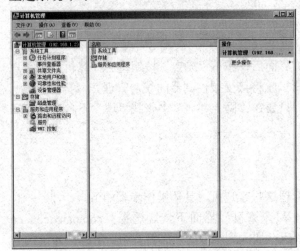
图 2-1-27　"计算机管理"界面

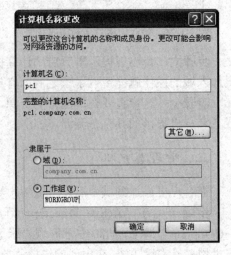
图 2-1-28　"计算机名称更改"界面

任务二　管理 AD 域用户和组

【任务引入】

成功安装 Active Directory 后，只有那些拥有合法账户的用户才能登录到 AD 域中，域系统管理员就需要进行相应的配置与管理。具体的配置要求如下：

（1）为每一个用户分别建立一个用户账号，让用户可以利用这个帐户来登录域、访问网络上的资源。

（2）配置用户账户的相关属性来实现不同账户的不同的需要。

（3）通过创建组来实现方便有效的管理资源的访问。

（4）创建组织单位与企业的职能部门关联，来实现集中管理。

【任务分析】

域控制器的最重要功能是管理账户。由于域中的账户能登录本域中所有的计算机，因此如果不能很好地管理用户和组的权限，用户可能会滥用权限，破坏其他计算机上的网络资源，对整个域造成不可估计的损失。因此，域管理员要根据管理和业务需求，合理配置域用户账户和域组账户，加强域账户的管理。

【相关知识】

一、域用户账户

域用户账户是用户访问域的唯一凭证，因此在域中必须是唯一的。域用户账户保存在活动目录（AD）数据库中，该数据库位于在域控制器（DC）上的 "\%systemroot%\NTDS" 文件夹下。当用户登录域时或者访问域的资源时，必须输入域用户账号，并且由域控制器来验证。

为了保证账户在域中的唯一性，每一个账户都被系统签订一个唯一的安全识别符（Security Identifier，SID）。SID 将成为一个账户的属性，不随账户的修改、更名而改动，并且一旦账户被删除，则 SID 也将不复存在，即便重新创建一个一模一样的账户，其 SID 也不会和原有的 SID 一样，对于系统而言，这就是两个不同的账户。在 Windows Server 2008 中，系统实际上是利用 SID 来对应用户权限的，因此，只要 SID 不同，新建的账户就不会继承原有的账户的权限与组的隶属关系。

当一台服务器一旦安装活动目录成为域控制器后，其本地组和本地账户是被禁用的。

二、域模式中的组

组是可包含用户、计算机和其他组的活动目录或本机对象。使用组可以控制和管理用户和计算机对活动目录对象及其属性、网络共享位置、文件、目录、打印机等共享资源的访问，还可以向一组用户发送电子邮件。在域中有两种组的类型：安全组和通信组。

1. 安全组

安全组，顾名思义即实现与安全性有关的工作和功能，是属于 Windows Server 2008 的安全主体 。可以通过给安全组赋予访问资源的权限来限制安全组的成员对域中资源的访问。每个安全组都会有一个唯一的 SID，在 AD 中不会重复。安全组也具有通信组的功能，可以组织属于该安全组的成员的 E-Mail 地址以形成 E-Mail 列表。

2. 通信组

通信组不是 Windows Server 2008 的安全实体，它没有 SID，因此也不能被赋予访问资源的权限。通信组就其本质而言是一个用户账户的列表，即通信组可以组织其成员的 E-Mail 地址成为 E-Mail 列表。利用这个特性使基于 AD 的应用程序可以直接利用通信组来发 E-Mail 给多个用户以及实现其他和 E-Mail 列表相关的功能（例如在 Microsoft Exchange Server 中使用）。

如果应用程序想使用通信组，则其必须支持 AD。不支持 AD 的应用程序将不能使用通信组的所有功能。

组的作用域决定了组的作用范围、组中可以拥有的成员以及组之间的嵌套关系。在 Windows Server 2008 域模式下组有三种组作用域：全局组作用域、域本地组作用域和通用组作用域。

三、组织单位简介

包含在域中的特别有用的目录对象类型就是组织单位。组织单位是可将用户、组、计算机和其他组织单位放入其中的 Active Directory 容器，不能容纳来自其他域的对象。组织单位中可包含其他的组织单位。可使用组织单位创建可缩放到任意规模的管理模型。正因为如此，一般在企业中大量使用组织单元来和企业的职能部门关联，然后将部门中的员工、小组、计算机以及其他设备统一在组织单位中管理。

用户可拥有对域中所有组织单位或对单个组织单位的管理权限。组织单位的管理员不需要具有域中任何其他组织单位的管理权限。

【任务实施】

一、创建域用户账户

如果 Windows Server 2008 系统中创建了活动目录，则可以参照下述步骤来创建域用户账户。

步骤一：依次选择"开始→程序→管理工具→ Active Directory 用户和计算机"命令。

步骤二：在打开窗口中可以看见以前安装活动目录时候设定的域名，在其中有一个名称为"Users"的文件夹，选择之后可以看见当前 Windows Server 2008 系统中的所有用户名称，如图 2-1-29 所示。

步骤三：右键单击"Users"文件夹并选择其中的"新建→用户"命令，将出现如图 2-1-30 所示的对话框。在这里首先要输入用户的姓、名、英文缩写和用户登录名，然后单击"下一步"按钮。

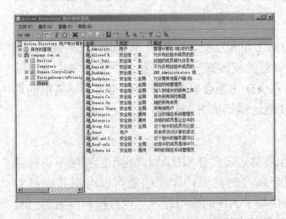

图 2-1-29　Active Directory 用户和计算机控制台

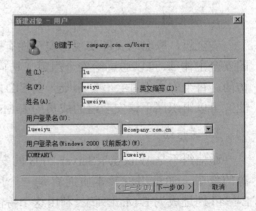

图 2-1-30　创建用户账号

步骤四：设置有关用户的密码内容，如图 2-1-31 所示。保证要在密码输入框中输入两个完全一致的密码。

为了域用户账户的安全，管理员在给每个用户设置初始化密码后，最好将"用户下次登录时须更改密码"复选框选中，以便用户在第一次登录时更改自己的密码。在服务器提升为域控制器后，Windows Server 2008 对域用户的密码复杂性要求比较高，如果密码不符合要求，就会弹出如图 2-1-32 所示的警告提示框，用户无法创建。

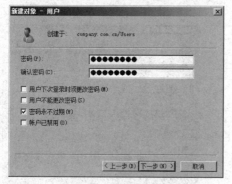

图 2-1-31　设置用户的密码和账号选项　　　　图 2-1-32　密码不符合要求警示框

在如图 2-1-31 所示下部还有几个关于密码的设置内容复选框，如"用户不能更改密码"可以让用户无法自行更改密码；"密码永不过期"能够让密码长期有效；"账号已停用"则是暂时停用这个账号，使得该账号无法正常登录服务器。

步骤五：单击"下一步"按钮打开如图 2-1-33 所示的对话框。这里提供了前面有关用户账号的设置信息，检查无误之后单击"完成"按钮完成用户账号的创建。

创建好用户之后再返回到"Active Directory 用户和计算机"窗口。此时可以发现多出了一个用户账号，如图 2-1-34 所示，这就说明用户账号设置已经成功。

图 2-1-33　确认新用户信息　　　　图 2-1-34　Active Directory 用户和计算机控制台

二、设置域账户属性

建立了用户账号之后，根据不同的应用需求，可以设置他们的属性和权限，这样不仅便于管理，还能够有效地保证服务器资源的安全。

在用户和计算机窗口中选择需要设置的用户（如计算机测试账号），然后右键单击并选择快捷菜单中的"属性"命令，这时将看见如图 2-1-35 所示的对话框。也可以直接在"计算机测试账号"账户上双击，同样可以弹出如图 2-1-35 所示对话框。

在这里可以编辑用户的姓名、英文缩写、显示名称、描述、电话号码和电子邮件等信息，而且在其他选项卡下还可以对相关的属性进行设定。

步骤一：设置用户登录时间。选择"账户"选项卡，打开如图 2-1-36 所示的对话框，可以对用户登录名进行设置。

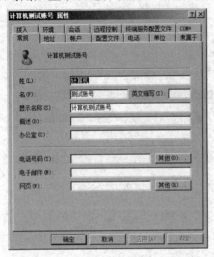
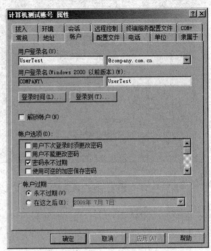

图 2-1-35　账号属性选项卡　　　　　图 2-1-36 账号选项选项卡

步骤二：单击"登录时间"按钮，在出现如图 2-1-37 所示的对话框中设置用户登录时间范围。其中横轴的每个方块代表一小时，纵轴的每个方块代表一天，蓝色方块表示允许用户进行登录时间，而白色方块则意味着该时间段不允许用户登录。

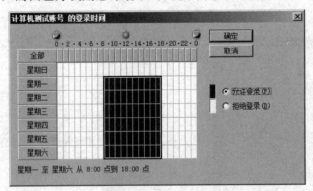

图 2-1-37　设置登录时间

Windows Server 2008 系统默认登录时间为每周 7 天，每天 24 小时都可以登录服务器。如需要对登录时间进行限制，只要用鼠标在蓝色方块区域拖曳要限制的时间范围，然后单击右边的"拒绝登录"单选按钮即可。同样，在白色方块区域拖曳鼠标选择允许登录的时间范围，接着单击右边的"允许登录"单选按钮就能够将这个时间段设定为允许登录时间。

步骤三：限制用户登录权限。在如图 2-1-36 所示的对话框中单击"登录到"按钮可以设置用户在局域网中可以登录到哪些计算机上，如图 2-1-38 所示。在"计算机名称"文本框中输入一个计算机名称，再单击"添加"按钮，这样所选择的用户只能登录到设定的计算机上，不能登录到局域网中的其他计算机。如设定该用户可以登录局域网中的所有计算机，则单击"所有计算机"单选按钮即可。

　　步骤四：设置账号的有效期。先单击下部的"在这之后"单选按钮，然后选择右边的日期下拉菜单，这时会有一个时间设置框弹出，在其中可以选择账号过期具体时间，如图2-1-39所示。

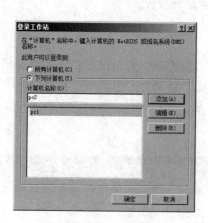

图 2-1-38　登录工作站

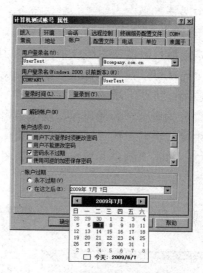

图 2-1-39　设置账户过期期限

　　步骤五：在"单位"选项卡中可以输入职务、部门、公司名称、直接下属等，如图2-1-40所示。

　　步骤六：在"隶属于"选项卡中，单击"添加"按钮，可以将该用户添加到组，如图2-1-41所示。

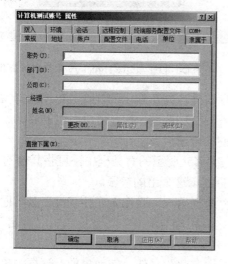

图 2-1-40　设置"单位"选项卡

图 2-1-41　"隶属于"组选项卡

三、配置域组账户

根据业务和管理需要，管理员可以创建新的组账户，并授予相应的访问权限，使其具有域控制器内部域组账户相似的功能。配置域组账户的步骤如下。

步骤一：选择菜单"开始→所有程序→管理工具→Active Directory 用户和计算机"命令，进入控制台，选中控制台左侧目录树中相应的"组"，单击鼠标右键，然后从弹出的快捷菜单中选择"操作→新建→组"命令，出现如图 2-1-42 所示的"新建对象-组"对话框。组作用域有以下三种选择：

➤ **本地域**：只能在本地域中使用，可赋予资源访问权限。
➤ **全局**：可以在整个 Active Directory 中使用。
➤ **通用**：可在本域或信任域间使用。

组类型分为安全组和通讯组，安全组可以赋予访问资源，通讯组可以集中发送邮件。在文本框中输入组名，如"开发部"，组作用域选择"全局"，组类型选择"安全组"。

步骤二：单击"确定"按钮，返回如图 2-1-43 所示的控制台，此时组账户"开发部"已经在列表中。

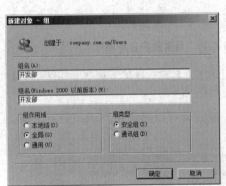

图 2-1-42 "新建对象-组"对话框

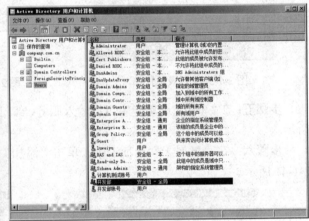

图 2-1-43 Active Directory 用户和计算机控制台

步骤三：选中组名"开发部"，单击鼠标右键，并在弹出的快捷菜单中选择"属性"命令，出现如图 2-1-44 所示的组属性对话框。在"常规"选项卡中，可更改组的名称、组的作用域和组类型。注意，更改组类型会导致组的权限遗失。

步骤四：选择"成员"选项卡，在如图 2-1-45 所示的对话框中，可将其他的 Active Directory 对象作为这个组的成员，这个成员将继承这个组的权限。

步骤五：单击"添加"按钮，在弹出的"选择用户、联系人或计算机"对话框中输入用户名称（如果需要添加多个用户，则用户之间用分号隔开），然后单击"确定"按钮，用户就添加到全局组中，如图 2-1-46 所示。

如果忘记需要添加的用户名称，可以单击"高级"按钮，在弹出的对话框中单击"立即查找"按钮，如图 2-1-47 所示。计算机将域中所有的用户、联系人或计算机都显示在对话框中，从中选择需要添加的用户，单击"确定"按钮。

图 2-1-44　组属性对话框图

2-1-45　组成员选项卡

图 2-1-46　添加组成员

图 2-1-47　查找用户

步骤六：在返回的对话框中，已经选择的用户出现在其中，如图 2-1-48 所示。返回"成员"选项卡，如图 2-1-49 所示。单击"确定"按钮，用户添加完毕。

步骤五：选择"隶属于"选项卡，在如图 2-1-50 所示的对话框中，可将这个组设置为隶属于其他组的成员。

步骤六：选择"管理者"选项卡，在如图 2-1-51 所示的对话框中，可选择这个组的管理者。管理者可为该组更新成员。

步骤七：完成设置后，分别单击"应用"和"确定"按钮后退出。

Windows Server 2008 项目教程

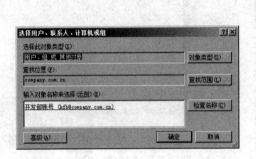

图 2-1-48 添加组成员

图 2-1-49 组成员选项卡

图 2-1-50 为组添加隶属成员

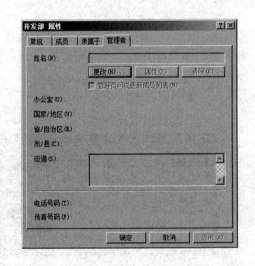

图 2-1-51 设置组管理者

四、创建组织单位

步骤一：打开"Active Directory 用户和计算机"窗口，在需要创建组织单位的域中右击，执行"新建"→"组织单位"命令，如图 2-1-52 所示。

步骤二：弹出"新建对象－组织单位"对话框，如图 2-1-53 所示。输入要创建的组织单位的名称，如"A 公司"，单击"确定"按钮。完成组织单位的创建，如图 2-1-54 所示。

步骤三：可以向刚创建的组织单位中添加组织单位、用户和组。其操作方法同新建组织单位、用户和组一样。

打开"Active Directory 用户和计算机"窗口，单击新创建的组织单位，在右侧栏空白处右击，执行"新建"→"组织单位"命令，如图 2-1-55 所示。

经过设置后，就在组织单位下添加了组织单位、用户和组，如图 2-1-54 所示。

图 2-1-52　Active Directory 用户和计算机控制台

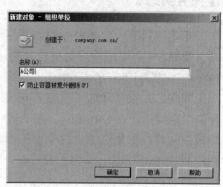

图 2-1-53　新建对象-组织单位

图 2-1-54　完成组织单位创建

图 2-1-55　向组织单位添加组织单位

任务三　删除域控制器

【任务引入】

　　一台安装了域控制器的 Windows Server 2008 由于工作的网络环境发生变化，现要求将此域控制器进行删除，以适应新的网络管理的需要。

【任务分析】

　　卸载 Active Directory 其实就是将一台域控制器（DC）降级为独立服务器或成员服务器的过程，这种操作往往在网络进行调整或更换服务器时会遇到。如果 Active Directory 中只有一台域控制器，则 Active Directory 的卸载过程相对较为简单，只需将 Active Directory 全部卸载即可。而在比较复杂的 Active Directory 环境中，卸载 Active Directory 时需要遵循一定的顺序。例如在 Active Directory 中存在多个子域，一般应依次卸载子域、树根域、林根域，否则将导致子域无法卸载。

Windows Server 2008 项目教程

【任务实施】

在此以只有一台域控制器的网络环境中卸载 Active Directory 的步骤为例：

步骤一： 以系统管理员身份登录域控制器，运行"开始→运行"命令，输入 dcpromo.exe 命令，如图 2-1-56 所示。单击"确定"按钮。

步骤二： 在打开的"域服务安装向导欢迎页面"直接单击"下一步"按钮，接着在打开的"删除 Active Directory"对话框中会提示用户所删除的域控制器是否是域中的最后一个域控制器。如果选中"这个服务器是域中的最后一个域控制器"复选框，则这个 DC 被删除后 Active Directory 将不复存在，该 DC 将降级成为一台独立服务器。本例所述的网络环境只有一个域控制器，因此选中该复选框，如图 2-1-57 所示，并单击"下一步"按钮。

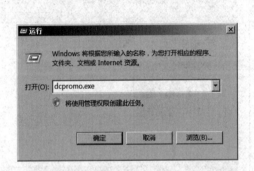

图 2-1-56　运行域服务安装向导命令

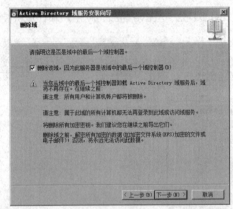

图 2-1-57　"这个服务器是域中的最后一个域控制器"复选框

步骤三： 打开"应用程序目录分区"对话框，在这里只是提示保留有关目录分区副本的信息，单击"下一步"按钮。在打开的"确认删除"对话框中作最后的确认，单击"下一步"按钮。如图 2-1-58 所示。

步骤四： 如果存在指向此服务器的 DNS 委派，则会出现"删除 DNS 委派"和"输入删除 DNS 委派的账号、密码管理凭据"的对话框，只需填入相应具有管理 DNS 的账号和密码，并单击"下一步"按钮。

步骤五： 在打开的"管理员密码"对话框中需要输入管理员密码，如图 2-1-59 所示，单击"下一步"按钮。

步骤六： 打开"摘要"对话框，确认操作准确无误后单击"下一步"按钮，安装向导开始卸载 Active Directory。卸载过程中，对话框中的橡皮擦在不断擦去笔记本中的内容，如图 2-1-60 所示。卸载过程所需时间较长，完成卸载后，出现"关闭 AD 向导"对话框，如图 2-1-61 所示。单击"确定"按钮，则要求重启计算机，这时域服务已经删除。

重启计算机后，还需删除 Active Directory 服务器角色。

步骤七： 运行"开始→服务器管理器"命令，激活服务器管理器。在左侧选择"角色"一项之后，单击右部区域中的"删除角色"链接，并且在如图 2-1-62 所示的窗口中清除"Active Directory 域服务"复选框，并单击"下一步"按钮。

步骤八： 在如图 2-1-63 所示的窗口中显示了删除域服务的相关信息，确认删除可以单

-72-

击"删除"按钮。

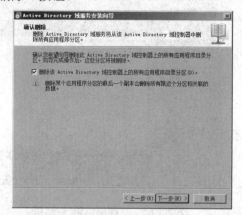

图 2-1-58　确认删除应用程序目录分区

图 2-1-59　"管理员密码"对话框

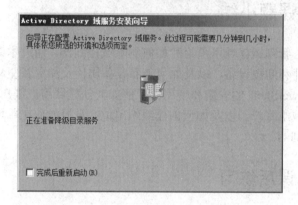

图 2-1-60　正在卸载 Active Directory

图 2-1-61　关闭向导

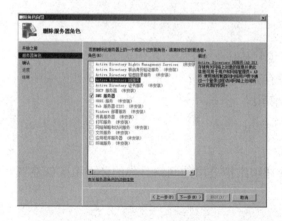

图 2-1-62　清除"Active Directory 域服务"复选框

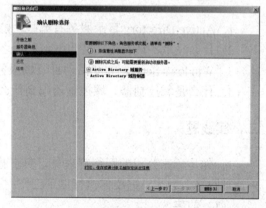

图 2-1-63　确认删除选择

步骤九：服务器角色的删除需要重启计算机，因此当出现如图 2-1-64 所示对话框时，单击"关闭"按钮，重启计算机后，服务器管理器会恢复配置向导，当出现如图 2-1-65 所。示"确认删除"对话框时，单击"关闭"按钮，则 Active Directory 域服务服务器角色删除完毕。

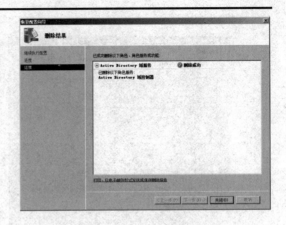

图 2-1-64　"重新启动挂起"对话框　　　　图 2-1-65　"删除结果"对话框

课题小结

本课题主要讲述了域控制器管理、管理 AD 域用户组和如何删除域控制器。通过本课题的学习，读者应了解如何安装新硬件和卸载设备，以及如何查看设备属性及和更新驱动程序；了解 PowerShell，并能进行 PowerShell 的安装和使用；了解如何创建域用户账户，掌握如何设置域用户账户属性、配置域组账户，以及如何创建组织单位；掌握如何在单域的网络环境和多域的环境下删除域控制器。

课后练习

一、思考题

1. Active Directory 目录服务有哪些功能？
2. 什么是域？域有哪些特点？域的命名规则是什么？
3. Windows Server 2008 活动目录域服务有哪些新特性？
4. 什么是域控制器？域控制器起到什么作用？

二、实践题

1. 你是一家公司的网络管理员，负责管理和维护公司的网络。你的公司希望创建域来管理网络。为此，需要你执行以下工作：

（1）创建域。

（2）将公司的计算机加入到域中。

2. 活动目录实际上是一个网络清单，包括网络中的域、域控制器、用户、计算机、联系人、组、组织单位及网络资源等各个方面的信息，使管理员对这些内容的查找更加方便。要查找目录内容，该如何操作？

3. 公司有三个部门：销售部、培训部和技术支持部。现在需要作如下的工作：

（1）为这三个部门分别建立组织单位；

（2）把每个部门的计算机加入到各自的组织单位中；

（3）为每个部门均创建一个账户；

（4）登录时间设定：技术支持部每天 8:00~24:00，其他部门周一至周五 8:00~18:00；

（5）所有账户的密码每三个月必须更换一次。

4. 请把任务一中部署的域控制器降级为成员服务器。

课题二 用户和组的管理

【课题概览】

本课题将介绍什么是 Windows Server 2008 的用户账号和组，以及如何进行用户账号和组的创建和管理。

【课题目标】

➢ 了解用户账号的概念、特性和作用
➢ 了解内置账号、本地账号、域用户账号的区别
➢ 掌握用户账号的创建和管理
➢ 了解用户组和内置组的概念、特性和作用
➢ 掌握用户组的创建和向用户组添加用户账号，以及删除组和重命名组

任务一 用户账号管理

【任务引入】

对一台安装有 Windows Server 2008 服务器进行访问，每一个使用者都必须有一个账户，才能登录到计算机和服务器。下面将进行本地用户账户的创建和管理。

【任务分析】

Windows Server 2008 系统是一个多用户多任务的分时操作系统，任何一个要使用系统资源的用户，都必须首先向管理员申请一个账号，然后以这个账号的身份进入系统。用户的账号一方面可以帮助管理员对使用系统的用户进行跟踪，并控制他们对系统资源的访问；另一方面也可以帮助用户组织文件，并为用户提供安全性保护。由此可见，在局域网中用户的管理设置是非常重要的。

【相关知识】

用户账户是为用户和计算机提供安全的凭据，以便用户和计算机能够登录到网络并访问网络资源。用户账户用于验证用户或者计算机的身份，授权对网络资源的访问，对用户或者计算机的操作进行审核等。

一、用户账号概念

在 Windows Server 2008 中提供了一些预定义的用户账户，例如管理员账号（Administrator）和来宾账号（Guest）等。这些预定义账号是默认的用户账号，这些主要是为初始登录和本地计算机配置而设计的。每个预定义账号都有不同的权限，其中管理员账号的权限最高，而来宾账号只有有限的权限。

二、用户账号类型

在 Windows Server 2008 中提供了三种不同类型的用户账号，分别是内置用户账号、域用户账号和本地用户账号。

1. 内置用户账号

安装 Windows Server 2008 的时候，由系统自动创建的账号称为内置账号，内置账号只有系统管理员、来宾和 Internet 来宾三个。其中系统管理员拥有最高的权限，可以用来管理 Windows Server 2008 中的资源和域的账号数据库，而且能够建立、修改和删除用户账号以及相关的信息；来宾是为没有专门设置账号的计算机访问域控制器时使用的一个临时账号，这个账号可以访问网络中的部分资源；Internet 来宾账号是用来提供 Internet 服务器的匿名访问者使用的，但是在局域网中没有太大的作用。

2. 域用户账号

域用户账号允许用户登录到域中，并可以访问网络中任意位置的资源。域用户账号一般应用在有多个域的网络中，在只有一个域控制器的办公室局域网中也没有太多的作用，在本模块课题一中已经对此详述。

3. 本地用户账号

本地用户账号允许用户登录服务器，并访问服务器中的相关资源。在创建本地用户的时候，Windows Server 2008 会自动将账号名称和有关信息存放在本地的安全数据库中，而不会复制到其他的域中。当本地账号登录网络的时候，服务器便在本地安全数据库中查询该账号的名称，同时检查对应的密码，只有用户名和密码相附的账号才可登录到服务器上。

【任务实施】

一、本地用户账户的创建

用户在 Windows Server 2008 中创建的新账号一般都是本地用户账号，包括用户的名称、密码、所属的组别、个人信息等信息。创建新账号可以参照下面的步骤来完成。

步骤一： 创建本地用户账号的时候，首先依次选择"开始→管理工具→计算机管理"命令打开计算机管理窗口。如图 2-2-1 所示的计算机管理控制台。

步骤二： 在如图 2-2-1 所示的窗口左部依次展开"系统工具→本地用户和组→用户"项目，在右部区域可查看到当前计算机中内置的用户名称。在用户或右列空白区域右键单击鼠标，并从弹出快捷菜单中选择"新用户"命令创建的本地用户账号。如图 2-2-2 所示。

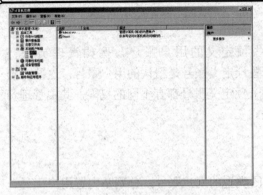

图 2-2-1　计算机管理控制台

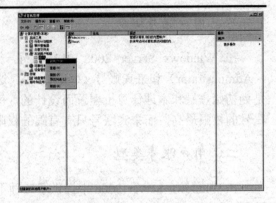

图 2-2-2　创建本地用户账号

步骤三：在"新用户"对话框中，可以输入用户账号名称以及相应的密码，同时还可以勾选"用户下次登录时须更改密码"、"用户不能更改密码"、"密码永不过期和账户已禁用"等复选框。

步骤四：单击如图 2-2-3 所示的"创建"按钮之后返回计算机管理窗口，此时可看见用户列表区域中增加了一个刚才创建的用户图标，说明本地用户创建成功。如图 2-2-4 所示。

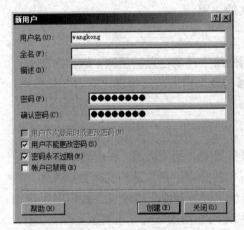

图 2-2-3　"新用户"对话框

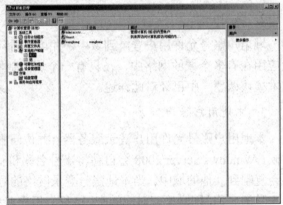

图 2-2-4　创建好的本地用户账号

二、设置本地账户属性

参照上面步骤打开如图 2-2-4 所示的计算机管理控制台，在用户账户"wangkong"上右击，在弹出的菜单中根据实际需要选择菜单中的命令对账户进行操作，如图 2-2-5 所示。

（1）选择"设置密码"命令可以更改当前用户账户的密码。

（2）选择"删除"命令或"重命名"命令可以删除当前用户账户或更改当前用户账户的名称。

（3）选择"属性"命令，将会弹出该账户的属性对话框，如图 2-2-6 所示。

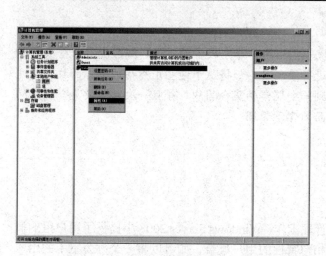

图 2-2-5 计算机管理控制台

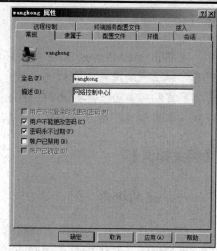

图 2-2-6 用户账户属性设置

　　根据要求设置 wangkong 账户的"常规"属性，例如停用 wangkong 账户，则在"常规"选项卡中选中"账户已禁用"复选框，然后单击"确定"按钮返回计算机管理控制台，停用的账户以蓝色的向下箭头标志，如图 2-2-7 所示。

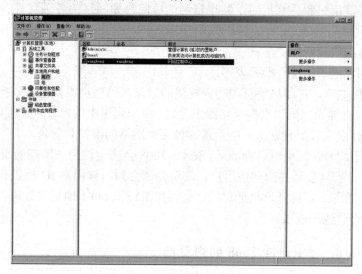

图 2-2-7 本地用户账号列表

任务二 用户组管理

【任务引入】

　　假如在 Windows Server 2008 中有 10 个用户，现为这 10 个用户分配权限以访问某资源，需要分别为这 10 个用户单独地设置权限，相同的工作必须要做 10 次；为了提高效率，可以通过配置组来实现简化管理。下面进行本地组的创建和管理。

【任务分析】

在 Windows Server 2008 网络环境中，当用户账户较多的时候，一般会有一些具有相同身份和属性的用户。在对这些用户进行管理时，如将赋予这些用户访问资源的权限，通常将具有相同身份和属性的用户组合到一个逻辑的集合当中，并且一次赋予该集合相应的权限而不再单独给用户赋予权限，从而简化了管理。

【相关知识】

一、组的概念

有了用户之后，为了简化网络的管理工作，Windows Server 2008 中提供了用户组的概念。用户组就是具体指具有相同或者相似特性的用户集合，如可以将一个办公室中的用户组建为一个用户组。另外，只要给用户组设置了相关的权限，位于这个用户组中的用户就会自动继承这个组的权限，这样可以大大减少设置用户账号时候的麻烦。

组是本地计算机的对象集合，它包含用户、联系、计算机等方面，一般组用于以下几个方面：

（1）管理用户和计算机对于共享资源的访问，如网络的各项文件、目录和打印机队列等。

（2）筛选组策略。

（3）创建电子邮件分配列表等。

在为文件共享、打印机等资源制定权限的时候，管理员需要将权限指定给组，而不是单个的用户。这样当权限一次性指定给组之后，添加到组中的每个账户接收为该组的权限。通过对组进行权限分配设置，有助于管理员简化网络的维护和管理。

当一个用户登录网络时，Windows Server 2008 会确定该用户所在的组，Windows Server 2008 产生一个安全会话并指向该用户。安全会话会列出该用户 ID 标识和该用户所在组所有成员的 ID 标识，目标计算机通过对比会话中 ID 标识和本地资源许可，确定该用户是否具有使用网络资源的权限。

二、Windows Server 2008 的内置组

在安装 Windows Server 2008 的时候，系统会自动创建内置组，它主要由下面几个部分组成：

（1）"Administrators"管理员组。管理员组的成员具有对计算机完全控制权限，只有内置组才被自动授予该系统的每个内置权利和能力。

（2）"Backup Operators"备份操作员。备份操作员的成员可以备份还原计算机上的文件，而不管这些文件的权限如何。他们可以登录计算机和关闭计算机，但是不能更改安全设置。

（3）"Power Users"超级用户组。超级用户组的成员可以创建用户账号，但是只能修改和删除由他们创建的账户。超级用户组可以创建本地组，并从他们创建的本地组中删除用户，也可以从超级用户、用户和来宾组中删除用户。他们不能修改管理员或备份操作

员组，也不能拥有文件的所有权，备份、还原目录，以及加载和卸载设备驱动程序。

（4）"Users"用户组。用户组的成员可以执行大部分普通任务，如运行程序、使用本地和网络打印机以及关闭和锁定工作站。用户可以创建本地组，但是只能修改自己创建的本地组，他们不能共享目录或者创建本地打印机。

（5）"Guests"来宾组。来宾组允许偶尔或者临时用户登录工作站的内置来宾账户，并授予有限的能力。

（6）"Replicator"复制器组。复制器组支持目录复制功能，且复制器组的唯一成员是域用户账号，用于登录域控制器的复制器服务，不能将实际的用户账号添加到这个组中。

（7）"Network Configuration Operators"网络配置操作员组：可以更改网络连接的配置，例如可以修改网络连接的"TCP/IP"属性。

三、本地组的应用规则

使用本地组应遵循"ALP"规则。在这个规则中，"A"代表用户账户，"L"代表本地组，"P"代表权限。ALP规则的意思是：把用户加入本地组，对本地组设置权限。ALP规则主要用于工作组环境。

【任务实施】

一、新建组

在 Windows Server 2008 中创建本地用户组可以按照下面的步骤来完成。

步骤一：依次选择"开始 管理工具 计算机管理"命令打开计算机管理窗口。

步骤二：在如图 2-2-8 所示的窗口全部依次展开"系统工具→本地用户组→组"，此时可以在右部区域查看到当前计算机中内置的用户组名称。在空白区域右键单击鼠标，并从弹出快捷菜单中选择"新建组"命令创建的本地用户组。

步骤三：在如图 2-2-9 所示的"新建组"对话框中，首先可以在"组名"输入框中输入"开发部"之类的用户组名称。接着单击左下部的"添加"按钮，并在弹出的对话框中可以输入当前存在的用户账号，确认之后即可将该用户账号添加到用户组中。

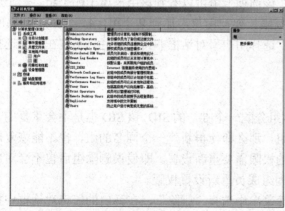

图 2-2-8　本地用户组列表

图 2-2-9　设置用户组名称

步骤四：添加了一个用户账号之后，该用户账号将立即显示在"新建组"对话框中，如图 2-2-10，参照这种方法可以将多个用户添加到用户组中。

步骤五：在所有的用户账号添加完毕之后，返回到计算机管理窗口，此时可以看见右部列表中多出一个刚才创建的用户组，表示用户组创建完成，如图 2-2-11 所示。

图 2-2-10 添加新用户后的新建组

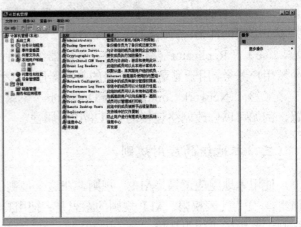

图 2-2-11 创建好的用户组

二、用户组的管理

1．为组添加成员

方法 1：选择所需添加用户的组，右击该组，在弹出的快捷菜单中选择"添加到组"或"属性"，在打开的属性对话框中，点击"添加"按钮，打开"选择用户"对话框，并在弹出的对话框中可以输入当前存在的用户账号，确认之后即可将该用户账号添加到该用户组中。如果忘记需要添加的用户名称，可以单击"高级"按钮，在弹出的对话框中单击"立即查找"按钮，计算机将当前所有的用户、内置安全主体都显示在对话框中，从中选择需要添加的用户，单击"确定"按钮即可。

方法 2：右击某用户，在弹出的快捷菜单中选择"属性"，打开用户的属性对话框，在该对话框中找到"隶属于"选项卡，在该选项卡里可以看到该用户属于哪个组。一个用户可以属于多个组，从而有多种不同的权限。要把用户添加到某个组，按"添加"按钮，打开选择组的对话框，该对话框和刚才"选择用户"对话框非常相似，只不过在这里选择的是组而不是用户。

2．删除组

和账号类似，在新建组时系统会为该组分配一个唯一的 SID，该 SID 也是不会重复的，用于唯一的识别该组。所以如果删除该组，那么即使再新建一个同名的组，也不能恢复原组的成员的访问权限，所有对该组设置的权限需要重新设置。即使误删除组后也不会对用户的加密文件和证书等造成影响，但要为组成员重新设置权限。

要删除组，右击该组，在弹出的快捷菜单中选择"删除"，在弹出的警告对话框中按"确定"即可删除组。

3．重命名组

要重命名组，右击该组，在弹出的快捷菜单中选择"重命名"，这时组的名称就变成可编辑状态，直接为组输入新的名字并按【Enter】键即可。

课题小结

本课题主要讲述了用户账户和用户组的管理。通过本课题的学习，读者应了解用户的概念和类型；掌握如何创建本地用户账户，以及如何设置本地账户的属性；了解组的概念、Windows Server 2008 的内置组的组成，以及本地组的应用规则；掌握如何新建组，以及如何管理用户组。

课后练习

一、思考题

1．在 Windows Server 2008 中提供了几种不同类型的用户账号？简述它们的区别。

2．两个内置的用户账户是什么？

3．本地用户账户和域用户账户有何区别？它们分别用于怎样的网络环境中？

4．本地用户账户的管理对服务器安全有何影响？通常有哪些方式可以采用？

5．本地组和域本地组有什么区别？

6．内置本地组是什么？试举例说明之。

7．本地组一般用于怎样的网络环境中？本地组的应用策略是什么？

二、实践题

1．创建一个新的本地用户 user1，但是禁用该账户。当新用户试图登录时会发生什么状况？

2．创建一个新的本地用户 user2，密码方式为下次登录时须更改密码，用这个账户进行登录，分析登录情况。登录后重启服务器，再用这个账户登录，再分析登录情况。

3．删除两个以上的本地用户账户。

4．创建一个"group1"的本地组，同时添加一个"test"的用户进该组，把该组名重命名为"练习"。

5．创建一个新用户并把这个用户放置在"Power Users"组。在所操作的计算机上验证：这个用户能够关闭并重新启动机器吗？能够修改时间设置吗？能够备份文件吗？能够创建附加用户吗？如果该用户在"Users"组，又该怎样？

6．删除以上创建的本地用户账户和本地组。

课题三 磁盘管理

【课题概览】

　　本课题将介绍 Windows Server 2008 如何进行磁盘管理，怎样合理设置磁盘以提升服务器性能，如何设置文件与文件夹的安全权限及如何为不同的用户设置不同的磁盘配额，在 Windows Server 2008 内置的 Windows Server Backup 中，如何设定备份计划、备份数据和还原数据等。

【课题目标】

- ➢ 了解基本磁盘和基本卷、动态磁盘和动态卷
- ➢ 掌握磁盘的初始化、基本磁盘和动态磁盘的管理及配置
- ➢ 了解 NTFS 文件系统的权限特性、NTFS 数据压缩和加密的特性
- ➢ 掌握文件和文件夹 NTFS 权限的设定，NTFS 数据压缩和加、解密的方法，磁盘配额的使用和设定
- ➢ 掌握添加 Windows Server Backup 功能
- ➢ 掌握备份计划的设定和一次性备份数据的方法，以及数据还原的方法

任务一 磁盘系统的管理

【任务引入】

　　一台装有 Windows Server 2008 的服务器，一般在使用过程中，为了使磁盘能提供全面的数据服务，均需进行磁盘系统的管理，具体设置要求如下：
　　（1）初始化磁盘、创建基本卷、格式化卷。
　　（2）调整分区的大小。
　　（3）创建动态磁盘和动态卷以满足一些对磁盘服务的特殊需要。

【任务分析】

　　Windows Server 2008 提供了灵活的磁盘管理方式，既可以使用基本磁盘方式来管理磁盘系统，也可以通过将基本磁盘升级为动态磁盘来提高服务器性能或加强容错性。很多企业系统管理员由于经费不足，无法购买相关的硬件设备，通过使用 Windows Server 2008，就可以用内建的磁盘管理功能做到 RAID0、RAID1 和 RAID5 等阵列，也可通过将基本磁盘升级为动态磁盘使空间分配更加灵活。

【相关知识】

一、基本磁盘和基本卷

基本磁盘是包含主磁盘分区、扩展磁盘分区或逻辑驱动器的物理磁盘。为了易于介绍，基本磁盘上的主分区和逻辑驱动器都可以叫做简单卷。

在基本磁盘上可创建的分区个数是取决于磁盘的分区样式：

对于主启动记录（MBR）磁盘，最多创建四个主磁盘分区，或最多三个主磁盘分区加上一个扩展分区。扩展分区内，可以创建多个逻辑驱动器。

对于 GUID 分区表（GPT）磁盘，最多可创建 128 个主磁盘分区。由于 GPT 磁盘并不限制四个分区，因而不必创建扩展分区或逻辑驱动器。

另外，可以向现有的主磁盘分区和逻辑驱动器添加更多空间。其方法是在同一磁盘上，将原有的主磁盘分区和逻辑驱动器扩展到邻近的连续未分配空间。要扩展基本卷，必须使用 NTFS 文件系统将其格式化，可在包含连续可用空间的扩展分区内扩展逻辑驱动器。如果要扩展的逻辑驱动器大小超过了扩展分区内的可用空间大小，只要存在足够的连续未分配空间，扩展分区就会增大直到能够包含逻辑驱动器的大小。

二、动态磁盘和动态卷

动态磁盘可以提供一些基本磁盘不具备的功能，例如创建可跨越多个磁盘的卷（跨区卷和带区卷）和创建具有容错能力的卷（镜像卷和 RAID-5 卷）。所有动态磁盘上的卷都是动态卷。有五种类型的动态卷：简单卷、跨区卷、带区卷、镜像卷和 RAID-5 卷。

1. 简单卷

简单卷是由单个动态磁盘的磁盘空间所组成的动态卷。简单卷可以由磁盘上的单个区域或同一磁盘上链接在一起的多个区域组成。如果简单卷不是系统卷或启动卷，则可以在同一磁盘内对其进行扩展，也可将其扩展道其他磁盘上。如果跨多个磁盘扩展简单卷，则该卷将成为跨区卷。只能在动态磁盘上创建简单卷。简单卷不能容错，但可以将其镜像。

2. 跨区卷

由多个物理磁盘上的磁盘空间组成的卷。可以通过向其他动态磁盘扩展来增加跨区卷的容量。只能在动态磁盘上创建跨区卷，跨区卷不能容错也不能被镜像。

3. 带区卷

以带区形式在两个或多个物理磁盘上存储数据的卷。带区卷上的数据被交替、均匀（以带区形式）地跨磁盘分配。带区卷是 Windows 系统的所有可用卷中性能最佳的卷，但它不提供容错。如果带区卷中的磁盘发生故障，则整个卷中的数据都将丢失。只能在动态磁盘上创建带区卷，带区卷不能被镜像或扩展。

4. 镜像卷

在两个物理磁盘上复制数据的容错卷。通过使用两个相同的卷（被称为镜像），镜像卷提供了数据冗余以复制卷上包含的信息。镜像总是位于另一个磁盘上。如果其中一个物理磁盘出现故障，则该故障磁盘上的数据将不可用，但是系统可以在位于其他磁盘上的镜像中继续进行操作。

5. RAID-5 卷

带有数据和奇偶校验带区的容错卷，间歇分布于三个或更多物理磁盘。奇偶校验是用于在发生故障后重建数据的计算值。如果物理磁盘的某一部分发生故障，Windows 会从其余的数据和奇偶校验重新创建发生故障的那部分磁盘上的数据。

不管动态磁盘使用主启动记录（MBR）还是 GUID 分区表（GPT）分区样式，都可以创建最多 2 000 个动态卷，但是动态卷的推荐值是 32 个或更少。

当使用动态卷时，应当考虑以下事项：将基本磁盘转化为动态磁盘后，不能将动态卷改回到分区。必须删除磁盘上的所有动态卷，然后再转换成基本磁盘；如果要保留数据，必须将数据备份或转移到另一个卷上；可以将包含系统或启动分区的基本磁盘转化为动态磁盘。转化磁盘后，这些分区将变为简单系统或启动卷（在重新启动计算机后）。不能将现有的动态卷标记为活动。

三、扩展卷和压缩卷

在 Windows Server 2008 中，可以扩展基本盘和动态盘上的卷。当创建的分区太小，同时希望将其扩展以保存更多的程序和数据，可以扩展卷。在扩展卷时，实际上是对未分配空间进行转换，并将其添加到现有卷中。对于动态盘上的跨区卷，用于扩展的空间可以来自于任何可用的动态盘。

压缩卷相当于扩展卷的相反操作，用于释放分区空间。不管是扩展卷还是压缩卷，只有被格式化为 NTFS 文件系统的简单卷和跨区卷才可以进行。扩展卷和压缩卷不会影响到其原有卷上的数据和程序。

【任务实施】

一、基本磁盘管理

1. 初始化磁盘

当服务器添加了硬盘，初始化硬盘可参考以下步骤。

步骤一：依次选择"开始→管理工具→计算机管理"命令打开计算机管理窗口。展开左侧"磁盘管理"，右键单击要初始化的磁盘，然后单击"初始化磁盘"，如图 2-3-1 所示。

步骤二：在"初始化磁盘"对话框中，选中要初始化的磁盘前的复选框。在下部可以选择是使用主引导记录（MBR）还是使用 GUID 分区表（GPT）分区形式，如图 2-3-2 所示，选择完成后，单击"确定"按钮。

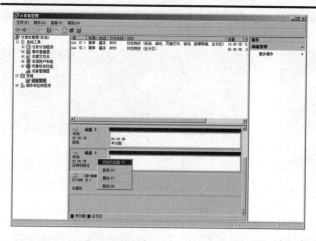

图 2-3-1　磁盘管理窗口

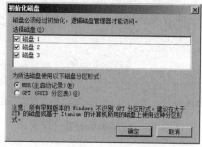

图 2-3-2　初始化磁盘

步骤三：向导操作结束后，磁盘已经可以进行分区和格式化。这时磁盘被初始化为基本磁盘，如图 2-3-3 所示。

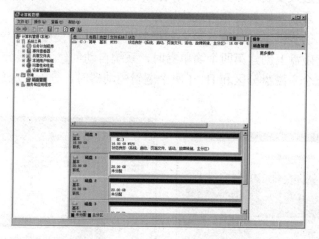

图 2-3-3　初始化完成后的磁盘管理窗口

2. 创建分区和简单卷

一台基本磁盘内最多可以有四个主磁盘分区。创建磁盘分区的步骤如下。

步骤一：启动"磁盘管理"程序。

步骤二：选取一块未指派的磁盘空间，这里选择"磁盘 1"进行操作。

步骤三：用鼠标右击该空间，在弹出的菜单中选择"新建简单卷"，在出现"新建简单卷向导""对话框时，单击"下一步"按钮。

步骤四：在如图 2-3-4 所示的"指定卷大小"对话框中，输入该主磁盘分区的容量，如指定该分区的容量为 5 000MB。完成后单击"下一步"按钮。

步骤五：在如图 2-3-5 所示的"指派驱动器号和路径"对话框中，指定分区的使用方式，可以选择分配驱动器号或映射到现有的一个文件的路径，当完成其中的单选框选择，如分配驱动器号为"E"，单击"下一步"按钮。

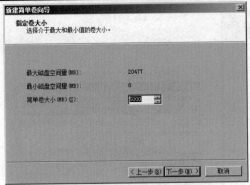

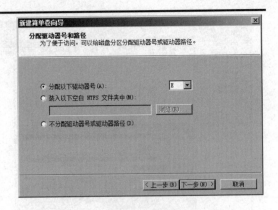

图 2-3-4　按照需要设置分区大小　　　　　　　图 2-3-5　指派驱动器号和路径

步骤六： 在如图 2-3-6 所示的"格式化卷"对话框中，可以选择是否格式化该分区，若选择格式化该分区，则要选择格式化的选项（文件系统、分配单元大小、卷标），也可采用默认值，单击"下一步"按钮。

步骤七： 系统进入安装向导的最后"完成"对话框，并列出用户所设置的所有参数。单击"完成"按钮，系统开始创建和格式化该分区。

可以重复上面的步骤继续创建分区，如果磁盘初始化为使用主引导记录（MBR）的分区方式，当在此磁盘上创建第四个简单卷时，系统自动创建为扩展分区。如将磁盘 1 配置为：E、F、G 三个主磁盘分区和 H、I 两个逻辑驱动器时，分配完成后的状况如图 2-3-7 所示。

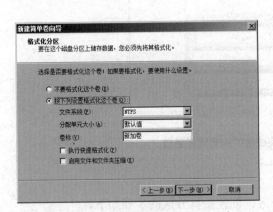

图 2-3-6　格式化分区选项　　　　　　　　　图 2-3-7　按要求进行分区后的磁盘状况

二、动态磁盘管理

1. 将基本磁盘升级到动态磁盘

将基本磁盘升级到动态磁盘，可参照如下步骤。

步骤一： 打开"计算机管理"窗口中的"磁盘管理"。用鼠标右键单击要升级的基本磁盘，在弹出菜单中选择"转换到动态磁盘"。

步骤二： 在如图 2-3-8 所示的对话框中，可以选择多个磁盘一起升级。选好之后，单击"确定"按钮。打开如图 2-3-9 所示的对话框，单击"转换"按钮即可。

升级完成后在管理窗口中可以看到磁盘的类型改为动态。

如果升级的基本磁盘中包括有系统磁盘分区或引导磁盘分区，则升级之后需要重新启动计算机。

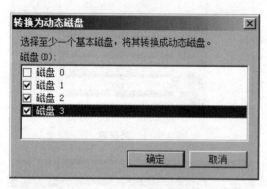

图 2-3-8　选择需升级的磁盘

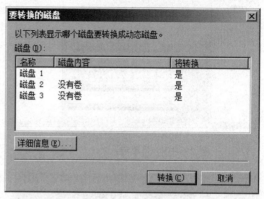

图 2-3-9　转换磁盘的列表

2．简单卷

创建简单卷的方法：在"磁盘管理"中，右键单击未分配的空间，并选择"创建简单卷"，创建卷向导出现，单击"下一步"，选择"简单卷"并根据屏幕提示输入相关信息，具体步骤可参考基本卷创建过程。

3．跨区卷

创建跨区卷的方法：在"磁盘管理"中，右键单击未分配的空间，并选择"创建跨区卷"，创建跨区卷向导出现，单击"下一步"，选择想使用的磁盘和输入想在每块磁盘中分配给该卷的空间，并单击"下一步"。然后根据屏幕指示完成向导。

4．带区卷

创建带区卷的方法：在"磁盘管理"中，右键单击未分配的空间，并选择"创建带区卷"，创建带区卷向导出现，单击"下一步"，选择想使用的磁盘和输入想在每块磁盘中分配给该卷的空间，并单击"下一步"，然后根据屏幕指示完成向导即可。

5．镜像卷

创建镜像卷的方法：首先确保计算机包含两块磁盘，而一块作为另一块的副本，然后在"磁盘管理"中，右键单击未分配的空间，并选择"创建镜像卷"，创建镜像卷向导出现，单击"下一步"，选择想使用的两块磁盘和输入分配给该卷的空间，并单击"下一步"。然后根据屏幕指示完成向导。

6．RAID5 卷

创建 RAID5 卷的方法：必须确保计算机包含三块或以上磁盘，在"磁盘管理"中，右键单击未分配的空间，并选择"创建 RAID5 卷"，创建 RAID5 卷向导出现，单击"下一步"，选择想使用的三块磁盘并输入分配给该卷的空间大小，单击"下一步"并根据屏幕指导完成向导。

在如图 2-3-10~图 2-3-14 所示，即为分别创建不同的动态卷完成后的状况。

Windows Server 2008 项目教程

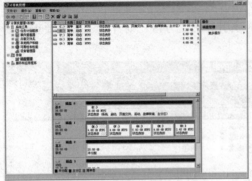

图 2-3-10　简单卷

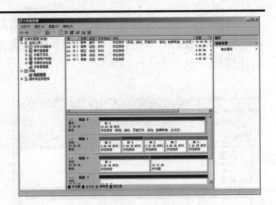

图 2-3-11　跨区卷

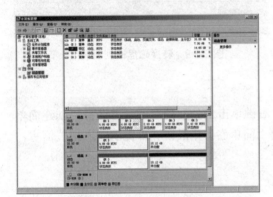

图 2-3-12　带区卷

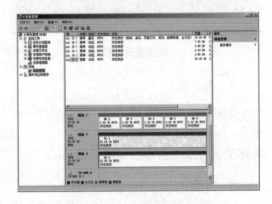

图 2-3-13　镜像卷

三、扩展卷和压缩卷

如要扩展卷，可参考以下简单卷扩展的步骤进行，压缩卷操作过程与扩展卷基本雷同，也可参考以下步骤。

步骤一： 打开"磁盘管理"，右键单击您想扩展的简单卷，并选择"扩展卷"。

步骤二： 在扩展卷向导中，阅读说明信息，单击"下一步"，选择想使用的磁盘和输入在此磁盘中准备扩展给该卷的空间，如图 2-3-15 所示，并单击"下一步"。

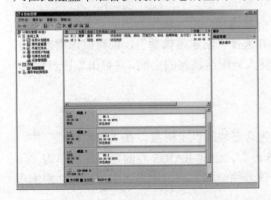

图 2-3-14　RAID5 卷

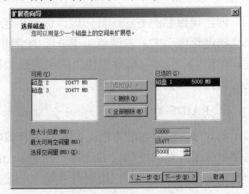

图 2-3-15　扩展卷选择磁盘和设置扩展空间

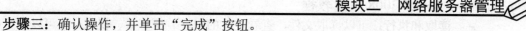

步骤三：确认操作，并单击"完成"按钮。

简单卷如果扩展到其它磁盘上，则自动变更为跨区卷，如所涉及磁盘为基本磁盘，则在变更卷时系统需将其转换为动态磁盘。

任务二　NTFS 文件系统及磁盘配额的使用

【任务引入】

一台装有 Windows Server 2008 系统的服务器，为了加强数据安全的控制及用户对磁盘空间使用的管理，现要求进行如下的配置：

（1）对相关文件和文件夹的访问权限进行设定。

（2）对部分数据进行压缩和加密处理。

（3）对相关用户对磁盘空间的使用进行限制。

【任务分析】

在上述配置要求中，Windows Server 2008 系统均可采用 NTFS 文件系统来进行解决，NTFS 文件系统有诸多的优秀特性，使得管理计算机和用户权限、管理磁盘空间、管理敏感数据的效率都得到了巨大的提升，而NTFS同时支持较FAT等文件系统更大的磁盘分区，以及提高了系统的稳定性等，是目前在微软公司正式发布的操作系统中所支持的最强大的文件系统。

【相关知识】

在 Windows Server 2008 中 NTFS 权限只适用于 NTFS 分区，不能用于 FAT 和 FAT32 分区。在 NTFS 分区上的每一个文件和文件夹都有一个列表，被称为访问控制列表（Access Control List，ACL），该列表记录了每一用户和组对该资源的访问权限。在 Windows Server 2008 的 NTFS 权限作用下，用户必须获得明确的授权才能访问相应的文件和文件夹。

一、NTFS 文件权限特征

NTFS 文件系统具有文件权限和文件夹权限的二点，可以分别针对文件和文件夹进行权限设置。

1. 文件权限

NTFS 分区中，每一个文件以及文件夹 NTFS 都存储一个访问控制列表，访问控制列表包含所有被许可的用户账户、组和计算机。如果在文件和文件夹的访问控制列表中经过验证没有相应的访问控制项，则对文件的访问会被拒绝。

通过 NTFS 权限可以指定哪个用户可以在哪个程度上对特定的文件和文件夹进行访问或者修改，对于文件，可以赋予用户、组和计算机以下权限。

➢ **读取：**可以读取文件，查看文件的属性、所有者以及权限。

➢ **写入：**可以写入数据、覆盖文件、修改文件属性，以及查看文件权限和所有权。

> **读取和执行**：可以读取文件，查看文件的属性、所有者、权限，还可以运行应用程序。
> **修改**：可以读取并写入/修改文件，查看并更改文件的属性、所有者、权限，还可以运行应用程序以及删除文件。
> **完全控制**：对文件的最高权力，在拥有上述其他权限所有的权限以外，还可以修改文件权限以及替换文件所有者。

2. 文件夹的权限

和文件权限一样，也可以赋予用户、组和计算机相应的文件夹以下使用权限。

> **读取**：读取文件和查看子文件夹，查看文件夹属性、所有者和权限。
> **写入**：创建文件夹、修改文件夹属性、查看文件夹权限和所有者。
> **列出文件夹内容**：查看此文件夹中的文件和子文件夹。
> **读取和执行**：遍历文件夹，查看并读取文件和查看子文件夹，查看文件夹属性、所有者和权限。
> **修改**：除了查看并读取文件和查看子文件夹、创建文件和子文件夹、查看和修改文件夹属性、所有者和权限以外，还可以删除文件夹。
> **完全控制**：文件夹的最高权限，在拥有上述所遇文件夹权限以外，还可以修改文件夹权限、替换所有者以及删除子文件夹。

3. NTFS 文件权限的继承

在 NTFS 分区中，权限是可以继承的，通常情况下，文件夹中的文件和子文件夹是要继承父文件夹的权限。

二、NTFS 数据压缩特性

NTFS 文件系统提供了数据压缩的功能，用户可以压缩不常使用的数据从而节省磁盘空间。这种压缩对于用户是透明的，在访问一个使用 NTFS 压缩的文件夹时，并看不到解压缩的过程，因为当用户对压缩文件或文件夹进行访问时，系统在后台自动解压缩数据，并且在访问结束后，系统再自动压缩数据。

三、NTFS 数据加密

NTFS 的数据加密特性称作加密文件系统 EFS，用户可以在 Windows Server 2008 中用 EFS 加密在 NTFS 分区数据。EFS 是一个透明的文件加密服务，它是以公共密钥加密为基础，使用 CryptoAPI 架构。EFS 提供可选的数据恢复能力，系统管理员可以恢复另一用户加密的数据。EFS 也可以实现被许可的多用户共享存取一个已经加密的文件夹。

四、Windows Server 2008 磁盘配额

Windows Server 2008 中的 NTFS 支持磁盘配额，来控制用户在服务器上的磁盘用量，当用户使用了一定的服务器磁盘空间后，系统可以采取发出警告、禁止用户对服务器磁盘的使用、将事件记录到系统日志中等操作。这样，域中的用户便不可随意使用服务器磁盘空间，防止在服务器磁盘中存放过期的杂乱的文件。

1. 配额和用户

磁盘配额监视个人用户的卷的使用情况，因此，每个用户对磁盘空间的利用都不会影响同一卷上的其他用户的磁盘配额。例如，如果卷 E 的配额限制是 200MB，而用户已在卷 E 中保存了 200MB 的文件，那么该用户必须首先从中删除或移除某些现有文件之后才可以将其它数据写入卷中。但是只要有足够的空间，其他每个用户就可以在该卷上保存最多 200MB 的文件。

磁盘配额是以文件所有权为基础的，并且不受卷中用户文件的文件夹位置的限制。如果用户把文件从一个文件夹移到相同卷上的其他文件夹，则卷空间使用不变，但是如果用户将文件复制到相同卷上的不同文件夹中，则卷空间使用将加倍。或者如果另一个创建了 100KB 的文件，则当前用户取得了该文件的所有权，那么此用户的磁盘使用将减少 100KB，而当前用户的磁盘使用将增加 100KB。

2. 配额和卷

磁盘配额只应用于卷，且不受卷的文件夹结构及物理磁盘上的布局的影响。如果卷有多个文件夹，则分配给该卷的配额将应用于所有文件夹。如"\\Win2008\Share1"和"\\Win2008\Share2"是 E 卷上的共享文件夹，则用户存储在这些文件夹中的文件不能使用多于 E 卷配额限制设置的磁盘空间。

如果单个物理磁盘包含多个卷，并把配额应用到每个卷，则每个卷配额只适于特定的卷。例如，用户共享两个不同的卷，分别是 E 卷和 F 卷，则即使这两个卷在相同的物理磁盘上，也分别对这两个卷的配额进行跟踪。

如果一个卷跨越多个物理磁盘，则整个跨区卷使用该卷的同一配额。例如，E 卷的配额限制为 200MB，则不管 E 卷是在一个物理磁盘上还是跨越三个磁盘，都不能把超过 200MB 的文件保存到 F 卷上。

3. 配额和转换为 NTFS 的卷

磁盘配额都是以文件所有权为基础的，对卷做任何影响文件所有权状态的更改，包括文件系统转换，都可能影响该卷的磁盘配额。因此，在现有的卷从一个文件系统转换到另一文件系统之前，用户应该了解这种转换可能引起所有权的变化。

【任务实施】

一、设置文件和文件夹权限

为了让不同用户和用户组拥有不同的文件和文件夹权限，在 Windows Server 2008 中可以分别设置各自的权限。如针对一个名为"Sample.txt"的文件设置其权限，则可以参照下述步骤进行操作。

步骤一：用鼠标右键单击 Sample.txt 文件，并从弹出的快捷菜单中选择"属性"命令，打开属性对话框。

步骤二：单击选择"安全"选项卡，可以在上部"组或用户名称"列表中查看到当前系统中存在的用户组和用户名称以及下部列表中显示的该用户组和用户对此文件的权限，如图 2-3-16 所示。

步骤三：选取"Users"用户组之后单击"编辑"按钮，可以用鼠标勾选相应的权限复选框赋予其相应的权限，如完全控制。如图 2-3-17 所示，单击"确定"按钮返回属性对话框，再单击"确定"按钮即可完成文件权限的设置。

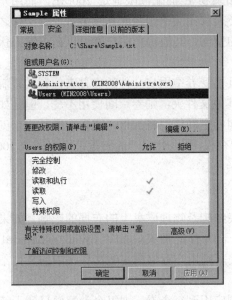

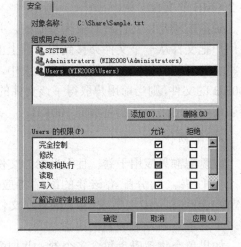

图 2-3-16　文件安全选项卡　　　　　　　图 2-3-17　设置文件安全权限

和文件权限的设置相似，设置文件夹权限的时候也可以参照上述步骤进行操作，如图 2-3-18 和图 2-3-19 所示对话框就是针对名为"Share"的文件夹进行权限设置。

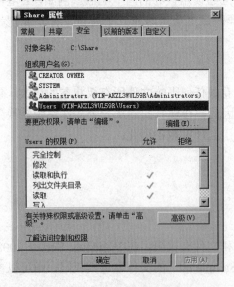

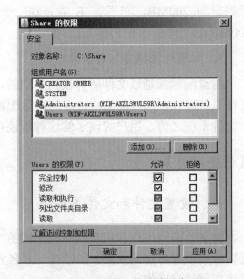

图 2-3-18　文件夹安全选项卡　　　　　　图 2-3-19　设置文件夹安全权限

在 NTFS 文件和文件夹权限中，拒绝永远优先于允许，由于 NTFS 权限是累积的，即如果一个用户同时在两个组中，并对于同一文件或者文件夹，管理员同时对这两个组都赋予了不同的权限，那么这个用户将拥有这两个组的权限的并集。所以，如果这个用户属于的一个组有读权限，而它属于的另一个组的读权限处于"拒绝"状态，则没有读取权利。

二、取消 NTFS 文件权限的继承

如果需要取消 NTFS 文件或文件夹权限的继承，则可以参照下述步骤进行操作。

步骤一： 在如图 2-3-16 或者图 2-3-18 所示的文件或者子文件夹属性对话框中单击下部的"高级"按钮，此时将打开如图 2-3-20 所示的高级安全设置对话框。

步骤二： 单击图 2-3-20 所示对话框中的"编辑"按钮，打开如图 2-3-21 所示的权限设置对话框，在此取消选择"包括可从该对象的父项继承的权限"复选框。

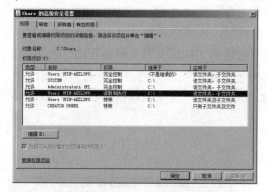
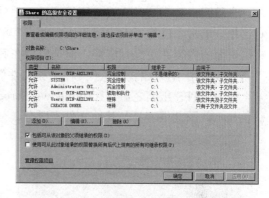

图 2-3-20 高级安全设置对话框　　　　图 2-3-21 取消选择父项继承权限复选框

步骤三： 此时打开如图 2-3-22 所示的提示框，单击"复制"按钮可以保留父文件夹继承下来的权限，并在以后不再继承；单击"删除"按钮将删除从父文件夹继承的权限，并不再继承。

如图 2-3-23 所示，在取消了父项继承权限之后，"读取和执行"、"列出文件夹目录"和"读取"将不再呈灰色显示，也就表示成功取消了父项权限继承。

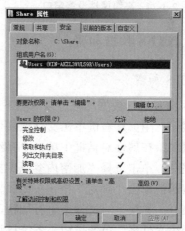

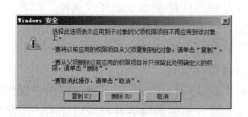

图 2-3-22 取消继承父项继承权限确认窗口　　图 2-3-23 取消父项继承权限后的属性对话框

在 NTFS 分区内、分区间复制文件或者在 NTFS 分区间移动文件或文件夹时，文件或文件夹将继承目标文件夹的权限。而在同一 NTFS 分区内移动文件或文件夹时，权限将被保留。如果将文件或文件夹复制或移动到 FAT 分区，所有权限信息将丢失。

三、NTFS 数据压缩

进行 NTFS 数据压缩可以参照下属步骤进行操作：

步骤一：右键单击需要压缩的文件或文件夹，并从弹出快捷菜单中选择“属性”命令。

步骤二：单击下部的“高级”按钮，打开如图 2-3-24 所示“高级属性”设置对话框。

步骤三：在如图 2-3-24 所示对话框中勾选“压缩内容以便节省磁盘空间”复选框，然后单击“确定”按钮。

步骤四：如为文件夹设定压缩属性，系统会出现如图 2-3-25 所示的“确认属性更改”对话框。单击“仅将更改应用于该文件夹”单选按钮，系统将只将文件夹设置为压缩文件夹，里面的内容并没经过压缩，但是以后在其中创建的文件或文件夹将被压缩。如果单击“将更改应用于该文件夹，子文件夹和文件”单选按钮，文件夹内部的所有内容被压缩。

完成 NTFS 压缩之后，在 Windows Server 2008 中可以发现系统自动将压缩文件夹用蓝色显示，因此很容易与其他文件夹区分。

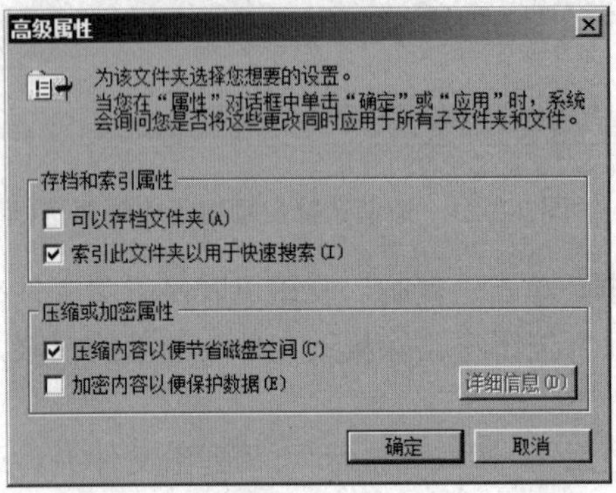

图 2-3-24　高级属性设置窗口

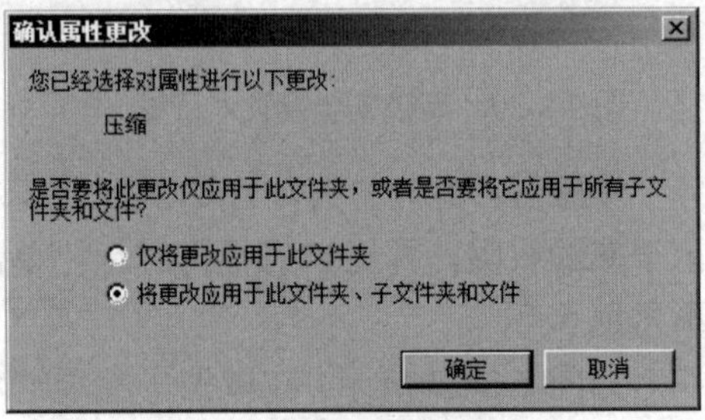

图 2-3-25　确认属性更改对话框

四、NTFS 数据加密

1. EFS 加密

使用 EFS 进行数据加密可以参照下述步骤进行操作。

步骤一：用鼠标右键单击文件或文件夹，并从弹出快捷菜单中选择“属性”命令。

步骤二：在属性对话框中单击“高级”按钮，打开高级属性设置对话框。

步骤三：单击选择“加密内容以保护数据”，然后单击“确定”按钮。

步骤四：单击“确定”按钮关闭属性对话框并保存设置。

步骤五：如果是对文件夹进行加密，会出现“确认属性更改”对话框。单击“仅将更改应用于该文件夹”单选按钮，系统只将文件夹加密，里面的内容并没经过加密，但是以后在其中创建的文件或文件夹将被加密；单击“将更改应用于该文件夹，子文件夹和文件”单选按钮，文件夹内部的所有内容被加密。

2. EFS 解密

利用 EFS 对文件或者文件夹解密，则可以参照下述步骤进行操作。

步骤一：用鼠标右键单击已经通过 EFS 加密的文件或文件夹，并从弹出的快捷菜单中选择"属性"命令。

步骤二：在属性对话框中单击"高级"按钮，打开高级属性对话框。

步骤三：取消选择"加密内容以保护数据"复选框，然后单击"确定"按钮。

步骤四：单击"确定"按钮关闭属性对话框并保存设置。

步骤五：如果是对文件进行解密，会出现"确认属性更改"对话框。选择"仅将更改应用于文件夹"单选按钮，系统将只将文件夹解密，里面的内容并没经过解密，但是以后在其中创建的文件或文件夹将不被加密；选择"将更改应用于该文件夹，子文件夹和文件"单选按钮，文件夹内部的所有内容被解密。

五、磁盘配额的设置与使用

在 Windows Server 2008 中，设置和使用磁盘配额非常简单，可以参照下述步骤完成操作。

步骤一：先以管理员账号登录 Windows Server 2008，在资源管理器中右击需要设置配额的磁盘，如 E 盘，并且在弹出的快捷菜单中选择"属性"命令。

步骤二：在如图 2-3-26 所示的对话框中分别勾选"启动配额管理"和"拒绝将磁盘空间给超过配额限制的用户"复选框项。

步骤三：在如图 2-3-26 所示的对话框中，可以设置系统以后新建用户的磁盘配额参数，即磁盘配额限制和磁盘配额警告级别，如设置以后新建用户的磁盘配额为 2GB，磁盘配额警告等级为 1GB。并可通过勾选下面的复选框来把磁盘配额系统配置成记录系统事件。如不需为新建用户设置磁盘配额，则单选"不限制磁盘使用"选项。

步骤四：如还需为系统已有用户设置磁盘配额，则单击如图 2-3-26 所示对话框中的配额项，打开如图 2-3-27 所示的配额管理界面，此时可以查看到管理员的配额分配情况，通常管理员都是拥有无限制权限。

图 2-3-26　配额设置界面

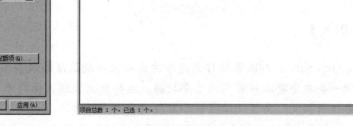

图 2-3-27　配额管理界面

步骤五：选择"配额→新建配额项"命令打开如图 2-3-28 所示的对话框，在此需输入一个用户对象名称，如输入"wangkong"来设置该用户的磁盘配额。单击"确定"按钮

步骤六：在打开的如图 2-3-29 所示的对话框中分别将磁盘配额限制和磁盘配额警告级别分别设置，如分别设置为 5GB 和 3GB，单击"确定"按钮。

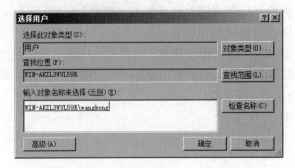

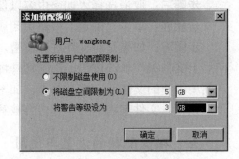

图 2-3-28　选择磁盘配额用户　　　　　　　图 2-3-29　设置磁盘配额

步骤七：设置完成之后返回配额管理界面，即可看见刚才新建的配额已经生效，从列表中能够查看到该用户磁盘配额的基本信息，如图 2-3-30 所示。

启用卷的磁盘配额后，系统开始自动跟踪所有用户对该卷的使用。只要用 NTFS 文件系统的卷，就可以在本地卷、网络卷以及可移动驱动器上启用配额。

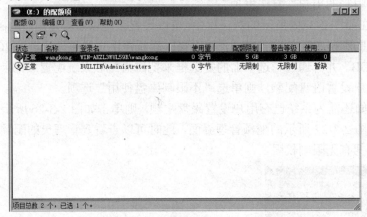

图 2-3-30　新建的用户磁盘配额信息

任务三　备份与恢复

【任务引入】

Windows Server 2008 系统作为迄今为止安全级别最高的服务器系统，往往会被用来处理、存储一些安全要求非常高的重要数据，这些数据处理、保存不当的话，可能会给单位造成致命性的损失，为了保障系统和数据的安全，现要求进行如下配置：

（1）能够对系统和相关数据可以根据设定好的计划进行数据的有序备份。

（2）能够对一些特定的数据作一次性备份数据工作。

（3）能够对受损的数据从备份文件中进行恢复。

【任务分析】

在 Windows Server 2008 中，内置了 Windows Server Backup 的功能。Windows Server Backup 就是为了保障当今数字信息时代日益重要的各种计算机数据，不因像硬盘崩溃、病毒或自然灾害而导致计算机中重要数据丢失，而推出的对 Windows Server 2008 中的各种数据进行备份和恢复的重要功能。可以使用 Windows Server Backup 备份整个服务器（所有卷）、选定卷或系统状态。可以恢复卷、文件夹、文件、某些应用程序和系统状态。另外，在出现类似硬盘故障的灾难时，可以使用整个服务器备份和 Windows 恢复环境执行系统恢复，这样可将整个系统还原到新的硬盘。

【相关知识】

一、系统容错和灾难恢复简介

为了保护数据，很多用户都采取了多种防护措施，有的用磁带机进行人工备份，有的通过镜像文件进行系统恢复，有的采用双机容错等方法。这些都是系统容错和灾难恢复中的具体方法，也是目前较为常用而且较为有效的数据保护方法。

1. 系统容错和灾难恢复的重要性

系统容错指的是在系统出现各种软硬件故障时，系统仍然能够保护正在运行的工作和袭击提供正常服务的能力，因此保证数据和服务的可用性是容错的一个重要内容。

灾难恢复是指在出现软硬件故障后尽最大可能保护重要的数据，使资源不受破坏，也包括当出现故障时使损失降低到最小，并且不影响其他服务。

2. 系统容错和灾难恢复方法

通常，主要的系统容错和灾难恢复方法有下述几种：

（1）配置不间断电源。不间断电源实际上就是一个蓄电池，主要作用是保证输入计算机的供电不中断，防止电压欠载、电涌和频率偏移现象。有了不间断电源之后，一旦遇到以外断电之类的特殊情况，计算机就不会由于突然断电而造成系统崩溃、程序出错、文件丢失，甚至硬件损坏之类的故障。

（2）利用 RAID 实现容错。RAID 是为了防止因为硬盘故障而导致数据丢失或者导致系统不正常工作的一组硬盘阵列。通过 RAID 可以将重复的数据保存到多个硬盘上，采用这种方法降低了丢失数据的风险。常见的 RAID 分为 RAID 和软件 RAID 两种，前者由第三方供应商提供各种磁盘阵列产品，后者主要是整合在操作系统中的软件 RAID，例如，Windows 系统中内置的 RAID 功能。

（3）数据的备份和还原。数据的备份和还原是预防数据丢失最常用的手段之一，一方面可以借助 Ghost 之类专业的工具对某个分区甚至整个磁盘进行备份，另一方面可以使用 Windows 操作系统中内置的备份程序进行数据备份。在数据备份完成之后，一旦发现数据出错也能够在最短的时间内恢复，以确保计算机能够正常稳定运行。

二、Windows Server Backup 新功能

在 Windows Server 2008 中,内置的备份和还原数据功能被称为 Windows Server Backup,它与以前版本的 Windows 相比有了很大的改变,也让用户备份数据更加轻松便捷。Windows Server Backup 功能包括以下的改进:

1. 全新的快速备份技术

Windows Server Backup 使用了卷影副本服务和块级别的备份技术来有效地还原和备份操作系统、文件和文件夹。当用户第一次完成了完全备份后,Windows Server Backup 程序将会自动运行增量备份操作,这样就只会传输上次备份后变化的数据,而在以前的版本中,用户则需要手动设置每次的备份工作究竟是选择完全备份,还是增量备份。

2. 简便快捷的还原方法

对于使用过 Windows Server Backup 备份还原功能的用户来说,一定记得还原文件时遇到的麻烦,尤其是那些做过增量备份的文件更是需要一点一点还原,这给工作带来了极大的不便。如果能够在还原时自动识别出备份操作的增量备份动作,然后一次性完成还原,那么必然会大大地降低工作强度。Windows Server 2008 中的 Windows Server Backup 就实现了这一改进,用户可以简单地选择所需还原的文件的不同版本,同时还可以选择还原一个完整的文件夹或者是文件夹中的某些特定文件。

3. 对于 DVD 光盘备份的支持

随着备份量的增大以及刻录工具的普及,DVD 介质的备份使用的越来越普遍,Windows Server Backup 也提供了对于 DVD 光盘备份的支持。当然,Windows Server Backup 依然支持备份到共享文件夹或者是硬盘上,但是它不再支持磁带介质的备份。

【任务实施】

一、添加 Windows Server Backup 功能

虽然 Windows Server 2008 内置了 Windows Server Backup 功能,但是这个组件在安装系统时并没有安装,因此需要参照下述步骤来添加 Windows Server Backup 功能。

步骤一: 在"开始"菜单中选择"服务器管理器"命令打开服务器管理界面。

步骤二: 选择左侧中功能目录树中的"功能"项目之后,在右部区域中单击"添加功能",如图 2-3-31 所示。

步骤三: 在如图 2-3-32 所示的对话框中选择"Windows Server Backup 功能",特别要确保"Windows Server Backup"复选项被勾选,接着单击"下一步"按钮开始安装。

步骤四: 在如图 2-3-33 所示的"确认安装选择"对话框中可以查看到将要安装的功能信息,确认之后单击"安装"按钮开始安装 Windows Server Backup 功能。

步骤五: 稍微等待即可完成 Windows Server Backup 功能的安装,最后单击如图 2-3-34 所示的"关闭"按钮结束 Windows Server Backup 功能的安装。

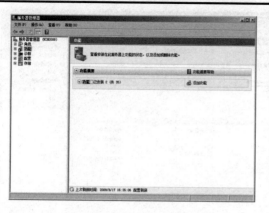

图 2-3-31 单击"添加功能"链接

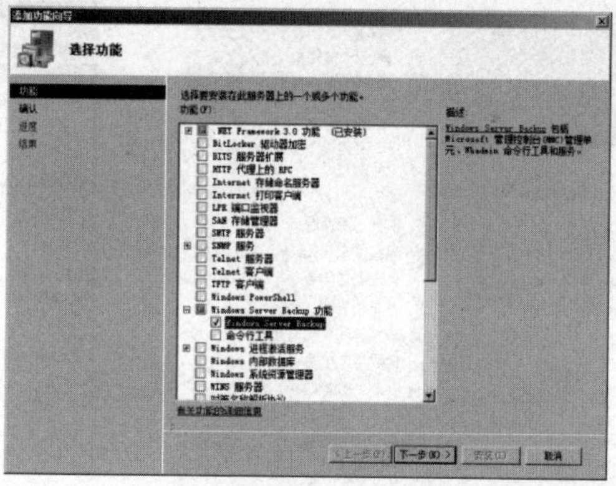

图 2-3-32 勾选"Windows Server Backup"复选框

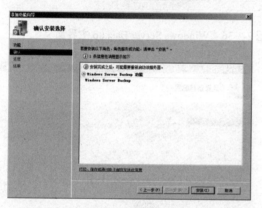

图 2-3-33 单击"安装"按钮

图 2-3--34 完成 Windows Server Backup 功能安装

Windows Server Backup 功能安装完成之后,"在开始"菜单中选择"管理工具"菜单,此时就可以发现其中增加了名为"Windows Server Backup"的命令,如图 2-3-35 所示。

二、使用 Windows Server Backup 备份数据

安装 Windows Server Backup 功能之后,依次运行"开始→管理工具→Windows Server Backup "命令打开 Windows Server Backup 功能主界面。如图 2-3-36 所示,在窗口右侧提供了备份计划、一次性备份、恢复等选项,接着可以对 Windows Server 2008 创建备份。

1. 备份计划

备份计划是指预先设定需要备份的源文件路径与时间,而由系统自动进行备份。设置备份计划可以参照下述步骤进行操作。

步骤一:单击如图 2-3-36 所示 Windows Server Backup 主界面右侧"备份计划"打开如图 2-3-37 所示备份计划向导,并单击"下一步"按钮继续。

步骤二:在选择备份配置的时候,可以选择"整个服务器"或者"自定义"两项,其中前者能够备份所有服务器数据、应用程序以及系统状态,是对 Windows Server 2008 系统的一个完整备份;后者则是根据实际需要选择需要备份的项目,例如,此处单击"自定义"单选按钮进行备份,如图 2-3-38 所示。

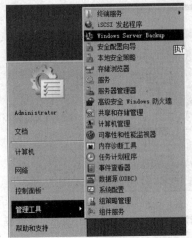 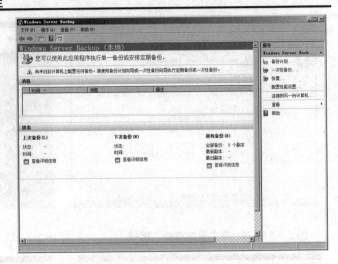

图 2-3-35　选择 Windows Server Backup 命令　　图 2-3-36　Windows Server Backup 主界面

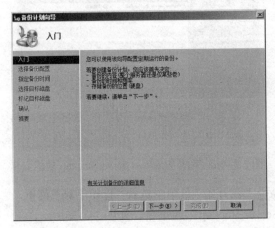 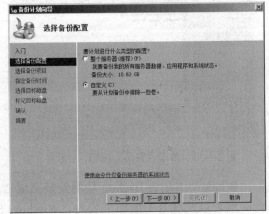

图 2-3-37　备份计划向导　　　　　　　图 2-3-38　选择备份配置

　　步骤三：由于选择了"自定义"备份配置，因此需要在如图 2-3-39 所示的对话框中选取需要备份的项目，此时取消选择不需要备份的项目的复选项即可。

　　步骤四：在如图 2-3-40 所示对话框中指定具体的备份时间，此时可以选取每日备份一次或者多次，如果每日备份一次则只需设置固定备份的时间点即可；如果对服务器中数据非常关注，则可以选择"每天多次"单选按钮，并且在"可用时间"列表中选取时间点，单击"添加"按钮将其添加到右侧"已计划的时间"列表中，以实现每天多次备份的目的，如每天 11：30 和 23：30 均进行备份。

　　步骤五：在如图 2-3-41 所示的对话框中需要选择备份文件存放的目标磁盘，这时需要选择有较多空间的磁盘用于存储备份文件。

　　步骤六：在如图 2-3-42 所示对话框中选择的目标磁盘将会被重新格式化以确保备份计划的完整性，因此，请用户确认选择的目标磁盘是否可用，并在如图 2-3-42 所示提示框中单击"是"按钮。

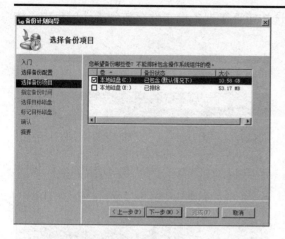

图 2-3-39 选择备份项目

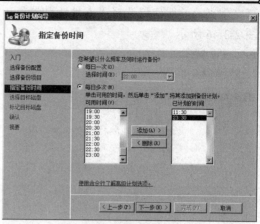

图 2-3-40 指定备份时间

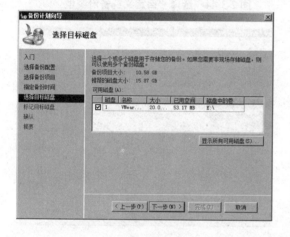

图 2-3-41 选择目标磁盘

图 2-3-42 确认格式化目标磁盘

完成上述备份计划设置向导操作之后，系统就会在预设的时间自动进行文件数据备份。对于采取这种备份方式的用户而言，可以设置在深夜或者服务器负担较小的时刻进行备份，这样既确保了服务器的正常运行，又能够顺利完成系统备份。

2. 一次性备份

与备份计划相比，一次性备份是让用户设置相关的备份参数，并立即开始数据备份。进行一次性备份可以参照下述步骤进行操作。

步骤一：单击图 2-3-36 所示 Windows Server Backup 主界面右侧"一次性备份"，打开如图 2-3-43 所示的一次性备份向导，并单击"下一步"按钮继续。

步骤二：在选择备份类型的时候可以针对整个服务器备份，也可以自定义备份特定的项目，如在此单击"自定义"单选按钮，如图 2-3-44 所示。

步骤三：如图 2-3-45 所示，选择备份项目的时候可以取消选择不需要项目的复选框，只保留所需备份数据卷。

步骤四：指定备份的目标类型，此时可以选择本地驱动器或者远程计算机中的某个共享文件夹，一般建议选择"本地驱动器"单选按钮直接把备份文件存放到本地磁盘中，如图 2-3-46 所示。

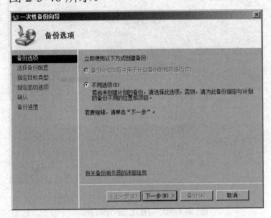

图 2-3-43　一次性备份向导

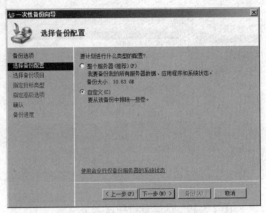

图 2-3-44　选择"自定义"备份类型

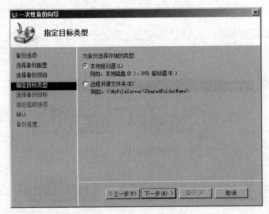

图 2-3-45　选择备份项目

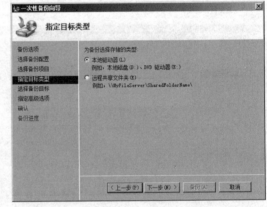

图 2-3-46　指定目标类型

步骤五： 如果指定备份的目标类型为本地驱动器，就要在如图 2-3-47 所示的对话框中选择有较大可用空间的本地磁盘来存放备份文件。

步骤六： 设置过程中还要选择创建的卷影复制服务备份类型，在如图 2-3-48 所示中提供了"副本备份"和"完全备份"两种，一般建议选择前者。

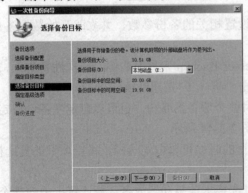

图 2-3-47　选择备份目标

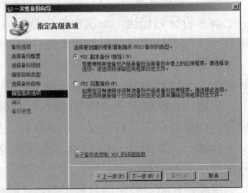

图 2-3-48　选择"VSS 副本备份"单选按钮

步骤七：在如图 2-3-49 所示的对话框中可以了解到备份设置的主要信息，确认无误之后单击下部的"备份"按钮开始备份操作。

步骤八：整个备份过程所需时间比较长，在此期间可以查看到备份完成的百分比，备份的数据容量等信息，如图 2-3-50 所示。

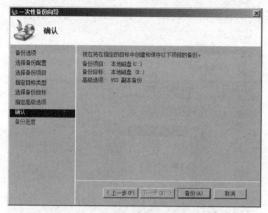

图 2-3-49 单击"备份"按钮

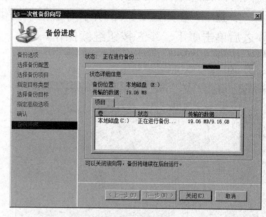

图 2-3-50 备份进度信息

无论是备份计划还是一次性备份，完成之后都可以在 Windows Server Backup 主界面中查看到相关信息，这将有助于用户了解备份内容和备份文件信息，如图 2-3-51 所示。

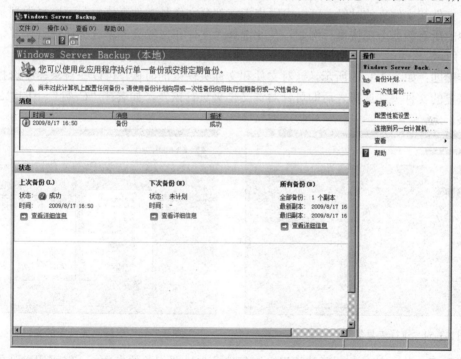

图 2-3-51 查看备份文件信息

三、恢复备份文件

一旦由于误操作、病毒或者其他以外原因导致系统数据受损，就可以通过已经备份的文件快速恢复系统。在 Windows Server 2008 中恢复备份文件可以通过下述步骤进行相应操作。

步骤一：单击如图 2-3-36 所示 Windows Server Backup 主界面右侧"恢复"，打开恢复向导，在此选择"此服务器"对话框中单选按钮设置的数据源，如图 2-3-52 所示。

步骤二：在如图 2-3-53 所示对话框中提供了可用备份文件的日期，选择所需的备份文件之后单击"下一步"按钮继续操作。

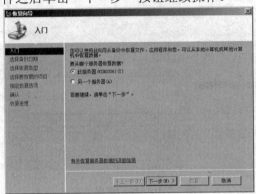

图 2-3-52　选择恢复数据源

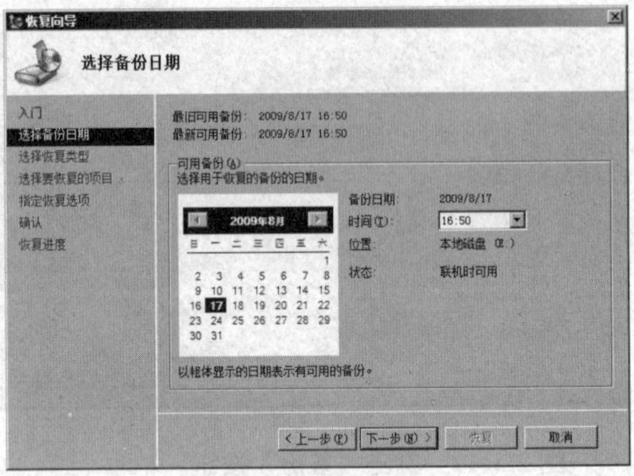

图 2-3-53　选择备份日期

步骤三：在设置恢复类型的时候可以选择恢复文件与文件夹，也能够针对整个卷恢复，当恢复文件和文件夹的时候，可以由用户指定部分文件与文件夹恢复，而恢复卷则是把整个卷中的所有数据全部恢复。例如，在此选择"文件和文件夹"单选按钮进行恢复，如图 2-3-54 所示。

步骤四：如图 2-3-55 所示，针对文件和文件夹恢复的时候，可以在目录树中选择某个需要恢复的文件夹，选择之后即可针对该文件夹进行恢复，如选择"C 盘"下的"Share"文件夹。

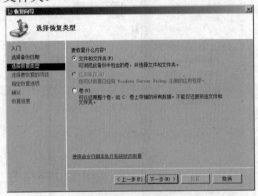

图 2-3-54　选择恢复类型

图 2-3-55　选择需要恢复的文件夹

步骤五：在如图 2-3-56 所示的指定恢复选项中设置相关的参数，一般采用默认的设置即可。需要注意的是"当该向导在恢复目标中查找文件和文件夹时"选项框中建议设置为"创建副本，以便我具有两个版本的文件或文件夹"，这样可以避免直接覆盖已有的文件或文件夹造成的数据丢失。

步骤六：在如图 2-3-57 所示对话框中提供了需要恢复的项目信息，确认之后单击下部的"恢复"按钮开始恢复操作。

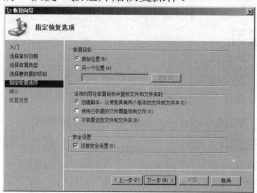
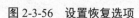

图 2-3-56　设置恢复选项

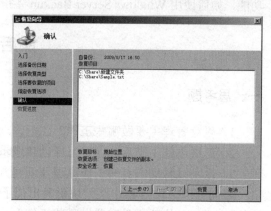

图 2-3-57　恢复项目信息

步骤七：恢复过程中可以查看到每个文件或者文件夹的恢复进度信息，在所有文件恢复完毕之后单击"关闭"按钮结束恢复操作，如图 2-3-58 所示。

恢复备份完成之后再次进入 Windows Server Backup 主界面，在如图 2-3-59 所示的窗口中可以查看到备份文件和恢复备份之后的相关信息。

如果系统宕机，无法启动，只要做过整个系统的备份就能解决该问题。可以使用 Windows Server 2008 安装光盘引导系统，在出现安装界面时选择"修复计算机"，就可以进行系统还原。

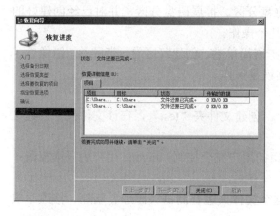

图 2-3-58　恢复完成

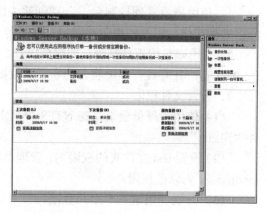

图 2-3-59　备份与恢复文件信息

课题小结

本课题主要讲述了磁盘系统的管理，NTFS 文件系统及磁盘配额的使用，以及备份与恢复。通过本课题的学习，读者应了解基本磁盘和基本卷、动态磁盘和动态卷、扩展卷和压缩卷；掌握基本磁盘、动态磁盘、扩展卷和压缩卷的管理；了解 NIFS 文件权限、NIFS 数据压缩的特征；掌握如何设置文件和文件夹的权限，如何取消 NIFS 文件权限的继承，以及如何为 NIFS 数据压缩和加密；掌握磁盘配额的设置和使用；了解系统容错和灾难恢复的基本概念，以及 Windows Server Backup 新功能；掌握如何添加 Windows Server Backup

功能，如何使用 Windows Server Backup 备份数据，以及如何恢复备份文件。

课后练习

一、思考题

1. 磁盘管理主要做哪些工作？磁盘管理在 WindowsServer 2008 中有哪些新特性？
2. 怎样创建主磁盘分区？怎样创建逻辑驱动器？
3. 区别几种动态卷的工作原理及创建方法？
4. 如果 RAID-5 卷中某一块磁盘出现了故障，怎样恢复？
5. 添加一块新磁盘需要做哪些工作？
6. 什么是 NTFS？请列举 NTFS 文件系统的优点。
7. 如何查看文件或文件夹的访问许可权？如何理解磁盘配额的作用？
8. 什么是系统容错和灾难恢复？常见的系统容错和灾难恢复有哪几种？
9. Windows Server 2008 中的 Windows Server Backup 有哪些新功能？
10. 利用 RAID 容错和使用 Windows Server Backup 进行备份和恢复有什么区别？

二、实践题

1. 使用磁盘管理控制台，分别创建主磁盘分区、扩展磁盘分区，并对已经创建好的分区做格式化、更改磁盘驱动器号及路径等几个操作。
2. 使用磁盘管理控制台，创建简单卷、扩展简单卷、创建跨区卷、带区卷、镜像卷、RAID-5 卷，并对具有容错能力的卷尝试数据恢复操作。
3. 设置文件权限
(1) 使用管理员登录，在 NTFS 分区上，创建文件夹"test"，在该文件夹下创建文件"file.txt"。
(2) 设置 test 文件夹的权限为：管理员组的用户完全控制；anyone 用户为只读权限；modifyuser 为修改权限。
(3) 分别使用这三个用户登陆，针对这个文件夹进行测试（添加、删除、修改、安全选项卡等），说明测试结果。
4. 压缩文件夹
(1) 对系统中的某 NTFS 分区中的某个文件夹进行压缩。说明压缩前后其文件大小、占用空间等信息。
(2) 打开，验证压缩的透明性。
5. 加密
(1) 使用管理员 administrator 登陆，创建一个普通用户 jiami。
(2) 使用用户 jiami 对 test 文件夹加密。
(3) 验证加密是否成功，说明原因。

6. 磁盘配额

（1）设置缺省磁盘配额为 50MB，警告值为 40MB。

（2）对用户 jiami 设置磁盘配额为 20MB。

（3）使用用户 administrator 登陆，创建文件夹 admin，向其中拷贝文件（大于 50MB），并验证结果。

（4）使用用户 administrator 登陆，创建用户 one 和 two。

（5）使用用户 one 登陆，创建文件夹 one，向其中拷贝文件（大于 50MB），并观察结果。

（6）使用用户 two 登陆，创建文件夹 two，向其中拷贝文件（大于 50MB），并观察结果。

（7）使用用户 jiami 登陆，创建文件夹 jiami，向其中拷贝文件（大于 20MB），并观察结果。

7．在装有 Windows Server 2008 的服务器上做如下的配置：

（1）对卷 C 设定备份计划，要求：把卷 E 作为目标盘，每天的 0:00、8:00、16:00 共进行三次备份，备份类型为副本备份。

（2）对卷 D 作一次性备份，备份文件保存到卷 E，备份类型为完全备份。

（3）恢复卷 D 上的某一个文件夹，在原位置创建副本。

课题四 网络资源共享

【课题概览】

本课题将介绍什么是网络资源共享，网络资源共享有什么优点，Windows Server 2008 如何进行网络资源共享以及如何管理这些网络共享资源。

【课题目标】

➢ 了解网络资源的含义和作用
➢ 掌握设置共享文件资源、属性设置和客户机访问共享文件
➢ 了解网络打印和网络打印机，并掌握设置和使用共享打印机

任务一 共享文件及其使用

【任务引入】

A 公司有一台安装了 Windows Server 2008 的服务器，现由于公司办公的需要，需将服务器的一些文件夹共享使用，具体配置要求如下：
（1）将需要的文件夹设置成共享。
（2）设置共享文件夹的属性，以满足不同用户的不同需要。
（3）根据不同的需求，配置客户机访问共享文件的方法。

【任务分析】

文件资源共享指的是将一台计算机中的文件资源提供给网络中其他用户使用，也就是用户可以通过网络互相访问已经设置为共享的文件资源。这样，不仅避免软盘、优盘等外围设备复制文件的麻烦，而且还提高了文件资源的效率。另外，共享的文件资源还可以设置不同的使用权限，具有不同权限的用户可以对文件进行不同的操作处理。

【任务实施】

一、共享文件资源

在 Windows Server 2008 中，共享文件资源可以参照下述步骤进行相应操作。
步骤一： 在控制面板中双击网络和共享中心，打开"网络和共享中心"窗口。
步骤二： 在"共享和发现"区域中可以查看到每个项目当前的状态，如果"文件共享"

一项状态为"关闭"，则需要单击"文件共享"右侧的下拉箭头展开具体的设置内容，接着选择"启用文件共享"命令，并且单击"应用"按钮将"文件共享"状态更改为"启用"，如图 2-4-1 所示。

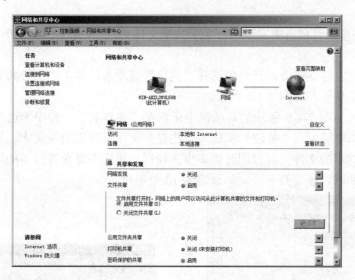

图 2-4-1　设置"文件共享"状态为启用

步骤三：在资源管理器中选取一个需要共享的文件夹，如"share"，并单击鼠标右键，在弹出的快捷菜单中选择"共享"命令。

步骤四：在如图 2-4-2 所示的对话框中，默认提供了 Administrator 用户作为文件共享用户，此时可以在上部输入框中如"wangkong"之类的用户名，单击"添加"按钮将其添加到共享用户列表中。如要改变用户对于文件的使用权限，可以单击该用户名称后的"权限级别"下拉菜单进行相应权限的设置。

步骤五：单击图 2-4-2 对话框中"共享"按钮之后，Windows Server 2008 系统即开始共享设置，最后可以在如图 2-4-3 所示对话框中查看到该共享文件夹的路径，如此处为"\\Win2008\Share"。

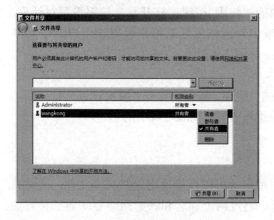

图 2-4-2　文件共享用户列表

图 2-4-3　完成文件共享

二、设置共享属性

共享文件夹之后，用户还需要对相关的共享属性进行相应设置，可以参照下述步骤进行设置。

步骤一： 在资源管理器中右键单击某个共享文件夹，并从弹出快捷菜单中选择"属性"命令。

步骤二： 在文件夹属性对话框中选择"共享"选项卡，单击"高级共享"按钮设置共享文件夹的相关属性，如图 2-4-4 所示。

步骤三： 在如图 2-4-5 所示的对话框中乐意在"共享名"一栏中为这个共享文件夹创建一个名称，同时可以在"备注"里输入一些有关文件夹的说明性文字。另外，在这里还可以设定这个共享的文件夹可以同时供多少人使用，建议不要允许过多的用户，否则会导致服务器性能和网络速度的下降，如设定为 10 个用户。

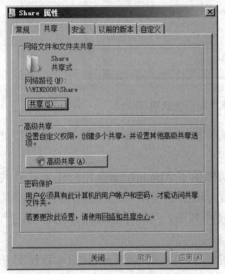

图 2-4-4　单击"高级共享按钮"　　　　　图 2-4-5　设置高级共享属性

步骤四： 单击如图 2-4-5 所示对话框下部的"权限"按钮，打开共享权限设置对话框，接着选取摸个用户即可在下部的权限设置区域中勾选相应复选框来设置该用户对于共享文件夹设置完全控制、更改或者读取三种权限。如图 2-4-6 所示，在此仅仅给"wangkong"用户设置读取权限。

步骤五： 单击如图 2-4-5 所示对话框下部的"缓存"按钮，打开"脱机设置"对话框，在此可以直接采用默认设置或者根据实际情况进行设置，如图 2-4-7 所示。

三、共享文件夹的使用

完成文件夹共享操作之后，局域中的其他用户就可以直接使用这些共享文件。通常共享文件的使用方法有直接输入共享文件夹地址、通过网上邻居和映射网络驱动器三种方法。

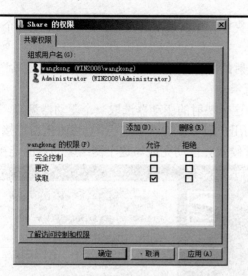

图 2-4-6 设置用户权限

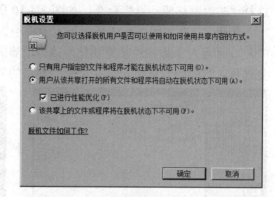

图 2-4-7 "脱机设置"对话框

1. 直接输入共享文件夹地址

如果知道共享文件夹的具体名称,那么使用网络中其他计算机中打开 IE 浏览器并输入相应的路径地址则是最为快速的使用方法(计算机名也可用 IP 地址)。如输入"\\win2008\share"或"\\192.168.0.10\share",接着在如图 2-4-8 所示的弹出对话框中输入正确的用户名和密码,确认之后即可打开共享文件夹,使用其中的文件资源。

2. 网上邻居的使用

通过"网上邻居"来打开共享文件夹并调用其中的文件也是常用的一种方法。

步骤一: 双击桌面上的"网上邻居"图标,这时系统将自动搜索网络上正在运行的计算机。

步骤二: 双击一个网络中的计算机图标之后,如果对方共享了某些文件夹则可以看见它们,直接双击该文件夹并在如图 2-4-9 所示的登录对话框中输入正确的用户名和密码就可以打开这个文件夹。

图 2-4-8 连接到共享文件夹

图 2-4-9 使用共享文件资源

3. 映射网络驱动器

虽然通过"网上邻居"来调用网络中的共享资源是最常用到的,但是如果用户经常需要连接到特定的一个计算机并进入固定的文件夹中，那么每次通过网上邻居就不是一个便捷方法了，可以用映射网络驱动器的方法。

步骤一：在"网上邻居"窗口中找到需要映射的共享文件资源，然后打开菜单"工具"，选择"映射网络驱动器"命令，如图 2-4-10 所示。

步骤二：在如图 2-4-11 所示的对话框中为这个映射的驱动器选取一个驱动器盘符，如"X"，而且对于那些经常需要使用该驱动器的用户还可以勾选下部的"登录时重新连接"复选框，这样当计算机启动并登录到网络的时候就会自动完成与这个网络驱动器的连接。

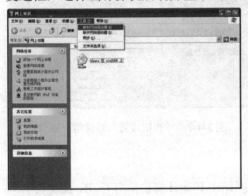 

图 2-4-10 选择"映射网络驱动器"命令　　图 2-4-11 选取映射网络驱动器

步骤三：完成设置之后在"资源管理器"或"我的电脑"中就可以看见新增一个映射驱动器图标，双击之后就可以直接连接到远程计算机相应的目录中，如图 2-4-12 所示。

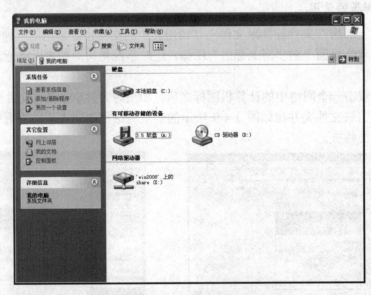

图 2-4-12　建立好的映射驱动器

任务二　共享打印机及其使用

【任务引入】

A 公司是一个小型的商业公司，有十多台电脑，每台电脑均有打印文件的要求，公司由于规模较小，没有购买网络打印机，但有两台普通打印机。现要求把打印机设置成符合以下要求：

（1）两台打印机均设置成共享。

（2）公司每台电脑均能通过网络使用以上设置的打印机打印文档。

（3）对这两台共享打印机进行必要的管理和维护。

【任务分析】

在局域网中可以最大程度的实现计算机软件和硬件之间的共享，个人单独使用一台打印机既不经济也不现实，首先是现代化办公的空间比较紧张，不允许每台计算机旁边放置一台打印机；再者，通过网络打印机可以用最小的支出来获取更多的回报。

网络打印是指在计算机数量众多的局域网中只有一台或者几台计算机连接传统的打印机，然后其他计算机通过网络连接完成打印输出的任务。而打印服务器指的是带有一个网络输入接口和一个以上的并口，服务器一端与计算机主机相联，另外一端通过接口与打印机连接。当前最先进的网络打印机本身就带有一个网卡，只要将 RJ45 接口的网线连接到打印机的网卡上就可以实现网络打印。

对于大型企业来说，网络打印机在性能、IP 地址设置、操作配置方面都有着极为出色的表现，不过网络打印机的价格非常昂贵，在小型企业、办公室或者是网吧中就显得不合适了，因此，可以采用在局域网中共享使用传统打印机来实现网络打印。

【任务实施】

一、共享打印机

为了让整个网络中的用户都可以使用打印机，必须要将打印机设置为网络共享状态，具体步骤参考如下。

步骤一：双击"控制面板"里的"打印机"图标，在打开的对话框中可以看见已经添加的打印机设备。

步骤二：右键单击打印机在弹出的快捷菜单中选取其中的"共享"命令，打开如图 2-4-13 所示的对话框，在其中的"共享"选项卡下选取"共享这台打印机"单选按钮，接着输入它的共享名即可。

步骤三：如需设定不同的用户和用户组的使用权限，则选取"安全"选项卡。如删除默认的"Everyone"用户组以防止非授权用户使用打印机，然后再新建一个用户组并对其分配合适的权限，如"开发部"组允许打印，这样能加强打印机的安全管理，如图 2-4-14 所示。

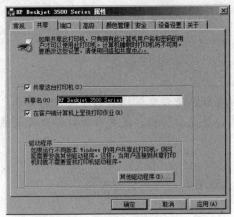

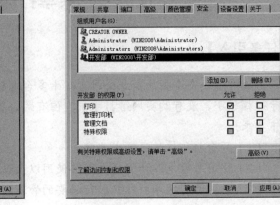

图 2-4-13　共享打印机属性　　　　　图 2-4-14　打印机权限设置

二、使用打印机

设置共享打印机之后，为了能够让网络中的其他计算机顺利使用这台共享的打印机，需要在客户端进行配置，使用共享打印机可以按照下述步骤进行操作。

步骤一： 在客户端计算机上打开"控制面板"中的"打印机"窗口，接着双击其中的"添加打印机"图标。

步骤二： 在打开的如图 2-4-15 所示的对话框中选取"添加网络、无线或 Bluetooth 打印机"一项。

步骤三： 系统将自动搜索网络中的共享打印机，并且将搜索到的打印机列表显示，如图 2-4-16 所示。

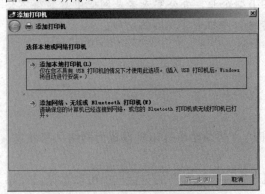

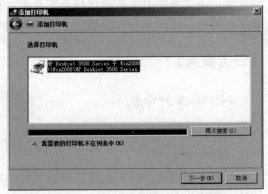

图 2-4-15　"添加打印机"对话框　　　　图 2-4-16　查找网络打印机

步骤四： 单击选择需要共享使用的打印机之后，单击"下一步"按钮安装网络打印机。此时会弹出如图 2-4-17 所示的提示框，单击"安装驱动程序"按钮开始安装网络打印机的驱动程序。

步骤五： 和安装普通打印机一样，确定是否将这台打印机作为默认打印机使用，建议勾选"设置为默认打印机"复选框使得该打印机成为默认打印机，如图 2-4-18 所示。

图 2-4-17　安装网络打印机驱动程序　　　　图 2-4-18　设置为默认打印机

步骤六：完成设置后可看见如图 2-4-19 所示的打印机添加成功提示信息，在此可以打击"打印测试页"按钮来测试网络打印机是否能够正常工作。

客户端设置之后，在"控制面板"的"打印机"窗口中看见一个新建的打印机图标，如图 2-4-20 所示。为客户端成功添加了共享打印机。这样，在局域网中的任何一台计算机上都能够直接发送打印文档命令，而从网络中共享的打印机里打印输出文档。

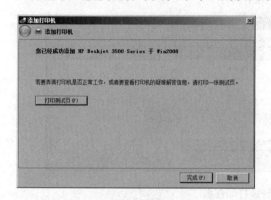

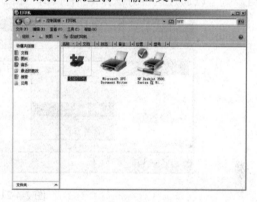

图 2-4-19　成功添加网络打印机　　　　图 2-4-20　"控制面板"中"打印机"窗口

三、管理共享打印机

为了便于后期管理维护共享打印机，还有必要对其进行管理。在局域网中管理共享打印机比较简单，主要有打印机的命名、打印服务器的设置、管理打印任务等方面的内容。

1．打印机的命名

如果局域网中的共享打印机比较多，那么就必须给每台打印机按照规则对其命名，这样不仅适合打印机的部署规划，而且简单便于管理。

例如，在任务引入中，A 公司有两台打印机，假如这两台打印机都是 HP DeskJet3500，则命名时可在每台打印机共享名后加一个编号以示区别，如 HP3500-1 和 HP3500-2。如果是不同型号或不同品牌的打印机，则直接使用默认名称就能区别。当然也可以以打印方式的不同来规划，如针式打印机、喷墨打印机或激光打印机等。这样，按照部署的规则命名，有助于局域网的所有用户可以根据需要来选择合适的打印机进行打印。

2. 打印服务器的设置

通常在局域网中安装了打印机并共享给其他用户使用的计算机被称为打印服务器。如上面所设置的名称为"WIN2008"的计算机。如果这台计算机还要从事其他工作，那它应该能够满足少数几台计算机发出的文档打印需求，最好能有较快的 CPU 来处理接收到的打印任务，还要有足够大的硬盘空间用于后台打印，如公司管理需要，还应该提供空间用于保存打印文档的副本。

在条件许可的情况下，建议采用单独的计算机作为打印服务器，这样不仅可以在打印文档数量比较多的时候提高打印速度，还能够避免由于安装和卸载软件或者是调用其他程序导致系统紊乱而致使打印无法正常工作。

3. 管理打印任务

在开始打印文档的时候，和在本地打印机打印一样，在桌面右下角的系统状态将会多出一个打印机的图标，双击之后可以查看当前正在进行的打印任务和打印的队列任务。右键单击其中的一个打印任务，能够在弹出的快捷菜单里选取暂停、继续、重新启动或者取消命令，用户可以根据需要选择命令来管理该打印文档，如用户发现错误地打印了某些文档，就可以通过这种方法来取消打印，如图 2-4-21 所示。

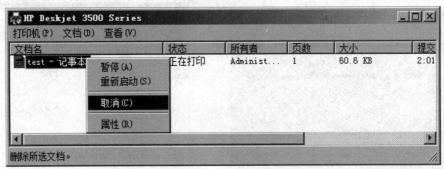

图 2-4-21　管理打印任务

课题总结

本课题主要讲述了共享文件、打印机及其使用。通过本课题的学习，读者应掌握如何共享文件资源，并会设置共享属性，以及如何使用共享文件夹；了解如何共享和使用打印机，以及如何管理共享打印机。

课后练习

一、思考题

1. 什么是文件资源共享？它有什么好处？
2. 如何设置共享文件夹不同的使用权限？
3. 简述网络打印和网络打印机的区别。

4．如何管理共享打印机？

5．如何配置客户机使用网络中的共享打印机？其中有什么注意事项？

二、实践题

1．设置文件夹 test 共享，共享名为 share，只允许用户 test 进行修改，其他人有浏览权限。

2．在客户机上分别使用不同的方式访问上面设置的共享文件。

3．先添加一台本地打印机 PRINT1，并把此打印机设置成共享，共享名为"PRINT SHARE"，此打印机仅允许"GROUP1"组的用户打印。

4．在客户机上添加上面设置的共享打印机，使客户机可以直接使用此共享打印机进行文档的打印。

课题五　远程桌面连接管理

【课题概览】

本课题将介绍什么是 Windows Server 2008 的远程桌面连接管理，如何进行远程桌面连接，什么是 Windows Server 2008 的终端服务和它有什么作用，以及什么是 Windows Server 2008 的终端服务远程程序和终端服务 WEB 访问等内容。

【课题目标】

➤ 了解远程桌面通信协议
➤ 掌握远程计算机上"远程桌面"的启用和设置，本地计算机上"远程桌面连接"的建立和设置，终端服务的"远程桌面"连接
➤ 掌握终端服务的安装，签名证书的创建和安装
➤ 掌握终端服务授权策略的创建，使用远程终端访问服务器。
➤ 了解终端服务远程程序，远程桌面的 Web 连接
➤ 掌握终端服务远程程序安装、部署设置和使用

任务一　远程桌面连接

【任务引入】

A 公司有一台装有 Windows Server 2008 的服务器，由于物理环境和安全的考虑，网络管理员在使用和配置中，通常会采用远程管理的方式，为此需进行以下的配置要求：
（1）远程计算机上"远程桌面"的启用和设置。
（2）本地计算机上"远程桌面连接"的建立和设置。
（3）终端服务的"远程桌面"连接。

【任务分析】

"远程桌面连接"远程管理模式是网络管理员在服务器或其他客户机上通过网络（可以是局域网，也可以是拨号网络、VPN 连接，或其他网络连接方式）对远程计算机或服务器进行管理的一种方式。这种方式属于 Client / Server（客户/服务器）模式。一般远程管理方式主要应用于服务器的远程管理上。

【相关知识】

远程桌面是方便 windows 服务器管理员对服务器进行基于图形界面的远程管理。远程桌面是基于远程桌面协议（Remote Desktop Protocol，RDP）的。

1．远程桌面概念

RDP 是一个多通道（multi-channel）的协议，让使用者（客户端）连上提供微软终端服务的计算机。大部分的 Windows 版本都有客户端所需软件。有些其他操作系统也有这些客户端软件，例如 Linux，FreeBSD，Mac OSX。服务端计算机方面，则听取送到 TCP port 3389 的数据。

RDP 的设计建构于 ITU T.share 协议（又称为 T.128），Windows Server 2008 提供 Version 6.0 的 RDP。它包括许多重大改进，最值得注意的是可以从远程使用单一应用程序，而非整个桌面，以及 32 位颜色显示的支持。

2．远程桌面功能

➢ 多种显示支持，包括 8、15、16、24、32 位色。
➢ 128 位加密，使用 RC4 加密算法（此为内定的加密方式；比较旧版的用户端可能使用较弱的加密强度）。
➢ 支持 TLS（Transport Layer Security）（前身为 SSL）。
➢ 声音转向（redirection）支持，使用者可以在远程计算机执行有声音的应用程序，但是将声音导引至用户端计算机来听。
➢ 文件系统转向支持，使用者可在使用远程计算机的过程中，引用本地（用户端）计算机上的文件系统。
➢ 打印机转向支持，在使用远程计算机时，可以使用本地（用户端）计算机上的打印机输出，包括直接连在用户端计算机的打印机或网络共享打印机。
➢ 通讯端口转向支持，远程计算机上的应用程序可以使用本地（用户端）计算机上的序列端口或平行端口。
➢ Windows 的剪贴板数据可以在远程及本地计算机之间互通。

3．远程桌面优点

与远程桌面协议兼容的用户端可在多种操作系统上执行，许多 Linux 系统上甚至将 RDP 用户端功能列为内核功能之一。此外，使用者也不一定要有宽带网络才能连上他们的远程计算机桌面，RDP 即使在 56Kbit/s 拨号连接网络下，都还可以提供每秒更新五到六个画面的效果。

【任务实施】

一、远程桌面连接服务器端配置

Windows Server 2008 的远程桌面连接的服务器端，配置非常简单，只需要做如下设置，就可使计算机允许网络用户通过远程桌面连接访问。

步骤一：在"控制面板"窗口中双击"系统"选项，在打开的对话框中选择"远程设置"链接，如图 2-5-1 所示。

步骤二：为兼容以前版本的 Windows 桌面连接程序，在"远程桌面"栏中勾选"允许运行任意版本远程桌面的计算机连接"单选项，然后单击"确定"按钮完成服务器端计算机的远程桌面连接配置。

图 2-5-1　选择"远程设置"链接

如选择"只允许运行带网络级身份验证的远程桌面的计算机"选项，则只有 Windows VISTA、Windows Server 2008 及以后版本的系统才能远程连接到该计算机。

步骤三：除了要配置系统允许用户远程桌面连接外，还需为相应的用于远程连接的用户配置远程连接权限。单击如图 2-5-2 所示下部的"选择用户"按钮，在如图 2-5-3 所示窗口中，可以添加允许远程桌面连接的用户。

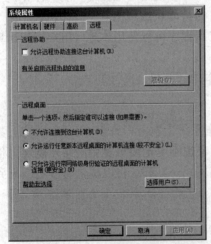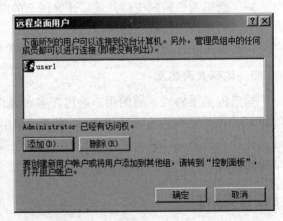

图 2-5-2　勾选远程桌面连接方式　　　　图 2-5-3　添加远程桌面用户

在这种远程桌面连接中，如果是在域类型的局域网中，可以用域用户账户登录，也可用远程桌面连接服务器端的本地系统用户账户登录。在默认情况下，域和本地系统的 Administrators 组成员已具有远程登录权限，无需配置。除此之外还可以配置一些用户使他们具有远程登录权限，但又不想赋予其具有系统管理员账户那么高的权限，则必须将该用户添加到"Remote Desktop Users"组中，在如图 2-5-3 中添加的用户就是加入该组。因为"Remote Desktop Users"组除了允许与 Users 组相同的访问权限外，还具备远程连接的能力。通过使用该组，可以在无需分别为每个用户设置这些权利的情况下，保存管理资源。

二、远程桌面连接客户端配置

客户端计算机配置以采用 Windows XP 操作系统为例，可以参照以下步骤来进行配置。如客户端计算机采用其他操作系统，配置过程基本类同，也可参考下述步骤进行配置。

步骤一：选择"开始→所有程序→附件→远程桌面连接"命令，打开如图 2-5-4 所示对话框。单击对话框中的"选项"按钮，展开后的对话框如图 2-5-5 所示，可以对每个标签项进行详细配置。

步骤二：在如图 2-5-5 所示的"常规"选项卡对话框中可以配置要远程连接的计算机名或 IP 地址、进行远程连接的用户账户、密码。注意所输入的用户账户一定是前面已配置具有远程连接权限的，如"user1"。如果要为此连接保存凭据，还可选择"允许我保存凭据"复选项，并在后面输入密码的窗口中勾选"保存密码"复选项，则下次点击连接就可以直接用该用户连接到远程计算机桌面。

图 2-5-4 "远程桌面连接"对话框

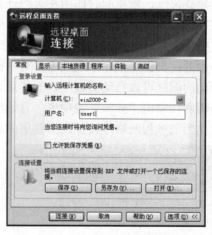

图 2-5-5 "常规"选项卡

在下面的"连接设置"栏中有"保存"、"另存为"和"打开"按钮，它们的作用分别是保存当前远程连接和打开已保存的远程连接。

步骤三：单击"显示"选项卡，对话框如图 2-5-6 所示。在这个对话框中可以设置此次远程连接时的远程桌面大小、颜色，以及连接时是否需要显示连接栏，通常需要显示，因为这样方便控制连接。

步骤四：单击"本地连接"选项卡，对话框如图 2-5-7 所示。在"远程计算机声音"下拉列表中选择远程计算机上的声音文件播放方式：要运行"远程桌面"会话中的声音文件，且在本地计算机上进行收听，请选择"带到这台计算机"选项；要运行"远程桌面"会话中的声音文件，且只在远程计算机上进行播放，请选择"留在远程计算机"；要禁用"远程桌面"会话中的所有声音，请选择"不要播放"。

图 2-5-6　"显示"选项卡

图 2-5-7　"本地连接"选项卡

还有可以选择组合功能键所作用的对象，如果想要使本地按组合总作用于本地计算机，则请在"键盘"下拉列表中选择"本地计算机上"选项；如果要 Windows 快捷键总作用于远程计算机上，则请选择"远程计算机上"选项；如果要使 Windows 快捷键总作用于仅当以全屏模式显示远程桌面时作用在远程计算机上，则请选择"只用全屏模式"选项。

在"本地设备和资源"栏中选择可以重定向的本地资源，重定向后，远程桌面就可以使用这些资源了。

步骤五：单击"程序"选项卡，对话框如图 2-5-8 所示。在这个对话框中可以反映定连接启动的同时可以启动的程序，配置后这些程序就会随着用户的登录而启动。

步骤六：单击"体验"选项卡，对话框如图 2-5-9 所示。在这个对话框中是用来指定用来优化当前远程网络连接性能所使用的连接方式。

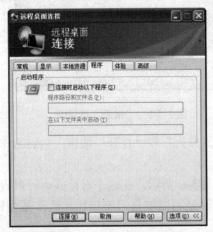

图 2-5-8　"程序"选项卡

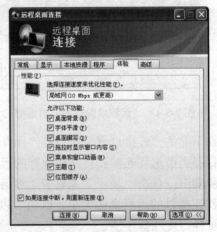

图 2-5-9　"体验"选项卡

这要根据实际的网络连接方式来定，在"选择连接速度来优化性能"下拉列表中有许多选项。默认的连接速度是"调制解调器（56 Kbps）"，在此根据网络连接的方式选择"局域网（10M 或更高）"选项。通过该选项的选择可以启用较丰富的图形功能，例如桌面背景或字体平滑。要选择单个效果的组合，可以在下面在"允许以下功能"复选框根据实际选择勾选即可。如果需要系统在连接中断后自动连接，则选择"如果连接中断，则重新连接"复选项。

步骤七："高级"选项卡在下个任务中介绍。当全部配置好后，如果想保存当前配置，则回到如图 2-5-5 所示对话框，单击"保存"或"另存为"按钮保存即可。此时可直接单击"连接"按钮进行远程连接。连接成功后即弹出如图 2-5-10 所示的远程桌面。

图 2-5-10　远程桌面操作界面

"远程桌面连接"与"远程控制"不一样，此处的远程桌面连接在连接时所看到的桌面和在远程计算机上以远程连接所用用户账户登录到相应域或工作组的桌面一样，不过此处最终所看到的仅是登录后的桌面环境，而不是看到远程计算机当前的实际工作界面。而"远程控制"则不一样，它所看到的一定是远程计算机当前实际的工作界面。

三、终端服务的"远程桌面"连接

如果远程桌面连接的客户端采用 Windows Server 2008 操作系统，则除可以采用远程桌面连接客户程序连接外，还可以采用终端服务的"远程桌面"连接到服务器端。利用终端服务的"远程桌面"连接的配置可参考以下步骤。

步骤一：依次选择"开始→管理工具→终端服务→远程桌面"命令打开远程桌面对话框。

步骤二：在远程桌面对话框中，右击左侧栏目中的远程桌面，在弹出的快捷菜单中选择"添加新连接"命令，如图 2-5-11 所示。

步骤三：在弹出的"添加新连接"对话框中，输入要连接的远程计算机名称或 IP 地址，如"win2008-2"。连接名称默认和远程计算机名称相同，也可直接对它修改。在登录信息中，输入使用登录的用户名，如"user1"。如图 2-5-12 所示,单击"确定"按钮完成新连接的创建。

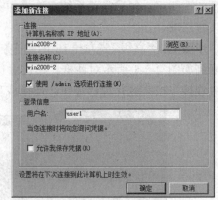

图 2-5-11　选择建立新连接命令　　　　图 2-5-12　添加新连接

步骤四:展开右侧"远程桌面",可以看到刚刚创建的连接,选择该连接,则开始按上面设定的信息向远程计算机建立连接,并弹出如图 2-5-13 所示的输入登录用户凭据的对话框,在此输入该用户的登录密码并单击"确定"按钮。

步骤五：连接成功之后,"远程桌面"右侧将显示远程计算机的桌面,如图 2-5-14 所示,此时用户可以通过远程计算机的桌面进行各种操作。

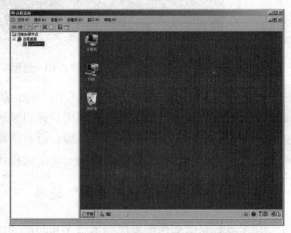

图 2-5-13　输入用户凭据　　　　　　图 2-5-14　连接完成后的"远程桌面"

任务二　终端服务远程管理

【任务引入】

一台安装有 Windows Server 2008 的服务器,可以充分利用网络带来的管理便利,实现服务器的远程管理和配置及应用程序的部署,现需进行如下要求的配置:

（1）安装 Windows Server 2008 中的终端服务。

（2）为了提高远程连接的安全性,可以在服务器创建签名证书和客户端安装签名证书来保障远程终端连接的安全。

（3）创建终端服务授权策略和资源授权策略确保客户端顺利接入服务器。

（4）使用远程终端访问服务器。

【任务分析】

Windows Server 2008 中的终端服务可以提高企业在各种应用情况下的软件部署能力，允许在应用程序和管理基础结构中融入更多的灵活操作。当用户在终端服务器上运行应用程序时，应用程序实际上在服务器端执行，因此，仅需要在网络上传输键盘、鼠标和显示信息。每位用户均只能看到他自己的会话，会话由服务器操作系统透明的进行管理，并且独立于其他任何客户端的会话，因此，终端服务提供了在 Windows Server 2008 中承载多个并发客户端会话的能力。

【相关知识】

在 Windows Server 2008 中，终端服务方面也有了很大的改进。用户不仅可以自主地决定哪些程序可以远程接入，还可以通过新的远程程序和终端服务网关配置程序，虚拟化及实现随时安全接入的功能。

1. 终端服务网关（Terminal Services Gateway）

Windows Server 2008 终端服务的一个重大改进就是终端服务网关。通过这个功能，用户可以在世界各地通过 Internet 来访问终端服务程序。管理员也能够为不同的用户组设置不同的授权策略，控制不同用户通过网关管理器连接终端服务的权限。访问终端服务的所有处理过程都是通过安全加密的 HTTPS 通道来完成，因此其安全性得到了保障。而且，由于数据是通过 HTTPS 这个协议传输，避免了以前版本通过远程桌面协议（RDP）进行传输时 3389 端口被屏蔽而无法穿透防火墙的问题。

2. 远程管理基于 Windows Server 的计算机

Windows Server 2008 中内置的 Remote Desktop for Administration 专门针对服务器管理而设计，这个组件可以极大减轻远程管理的工作负担。由于它并不具备完整终端服务器组件的应用程序共享和多用户能力，也不具备进程调度功能，所以 Remote Desktop for Administration 可以在已经十分繁忙的服务器上使用，并且不会对服务器性能造成显著影响，这使得它成为了执行远程管理的一项方便且高效的服务。

此外，Windows Server 2008 中的终端服务还有其他的一些革新，如单点登录（SSO）终端会话、会话监控，以及整合的 Windows 系统资源管理器，这些改进都可以更好地监测系统性能和资源的使用情况，从而使得终端服务与用户更紧密地联系在一起。

【任务实施】

一、安装终端服务

在 Windows Server 2008 中，终端服务并非默认安装的功能，因此在使用之前首先要参照下述步骤安装终端服务。

步骤一： 在"开始"菜单中选择"服务器管理器"命令打开服务器管理器界面。

步骤二： 选择左侧功能目录树中的"角色"项目之后，在右部区域中单击"添加角色"链接。

步骤三： 在如图 2-5-15 所示的添加功能向导中勾选"终端服务"复选框。

步骤四： 在如图 2-5-16 所示的终端服务角色选择框中，根据实际需要选择需要安装的终端服务，例如，此处勾选"终端服务器"和"TS 网关"两项复选框。

 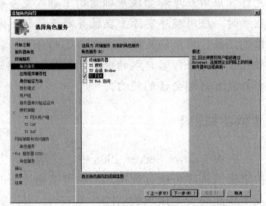

图 2-5-15　勾选"终端服务"复选框　　　　　　图 2-5-16　选择终端服务角色

步骤五： 在身份验证方法对话框中选择"不需要网络级身份验证"单选按钮，以确保使用其他版本远程桌面连接客户端的计算机能够连接到此终端服务器，如图 2-6-17 所示。

步骤六： 在指定授权模式对话框中单击"以后配置"单选按钮，表示暂不配置终端服务客户端访问许可证类型，如图 2-5-18 所示。

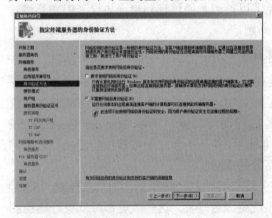 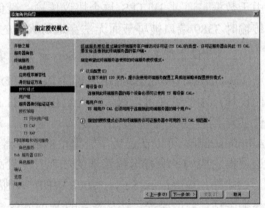

图 2-5-17　选择"不需要网络身份验证"单选按钮　　　图 2-5-18　指定授权模式

步骤七： 添加可以连接到此终端服务器的用户和用户组，默认情况下已经添加了 Administrators 用户组，用户可以根据需要单击"添加"按钮来添加其他用户，如图 2-5-19 所示。

步骤八： 在选择 SSL 加密的服务器身份验证证书的时候，建议选择"为 SSL 加密创建自签名证书"单选按钮。这种方式适合于小规模部署，而且在安装了 TS 网关之后，必须在与该服务器进行通信的客户端上手工安装证书，如图 2-5-20 所示。

图 2-5-19　添加允许访问的用户和用户组　　　图 2-5-20　选择"为 SSL 加密创建自签名证书"按钮

步骤九：在如图 2-5-21 所示的"为 TS 网关创建授权策略"对话框中，建议选择"以后"单选按钮，这样可以暂时不创建授权策略，作为今后使用 TS 网关管理器创建相关的策略。

步骤十：设置为网络策略和访问服务安装的角色服务，在此勾选"网络策略服务器"复选框，如图 2-5-22 所示。

图 2-5-21　为 TS 网关创建授权策略　　　图 2-5-22　勾选"网络策略服务器"复选框

步骤十一：在安装终端服务过程中还要涉及 Web 服务器的角色服务选项，一般在如图 2-5-23 所示的对话框中直接采用默认设置即可。

步骤十二：完成上述设置之后，系统就会根据配置安装终端服务。稍等片刻即可完成 Windows Server 2008 中终端服务的安装。

二、创建签名证书

使用终端服务通信的过程中，需要使用 SSL 加密的服务器身份证证书，如果在安装终端服务过程中选择"为 SSL 加密创建自签名证书"，就需要参照下述步骤创建签名证书，并且分发给与该服务器通信的客户端计算机安装使用。

步骤一：依次选择"开始→管理工具→终端服务→TS 网关管理器"命令打开终端网关管理器。

Windows Server 2008 项目教程

步骤二： 在左侧目录树列表中选取网络服务器所在的计算机，单击鼠标右键之后从弹出的快捷菜单中选择"属性"命令，如图 2-5-24 所示。

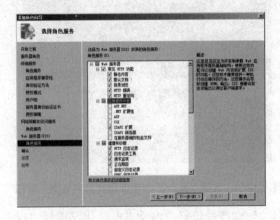

图 2-5-23　选择 Web 服务器角色服务　　　　图 2-5-24　选择"属性"命令

步骤三： 在如图 2-5-25 所示的属性对话框中单击选择"SSL 证书"选项卡，选择其中的"为 SSL 加密创建自签名证书"单选按钮，并单击"创建证书"按钮开始创建数字证书。

步骤四： 在如图 2-5-26 所示的"创建自签名证书"对话框中，需要输入自签名证书的名称，并设置证书的存放路径，默认情况下，证书存放在"C:\User\Administrator\Documents"目录中，但也可以将其存储在其他计算机的共享文件夹中以便共享使用。

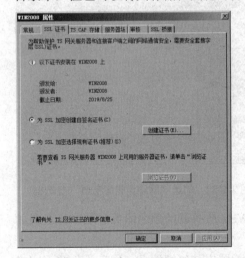

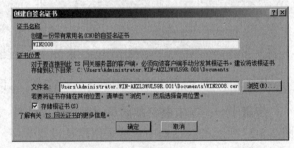

图 2-5-25　创建证书　　　　　　　　图 2-6526　设置自签名证书信息

步骤五： 单击"确定"按钮后，终端网关管理器将创建自签名证书，如图 2-5-27 所示。

图 2-5-27　成功创建自签名证书

三、安装签名证书

终端网关管理器创建好自签名证书之后，可以将其分发给网络中其他客户端计算机，接着用户在客户端计算机参照下述操作步骤安装签名证书。

步骤一： 在客户端计算机双击该证书文件，此时将出现如图 2-5-28 所示的对话框，其中显示了该证书颁发机构和有效期等信息。如果确认安装证书，则单击下部的"安装证书"按钮继续。

步骤二： 在证书导入向导中单击"下一步"按钮开始导入数字证书，如图 2-5-29 所示。

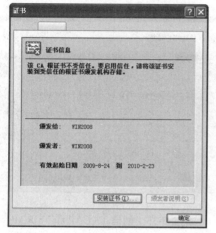

图 2-5-28　证书信息

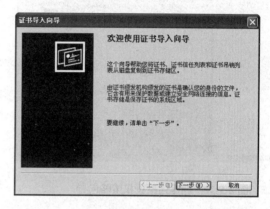

图 2-5-29　"证书导入向导"对话框

步骤三： 在如图 2-5-30 所示的对话框中选择"根据证书类型，自动选择证书存储区"单选按钮，并单击"下一步"按钮继续。

步骤四： 系统会开始导入数字证书，最终出现如图 2-5-31 所示的完成证书导入向导提示，在此单击"完成"按钮。

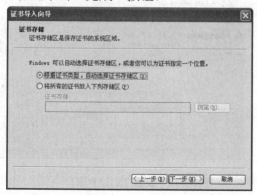

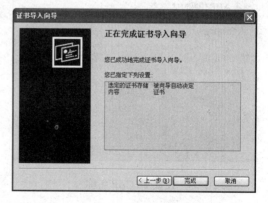

图 2-5-30　选择"根据证书类型，自动选择证书存储区"按钮　　　图 2-5-31　完成数字证书导入

四、创建终端服务授权策略

为了确保远程客户端计算机能够顺利接入终端服务器，还需要在终端网关管理器中分步设置连接策略和资源授权策略。

1. 创建连接授权策略

步骤一：在终端网关管理器中依次展开"TS 网关管理器→策略→连接授权策略"项目，并选择"操作→新建策略→向导"命令，如图 2-5-32 所示。

步骤二：在授权策略向导中选择"创建 TS CAP 和 TS RAP"单选按钮，其中"TS CAP"表示终端服务连接授权策略，用于设置允许连接到此终端网关服务器的用户；"TS RAP"表示终端服务资源授权策略，用于指定通过终端网络服务器远程连接的网络资源，如图 2-5-33 所示。

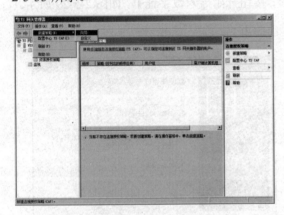

图 2-5-32　新建连接授权策略向导

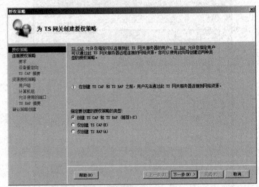

图 2-5-33　创建 TS CAP 和 TS RAP

步骤三：设置 TS CAP 的名称，例如此处设置为"Remote Access"，如图 2-5-34 所示。

步骤四：在如图 2-5-35 所示的对话框中勾选上部的"密码"复选框，同时还要添加用户组成员，例如，在此单击"用户组成员身份"区域的"添加"按钮，并添加"BUILTIN\Adiministrators"用户组。

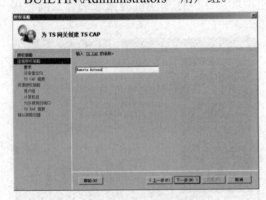

图 2-5-34　设置 TS CAP 名称

图 2-5-35　设置 TS CAP 用户

步骤五：在如图 2-5-36 所示对话框中选择"禁用除智能卡之外的所有客户端设备的重定向"单选按钮。

步骤六：在如图 2-5-37 所示的信息框中查看到连接授权策略所涉及的信息，确认之后单击"下一步"按钮进行资源授权策略设置。

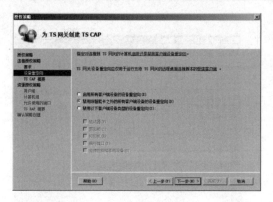 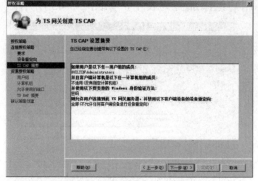

图 2-5-36 禁用设备重定向　　　　图 2-5-37 连接授权策略信息

2. 创建资源授权策略

与创建连接授权策略相比，创建资源授权策略相对复杂一些，可以参照下述步骤进行操作。

步骤一：首先在 Windows Server 2008 中创建一个名为"TS Manager Group"的用户组。

步骤二：选择"开始→服务管理器"命令，依次展开左侧"服务管理器→角色→终端服务→TS 网关管理器→WIN2008（本地计算机名）→策略→资源授权策略"项目，单击右键从弹出的快捷菜单中选择"管理本地计算机组"命令，如图 2-5-38 所示。

步骤三：在如图 2-5-39 所示的"管理本地存储的计算机组"对话框中单击"创建组"按钮。

 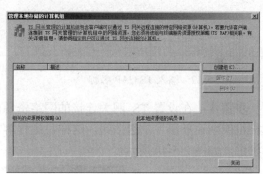

图 2-5-38 选择"管理本地计算机组"命令　　图 2-5-39 管理本地计算机组

步骤四：在新建网关管理器的计算机组对话框中选择"常规"选项卡，并输入名称为"TS Manager Group"，如图 2-5-40 所示。

步骤五：选择"网络资源"选项卡，在其中输入计算机组将包含的网络资源信息。例如，分别输入 192.168.0.10 和 192.168.0.100 的计算机 IP 地址，单击"添加"按钮将其添加到"网络资源"列表中，如图 2-5-41 所示。

步骤六：返回授权策略设置向导对话框，在如图 2-5-42 所示文本框中输入"Remote Access"。

步骤七：向导程序需要添加与此 TS RAP 关联的用户组，由于在创建连接授权策略的时候已经指定了"BUILTIN\Administrators"用户组，在此也要单击"添加"按钮，并将该用户组添加到列表中，如图 2-5-43 所示。

图 2-5-40　设置计算机组名称

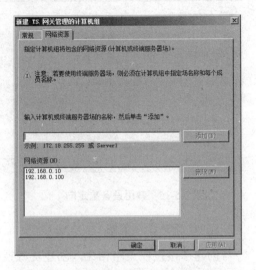

图 2-5-41　设置计算机组包含的网络资源

图 2-5-42　输入 TS CAP 名称

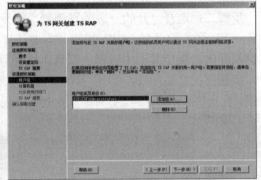

图 2-5-43　添加与 TS RAP 关联的用户组

步骤八：在设置 TS 网关连接的网络资源的时候，建议选择"现有 TS 网关管理的计算机组或创建新组"单选按钮，这样，远程客户端计算机将只能连接到 TS 网关管理的计算机组，如图 2-5-44 所示。

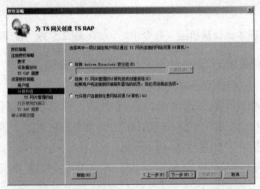

图 2-5-44　设置 TS 网关连接的网络资源

步骤九：在如图 2-5-45 所示的对话框中需要创建新 TS 网关托管的计算机组，如在此输入"Remote Access Group"，并在下部列表中输入如"192.168.0.100"之类的 IP 地址，将相应的计算机添加为网络资源。

步骤十：在默认情况下，终端服务客户计算机通过 TCP 端口的 3389 远程连接到网络资源，因此建议在如图 2-5-46 所示的对话框中选择"仅允许通过 TCP 端口 3389 连接"单选按钮。如果想使用其他端口，则可以选择"允许通过以下端口连接"或者"允许通过任意端口连接"单选按钮。

图 2-5-45　创建新 TS 网关托管的计算机组

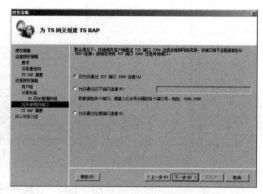
图 2-5-46　设置终端服务端口

如果选择"允许通过以下端口连接"，则可以在输入框中输入终端服务端口，如果有多个端口，则可以在端口之间以分号分隔，如"3389；3390"。

步骤十一：在如图 2-5-47 所示的对话框中可以查看到 TS RAP 设置的主要信息，确认无误后单击下部的"完成"按钮开始创建连接授权策略和资源授权策略。

步骤十二：稍等片刻，在如图 2-5-48 所示对话框中查看到相关的授权策略创建信息，表示授权策略创建成功。

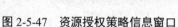
图 2-5-47　资源授权策略信息窗口

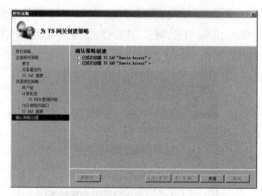
图 2-5-48　成功创建授权策略

在授权策略创建完成之后，在终端网关管理器中分别单击左侧的"连接授权策略"和"资源授权策略"项目，就可以在中间区域查看到刚刚创建的授权策略信息，如图 2-5-49 所示。

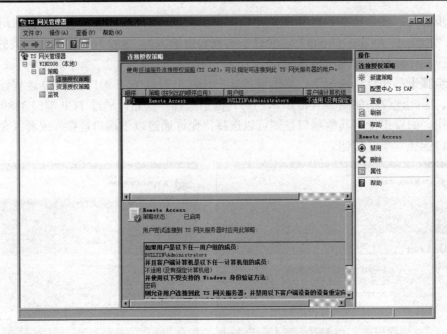

图 2-5-49　在终端网关管理器中查看授权策略

五、使用远程终端访问

　　远程终端的服务器端设置完成，接着可以在客户端计算机通过远程桌面连接访问服务器。使用远程终端访问服务器可以参照前面利用终端服务的"远程桌面"连接的配置步骤进行，但需增加"高级"选项卡的配置，"高级"选项卡的配置可以参考下述步骤进行。

　　步骤一：单击选择"高级"选项卡，将身份证选项设置为"如果身份验证失败则向我发出警告"一项，如图 2-5-50 所示。

　　步骤二：单击图 2-5-50 中的"设置"按钮，打开远程终端网关服务器设置界面，选择"使用这些 TS 网关服务器设置"单选按钮之后，输入远程终端网关服务器的名称，如"win2008，如图 2-5-51 所示。

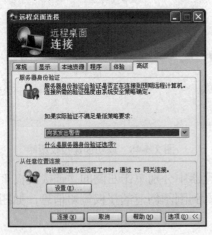

图 2-5-50　设置身份验证选项

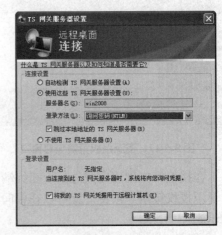

图 2-5-51　设置远程终端网关服务器

成功连接到远程终端服务器之后，将显示如图 2-5-52 所示的界面，此时客户端计算机上将显示出远程终端服务器的桌面，而用户也可以像坐在远程终端服务器面前一样进行各种操作。

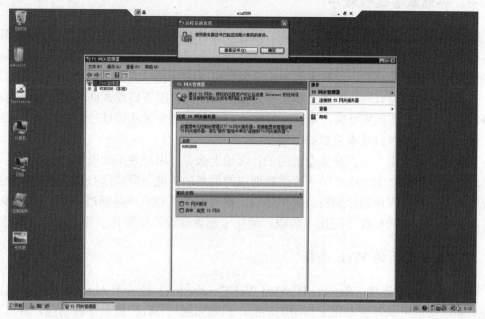

图 2-5-52 远程终端操作界面

任务三 终端服务远程程序和终端服务网页访问

【任务引入】

A 公司有某个或某些应用程序存在频繁更新或难以安装的特性，为了降低部署成本，可以通过部署以下配置来实现：

（1）安装终端服务远程程序。

（2）部署远程程序服务。

（3）创建远程应用程序。

（4）设置终端服务远程程序用户。

（5）使用终端远程程序。

【任务分析】

安装终端服务远程程序也是 Windows Server 2008 中的一个亮点功能，这个功能整合了 Web 远程管理模块，能够让客户端计算机直接登录到服务器上远程使用某个程序，这样，该程序只需在服务器计算机上安装一次即可，因此降低了网络中应用程序的更新成本和难度，可以将其作为企业内部应用程序部署的一种手段。

【相关知识】

一、终端服务远程程序

终端服务最大的优势在于集中管理。通过使用终端服务，能够确保所有客户端都使用应用程序的最新版本，而软件只需在服务器计算机上安装一次即可。这种模式降低了桌面计算机的更新成本和难度，尤其是那些位于远程位置的计算机或分支办事处环境中的计算机。企业可以通过局域网、广域网和拨号连接，使用终端服务器模式向各类桌面环境发布应用程序。对于那些频繁更新、难以安装或者需要通过低宽带连接进行访问的业务应用程序来说，这是一种极具成本效益的部署手段。

这些功能对于用户来讲是完全透明的，理论上来说，用户并不知道他们的程序驻留在哪里，除非由于网络原因或者服务器过载造成的偶然的性能下降或运行缓慢，用户才会发现程序并非保存在本地的计算机。简单地说，终端服务远程程序是通过 RDP 部署单一应用程序的方法，这样的改变简化了负载，简化了配置管理，更简化了管理员的工作压力。

二、远程桌面的 Web 连接

远程桌面 Web 连接（Remote Desktop Web Connection）是一个 ActiveX 控件，具有与远程桌面连接的可执行版本完全相同的功能，但是它通过 Web 提供这些功能，并且无需在客户端计算机上安装可执行版本。当在 Web 页面中托管的时候，该 ActiveX 客户端控件允许用户通过使用 TCP/IP 协议的互联网或内部网连接，登录到终端服务器，并可在 Internet Explore 内部查看 Windows 桌面。

远程桌面 Web 连接是通过 URL 提供终端服务器功能的简单途径。同时这个服务也非常的智能，无论加载多少程序，只要是由同一用户发起的，那么在终端服务中都只会保存一个会话，这样就使得服务器端的资源管理更加便捷，同时企业还可以将网络访问整合到企业站点上，这样用户就可以通过企业的协作平台来访问多种程序。

【任务实施】

一、安装终端服务远程程序

安装终端服务远程程序的步骤和安装终端服务基本一样。

步骤一： 在如图 2-5-53 所示的选项框中需要勾选 "TS Web 访问" 复选框。

步骤二： 在如图 2-5-54 所示的弹出对话框中单击 "添加必需的角色服务" 按钮安装其他的角色服务和功能。

步骤三： 安装终端服务远程程序之后，依次选择 "开始→管理工具→终端服务→TS Remote App 管理器" 命令打开如图 2-5-55 所示的管理器界面，表示终端服务远程程序已经安装成功。

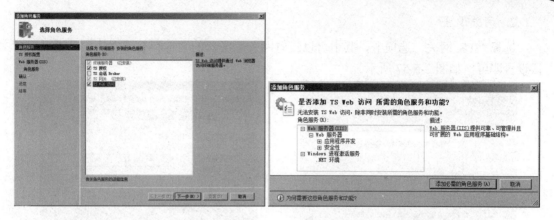

图 2-5-53　勾选 "TS Web 访问" 复选框　　　　图 2-5-54　单击 "添加必需的角色服务" 按钮

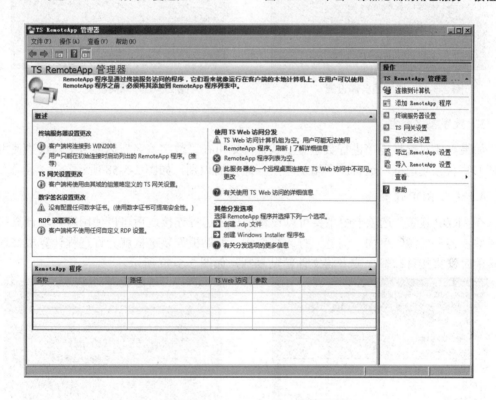

图 2-5-55　TS RemotoApp 管理器界面

二、远程程序部署服务

安装终端服务远程程序之后,在 **TS RemoteApp** 管理器中单击"终端服务器设置更改"链接可以针对远程程序的部署进行设置,主要有以下几方面内容:

1. 终端服务器设置

在如图 2-5-56 所示的对话框中可以设置终端服务器的名称与连接端口,在此建议勾选"需要服务器身份验证"复选框增加远程访问的安全性。另外,对于未列出的程序建议设置为"不允许用户在初始连接时启动未列出的程序"。

2. 网关设置

选择"TS 网关"选项卡，其中可以设置网关服务器的名称和登录方法，一般采用默认设置即可，如图 2-5-57 所示。

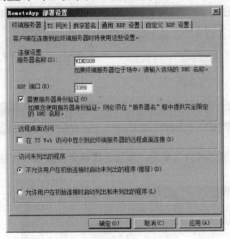

图 2-5-56　终端服务器设置

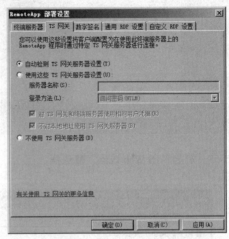

图 2-5-57　网关设置

3. 数字签名设置

如果需要对远程连接进行数字签名认证，则可在"数字签名"选项卡中勾选"使用数字证书签名"复选框，这有助于增加客户端连接的识别，如图 2-5-58 所示。

4. 通用 RDP 设置

在"RDP 设置"选项卡中主要可以设置用户在远程连接之后可以使用客户端计算机中的哪些设备和资源，例如，勾选"打印机"和"剪贴板"复选框就允许远程计算机在远程连接的时候直接打印输出或者将文件粘贴复制，如图 2-5-59 所示。

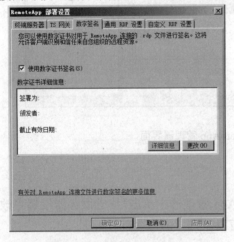

图 2-5-58　数字签名设置

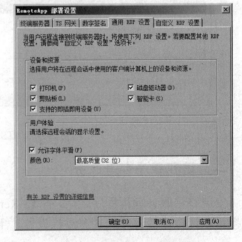

图 2-5-59　通用 RDP 设置

三、创建远程应用程序

在使用终端服务远程程序之前，首先在服务器端创建远程应用程序，并且将其分发给客户端计算机，这样客户端计算机才能够连接到服务器使用相应的程序。

步骤一： 在 TS RemoteApp 管理器下部"RemoteApp 程序"区域中单击鼠标右键，并从弹出的快捷菜单中选择"添加 RemoteApp 程序"命令打开 RemoteApp 向导对话框。

步骤二： 在 RemoteApp 向导列表中显示了 Windows Server 2008 附带的一些程序，此时可以勾选程序的复选框将其添加到 RemoteApp 程序列表中，如图 2-5-60 所示。例如，这里选择画图和写字板两个程序。

步骤三： 在如图 2-5-61 所示的对话框中，可以查看到刚才添加的程序信息，确认将它们添加到 RemoteApp 程序列表中则单击下部的"完成"按钮。

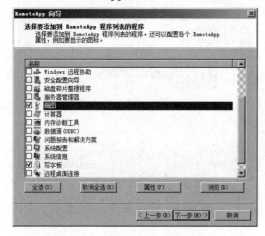

图 2-5-60　勾选 RemotoApp 程序

图 2-5-61　确认添加程序

步骤四： 返回 TS RemoteApp 管理器将看见刚刚添加的程序，这时选中某个程序单击右键，并在弹出的快捷菜单中选择"创建 Windows Installer 程序包"命令打开向导创建远程程序分发包，如图 2-5-62 所示。

创建远程程序分发包的时候可以创建.rdp 格式文件，也可以创建.msi 格式文件。其中.rdp 格式文件可以使用记事本工具打开编辑，而.msi 格式文件不能通过记事本这样的工具来调整设置。

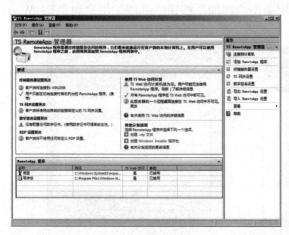

图 2-5-62　创建远程程序分发包

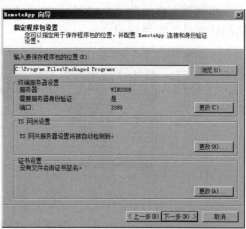

图 2-5-63　设置程序包存放路径

步骤五： 在向导对话框中设置程序分发包的存放路径，同时可以针对终端服务器进行相应的设置，如图 2-5-63 所示。

步骤六： 在如图 2-5-64 所示的对话框中针对程序分发包进行配置，如勾选"开始菜单文件夹"复选框可以将此程序分发包快捷图标添加在客户端计算机的开始菜单中。

步骤七： 在如图 2-5-65 所示的对话框中显示了程序分发包的相关设置信息，确认之后单击"完成"按钮创建 MSI 格式的分发包，也就是.msi 格式的文件。

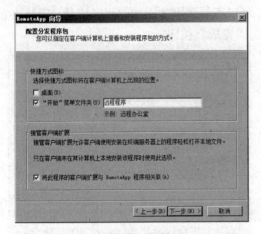
图 2-5-64　配置分发程序包

图 2-5-65　确认程序分发包信息

四、设置终端服务远程程序用户

从安全角度考虑，一般终端服务远程程序用户都需要输入相应的用户名和密码才能够顺利建立连接，因此还要参照下述步骤在终端服务器上设置相应的用户。

步骤一： 选择"开始→管理工具→计算机管理"命令打开计算机管理窗口。

步骤二： 在计算机管理主窗口中，依次展开"计算机管理（本地）→系统工具→本地用户和组→组"项目，并且双击右侧区域中的"TS Web 访问计算机"一项，如图 2-5-66 所示。

步骤三： 在如图 2-5-67 所示的对话框中单击"添加"按钮，并添加用户到"TS Web 访问计算机"用户组中。

图 2-5-66　双击"TS Web 访问计算机"一项

图 2-5-67　添加用户

五、使用终端远程程序

1. 使用终端远程程序

在终端远程程序服务器设置完成之后,将创建的.msi 程序分发包通过邮件、QQ 或者 MSN 等方式传送给客户端计算机,然后客户端计算机即可参照下述步骤来使用终端远程程序。

步骤一: 双击.msi 程序分发包,此时客户端计算机会出现如图 2-5-68 所示的连接界面。在 RemoteApp 提示对话框中提供了远程计算机的名称,以及允许远程计算机访问自己计算机中的哪些资源。

步骤二: 在如图 2-5-68 所示的对话框中单击"连接"按钮之后,需要在如图 2-5-69 所示的对话框中输入用户名和相应的密码,并且单击"确定"按钮登录远程服务器。

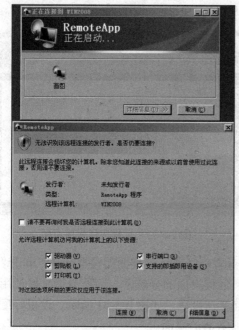

图 2-5-68 远程连接窗口

图 2-5-69 输入用户名和密码

步骤三: 与终端远程程序服务器建立连接之后,系统会自动调用终端远程程序服务器中的画图程序,如图 2-5-70 所示。这样就可以像本地一样使用终端远程程序服务器中的画图程序。

2. 远程桌面的 Web 连接

客户端计算机远程桌面的 Web 方式连接可以参照下述步骤进行。

步骤一: 打开 IE 浏览器,在地址栏输入"http://ip 地址或服务器名/ts"。如这里为"http://192.168.0.10/ts",输入用户名和相应密码,如图 2-5-71 所示,单击"确定"按钮。

步骤二: 与终端服务器连接后 IE 浏览器显示如图 2-5-72 所示的页面,其中列表显示了终端远程程序服务器允许访问的应用程序,例如,在此有画图和写字板两个应用程序。

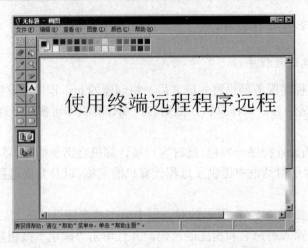

图 2-5-70　在终端远程程序服务器中运行画图程序

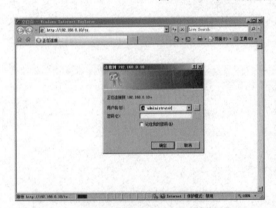

图 2-5-71　输入用户名和密码

图 2-5-72　远程应用程序页面

步骤三：单击"远程桌面"按钮，其中可以查看到当前远程桌面的设置信息，单击"选项"按钮还能够了解到更多的具体信息。例如，远程桌面的分辨率、远程会话时候使用的设备资源、是否使用远程计算机的声音和网络连接速度等，如图 2-5-73 所示。设置好配置信息后，单击"连接"按钮即可远程登录终端服务器的桌面。

步骤四：单击"配置"按钮进入页面，可以针对终端远程程序服务器提供的程序进行相应设置，一般采用默认参数即可，如图 2-5-74 所示。

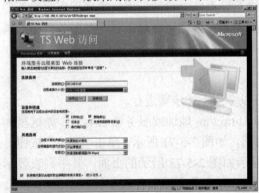

图 2-5-73　远程桌面属性设置

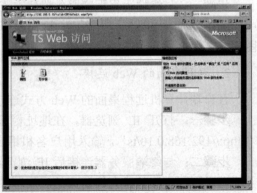

图 2-5-74　远程程序设置

步骤六： 在"RemoteApp 程序"页面中双击"画图"程序，则系统会激活终端远程程序服务器中的画图程序，这时就能够像在本地计算机中使用画图程序一样随意涂鸦，如图 2-5-75 所示。

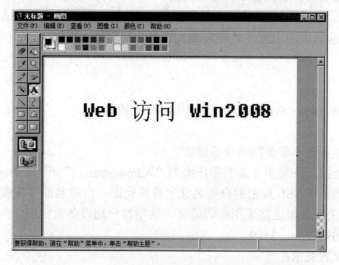

图 2-5-75　在终端远程程序服务器中运行画图程序

上面两种方式运行的画图程序均为终端远程程序服务器中的画图程序，而非运行的本地的画图程序。

课题小结

本课题主要讲述了远程桌面连接管理、终端服务远程管理，以及终端服务远程程序和终端服务网页访问。通过本课题的学习，读者应了解远程桌面的概念和优点；掌握如何配置远程桌面连接服务器断端、客户端，以及终端服务的"远程桌面"连接；了解终端服务网关和远程管理基于 Windows Server 的计算机；掌握如何安装终端服务，如何创建和安装签名证书；了解终端服务远程程序和远程桌面的 Web 连接的基本知识；掌握如何安装终端服务远程程序，如何创建远程应用程序，如何设置终端服务远程程序用户，以及如何使用终端远程程序。

课后练习

一、思考题

1．什么是 Windows Server 的终端服务？它有什么作用？
2．简述终端服务网关的作用。
3．如何安装终端服务器？
4．如何进行终端服务器的授权？
5．如何安装终端服务的客户端？
6．什么是远程桌面协议？它有什么作用？

7. 如何启用服务器上远程桌面的功能？

8. 试分析远程桌面和远程协助连接到远程计算机桌面环境的区别。

9. 什么是终端服务远程程序？它有什么作用？

10. 什么是远程桌面 Web 连接？使用远程桌面 Web 连接能带来什么好处？

11. 如何创建远程应用程序？客户端又如何访问远程应用程序？

二、实践题

1. 将一台 Windows Server 2008 配置成终端服务器。

要求：

（1）终端服务器不需要网络身份验证。

（2）允许连接此终端服务器的用户组为 "Administrators" 和 "Group1"。

（3）服务器采用 SSL 加密的自签名证书身份验证，自签名证书在服务器创建。

（4）TS 网关服务器连接采用密码验证，禁用客户端设备重定向。

（5）使用的端口为：3389。

2. 客户端配置要求：

（1）安装自签名证书。

（2）配置远程桌面连接程序，使客户端能够连接到终端服务器，在连接过程如果身份验证失败则发出警告。

3. 请按照下面的配置要求来配置远程桌面。

（1）服务器端启用远程桌面，并考虑兼容 Windows XP 等以前版本的远程桌面连接，可以采用用户 "user1" 和 "user2" 连接到该计算机。

（2）客户端的远程桌面连接程序配置要求如下：连接到远程计算机后可以使用本地驱动器和打印机，根据当前采用的网络结构来优化远程网络连接所使用的连接方式。"远程桌面" 会话中的声音文件，只在远程计算机上进行播放。保存这些配置以便下次按此配置连接远程计算机桌面。

（3）客户端如采用 Windows Server 2008，则配置采用终端服务中的远程桌面来连接到远程计算机。

4. 把 Windows Server 2008 上的 WinRar 软件配置成远程终端应用程序，使客户机可以使用这个远程应用程序。

模块三 网络服务器架设

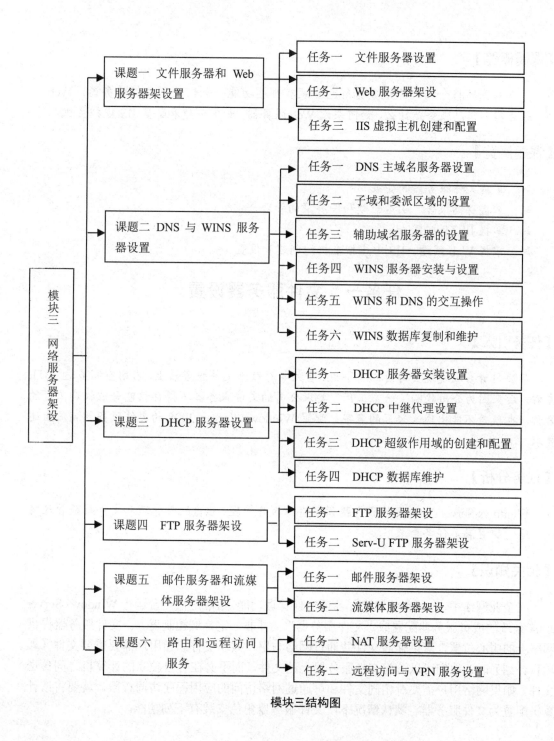

模块三
网络服务器架设

课题一 文件服务器和 Web
服务器架设置
- 任务一 文件服务器设置
- 任务二 Web 服务器架设
- 任务三 IIS 虚拟主机创建和配置

课题二 DNS 与 WINS 服务
器设置
- 任务一 DNS 主域名服务器设置
- 任务二 子域和委派区域的设置
- 任务三 辅助域名服务器的设置
- 任务四 WINS 服务器安装与设置
- 任务五 WINS 和 DNS 的交互操作
- 任务六 WINS 数据库复制和维护

课题三 DHCP 服务器设置
- 任务一 DHCP 服务器安装设置
- 任务二 DHCP 中继代理设置
- 任务三 DHCP 超级作用域的创建和配置
- 任务四 DHCP 数据库维护

课题四 FTP 服务器架设
- 任务一 FTP 服务器架设
- 任务二 Serv-U FTP 服务器架设

课题五 邮件服务器和流媒
体服务器架设
- 任务一 邮件服务器架设
- 任务二 流媒体服务器架设

课题六 路由和远程访问
服务
- 任务一 NAT 服务器设置
- 任务二 远程访问与 VPN 服务设置

模块三结构图

课题一 文件服务器和 Web 服务器设置

【课题概览】

本课题将介绍文件服务器角色安装有哪些功能，如何设置文件服务器；Web服务器和信息服务是什么，如何架设 Web 服务器；如何创建和配置 IIS 虚拟主机。

【课题概览】

> ➢ 掌握文件服务器的安装
> ➢ 掌握存储报告、磁盘配额和件屏蔽的管理
> ➢ 掌握 IIS7.0 安装
> ➢ 掌握 Web 网站、IIS 中虚拟主机的创建和设置

任务一 文件服务器设置

【任务引入】

某公司曾多次发现公司员工将小说、音频等存放于文件服务器上，占用空间多达 20TB 左右。后来因为公司收购了一家工厂，要求公司的文件服务器不得存放包含被收购工厂的名称，也就是不能出现××厂的名字。配置 Windows Server 2008 的文件服务器满足上述要求。

【任务分析】

Windows Server 2008 文件服务提供了存储报告管理、磁盘配额管理和文件屏蔽管理功能，通过配置满足任务要求。

【相关知识】

在企业网络中，为了有效地进行各项文件管理功能，通常是把一台运行 Windows Server 2008 系统的成员服务器配置成"文件服务器"（并非一定是域控制器）。文件服务器提供网络上的中心位置，可供存储文件并通过网络与用户共享文件。当用户需要重要文件（如项目计划）时，他们可以访问文件服务器上的文件，而不必在各自独立的计算机之间传送文件。如果网络用户需要对相同文件和可通过网络访问的应用程序访问权限，就要将该计算机配置为文件服务器。默认情况下，文件服务器角色安装有下列功能：

1. 文件服务器管理

文件服务器管理控制台为管理文件服务器提供集中的工具。使用文件服务器管理，可以创建和管理共享，设置配额限制，创建存储利用情况报告，将数据复制到文件服务器和从文件服务器中复制数据，管理存储区域网络（SAN），以及与 UNIX 和 Macintosh 系统共享文件。

2. 存储报告

使用存储报告，可以分析服务器上的磁盘空间是如何使用的。例如，可以生成识别重复文件的按需或计划报告，然后删除这些复制文件以便回收磁盘空间。

3. 配额和文件屏蔽

使用配额，可以限制卷或文件夹容量的大小。可以将 Windows 配置为在达到配额限制时通知用户。使用文件屏蔽，可以防止某些类型的文件被保存到文件夹或卷。文件屏蔽有助于确保用户不在服务器上保存某些可能导致用户违反知识产权法的非关键性数据和文件。

4. DFS 管理

使用"DFS 管理"管理单元，可以管理从分支机构中的服务器到集线器数据中心中的服务器的数据复制。这样，数据可以被集中备份，而不必在分支机构备份数据。使用"DFS 管理"管理单元，还可以对位于不同服务器上的共享文件夹进行分组并将其作为虚拟文件夹树（称为"名称空间"）提供给用户。名称空间可以提供很多好处，包括提高数据的可用性、分担负载和简化数据迁移。

【任务实施】

一、文件服务器的安装

步骤一：单击"开始"菜单中"程序"下的"管理工具"中的"服务器管理"菜单项，打开"服务器管理器"窗口，在左侧的"角色"上击右键，在弹出的快捷菜单中选取"添加角色"选项，如图 3-1-1 所示。

步骤二：在弹开的向导对话框中，单击"下一步"按钮。在如图 3-1-2 的所示的"选择服务器"对话框中，勾选"文件服务"复选框，单击"下一步"按钮。

步骤三：在弹开的 "文件服务器"简介对话框中，单击"下一步"按钮。

步骤四：在弹出的 "选择角色服务"对话框中，选择要添加的的不同角色，单击"下一步"按钮。

步骤五：在弹出的"确认安装选择"对话框中单击"安装"按钮，进行安装。在完成对话框中，单击"关闭"按钮，返回到"服务器管理器"窗口，可以看到已经安装的文件服务角色。

步骤六：在"服务器管理"的"角色管理"中打开"文件服务"中的"选择添加角色服务"如图 3-1-3 所示。

步骤七：单击右侧的"添加角色"进入如图 3-1-4 所示的"选择角色服务"对话框，

选择"文件服务器资源管理器",单击"下一步"按钮。

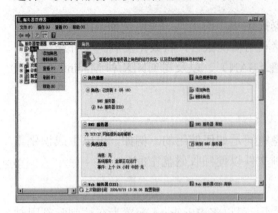

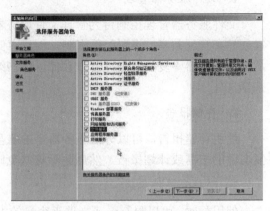

图 3-1-1 "服务器管理器"窗口

图 3-1-2 "选择服务器"对话框

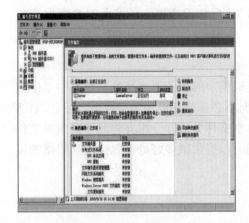

图 3-1-3 设置了共享文件夹后的"服务管理器窗口"　　图 3-1-4 "选择角色服务"对话框

步骤八: 在弹开的如图 3-1-5 所示的"配置存储使用情况监视"对话框中单击"下一步"按钮。

步骤九: 在弹开的如图 3-1-6 所示的"设置报告选项"对话框中单击"下一步"按钮。

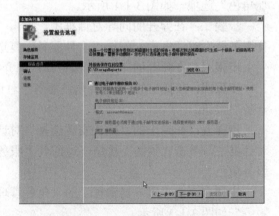

图 3-1-5 "配置存使用储情况监视"对话框　　图 3-1-6 "设置报告选项"对话框

步骤十：进入"确认安装"对话框，单击"安装"按钮，在经过一段时间的安装以后，在"安装结果"对话框中，单击"关闭"按钮。

二、存储报告管理

文件服务器资源管理器可以生成存储报告，帮助用户了解存储服务器上文件的使用情况。可以使用存储报告监视磁盘使用模式（根据文件类型或用户）、标识重复文件和休眠的文件、跟踪配额使用情况以及审核文件屏蔽。

在文件服务器资源管理器的"存储报告管理"节点上，可以执行下列任务：

➢　安排定期的存储报告，以便发现磁盘使用量的趋势。

➢　监视所有用户或所选用户组保存未经授权的文件。

➢　立即生成存储报告。

例如，可以安排在每个星期日午夜运行报告，生成包含自前两天以来最近访问的文件的列表，借助这些信息，可以监视周末的存储活动并规划服务器的停机时间，以便对周末从家中连接的用户造成较小的影响；在任意时间运行报告，以便在服务器上的卷中识别所有重复的文件，从而可以快速回收磁盘空间，又不会丢失任何数据；运行"按文件组分类的文件"报告，以便确定存储资源如何在不同的文件组之间划分；运行"按所有者分类的文件"报告，以便分析各个用户如何使用共享的存储资源。用户可以参照如下的步骤进行存储报告管理。

1. 计划一组的报告

若要定期生成一组报告，应计划"报告任务"。计划报告将被保存在默认位置，可以在"文件服务器资源管理器选项"对话框中指定该位置，还可以选择通过电子邮件将报告传递给一组管理员。

步骤一：单击"开始"中的"管理工具"下面的"文件服务器资源管理器"选项，弹开如图 3-1-7 所示的窗口。

步骤二：右键单击"存储报告管理"，然后单击"计划新的报告任务"（或从"操作"窗格中选择"计划新的报告任务"）。打开如图 3-1-8 所示"存储报告任务属性"对话框。

图 3-1-7　文件服务器资源管理器窗口

图 3-1-8　"存储报告任务属性"对话框

步骤三：单击"作用域"右侧"添加"按钮，将弹开"浏览文件夹"对话框，如图 3-1-9

所示,选择用于生成报告的卷或文件夹,选择该卷或文件夹,然后单击"确定"以将相应的路径添加到列表中。

步骤四:单击"报告数据"右侧的"编辑参数"按钮,弹开如 3-1-10 所示的"报告参数"对话框,在其中可以设置"上次访问以来的最小天数"及与"文件名样式匹配的文件";单击"确定"回到"报告参数"对话框中。

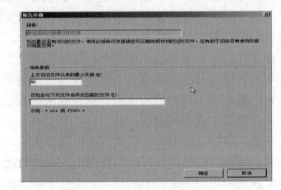

图 3-1-9 "浏览文件夹"对话框   图 3-1-10 "报告参数"对话框

步骤五:单击"执行数据"下面的"查看所有报告"按钮,将弹出 "查看所有报告"对话框,可以查看所有的报告类型。

步骤六:在图 3-1-8 的对话框的下面"报告格式"下,为计划报告选择一种或多种格式。默认情况下,报告以动态 HTML(DHTML) 格式生成;还可以选择 HTML、XML、CSV 和文本格式。

步骤七:在图 3-1-8 的对话框里,单击"发送"选项卡,选中"将报告发送至下列管理员"复选框,然后输入将接收报告的管理员的邮件地址,如"用户名@主机号",并使用分号分隔多个帐户。如图 3-1-11 所示。

步骤八:在图 3-1-16 的对话框里,单击"计划"选项卡,弹开如图 3-1-12 所示的对框,在"计划"选项卡上,单击"创建计划",然后在"计划"对话框中,单击"新建"。此操作将在每天上午 9:00 显示默认计划设置,也可以修改默认计划。

图 3-1-11 "发送"选项卡   图 3-1-12 "计划"选项卡

步骤九：回到"文件管理器资源管理器"窗口，就可以看到已经配置好的计划。

为了使报告处理对性能的影响最小，应在同一个计划中生成多个报告，以便数据只收集一次。若要快速将报告添加到现有报告任务，可以使用"为报告任务添加或删除报告"操作。通过该操作可以在多个报告任务中添加或删除报告，还可以编辑报告参数。若要更改计划或传递地址，必须分别编辑各个报告任务。

2. 按需要生成报告

在日常操作中，您可以使用"立即生成报告"按需求生成一个或多个报告。可以使用这些报告来分析服务器上当前磁盘使用量的不同方面。在生成报告之前，需要收集当前的数据。

按需求生成报告时，报告保存在"文件服务器资源管理器选项"对话框中指定的默认位置，但是不会创建任何报告任务供以后使用。报告生成后即可立即查看，或通过电子邮件将报告发送给一组管理员。

单击"开始"中的"管理工具"下面的"文件服务器资源管理器"选项。右键单击"存储报告管理"，然后单击"立即生成报告"（或从"操作"窗格中选择"立即生成报告"。）此操作将打开"存储报告任务属性"对话框，如图 3-1-13 所示。

图 3-1-13 "存储报告任务属性"对话框

该对话框和图 3-1-8 类似，只是少了"计划"选项卡，其他的设置可以参照上面的步骤完成。

三、磁盘配额管理

在文件服务器资源管理器的"配额管理"节点上，可以执行下列任务：
- 通过创建配额来限制允许卷或文件夹使用的空间，并在接近或达到配额限制时生成通知。
- 生成应用于卷或文件夹中所有现有子文件夹以及将来创建的任何子文件夹的自动应用配额。
- 定义可以很容易应用于新的卷或文件夹然后可以在整个组织中使用的配额模板。

例如，可以对用户的个人服务器文件夹设置 200 MB 的限制，并在超过 180 MB 存储空间时通知您和用户；对组的共享文件夹设置灵活的 500 MB 配额。达到此存储限制时，将通过电子邮件通知组中的所有用户，存储配额已临时扩展到 520 MB，以便用户可以删除不必要的文件并符合预设的 500 MB 配额策略；临时文件夹达到 2 GB 时接收通知，然而不对该文件夹的配额设置任何限制，因为这是服务器上运行的服务所需。

1. 创建配额

配额可以通过模板创建，也可以使用自定义属性创建。以下过程说明如何创建基于模板的配额（推荐）。如果需要使用自定义属性来创建配额，则可以将这些属性另存为模板，以备日后重复使用。

创建配额时，可以选择配额路径，即存储限制应用的卷或文件夹。在给定的配额路径中，可以使用模板来创建以下类型的配额之一：

➢ 用于限制整个卷或文件夹的空间的单一配额。
➢ 自动应用配额，用于将配额模板分配给文件夹或卷。系统将自动生成基于此模板的配额，并将其应用于所有的子文件夹。

要创建基于模板的配额可参照如下步骤完成。

步骤一： 打开"文件服务器资源管理器"窗口，在左侧窗格的"配额"上右击鼠标，在弹开的快捷菜单中选择"创建配额"选项，如图 3-1-14 所示。

步骤二： 在弹开的"创建配额"对话框中输入或浏览到该配额将应用到的文件夹，单击"在路径中创建配额"选项。请注意，配额属性将应用于整个文件夹，如图 3-1-15 所示，单击"创建"按钮，即可创建基于模板的配额。

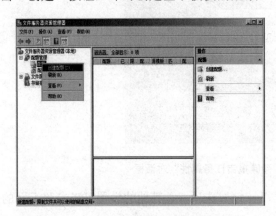
图 3-1-14 "文件服务器资源管理器"窗口

图 3-1-15 "创建配额"对话框

2. 创建自动应用配额

通过使用自动应用配额，可以将配额模板分配给父卷或父文件夹。随后，文件服务器资源管理器将自动生成基于该模板的配额。对于每个现有的子文件夹和将来创建的子文件夹，都会生成配额。

例如，可按需求为漫游配置文件用户或新用户创建的子文件夹定义自动应用配额。每次创建子文件夹时，系统都会使用父文件夹中的模板自动生成新配额项。然后，可以在"配额"节点下作为单独的配额查看这些自动生成的配额项。每个配额项均可单独进行维护。

要创建自动应用配额和创建配额操作基本类似，只要在图 3-1-15 所示中的"配额路径"下，键入将应用配额配置文件的父文件夹的名称或浏览到对应的父文件夹。该自动应用配额将应用于此文件夹中的每个子文件夹（当前和以后的子文件夹）。单击"在现有子文件夹和新的子文件夹中自动应用模板并创建配额"。在"从此配额模板派生属性"下，从下拉列表中选择要应用的配额模板，即可创建自动应用配额。请注意，每个模板的属性均显示在"配额属性的摘要"下。

3．创建配额模板

配额模板定义空间限制、配额类型（硬配额或软配额）以及在配额使用率达到已定义的阈值级别时自动生成的一组通知（可选）。

如果完全通过模板创建配额，可以通过更新模板来集中管理配额，而不必复制每个配额中的更改。此功能通过提供一个可进行所有更新的中心点，简化存储策略更改的实现。

要创建配额模板可参照如下步骤完成。

步骤一：打开"文件服务器资源管理器"窗口，在左侧窗格的"配额模板"上右击鼠标，在弹开的快捷菜单中选择"创建配额模板"选项，如图 3-1-16 所示。

步骤二：如果要复制用作新模板基础的现有模板的属性，请从"从配额模板复制属性"下拉列表中选择一个模板。然后单击"复制"，最终结果显示在如图 3-1-17 对话框中。

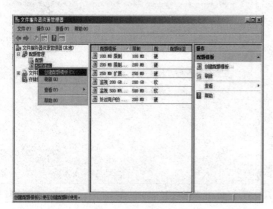

图 3-1-16　"文件服务器资源管理器"窗口

图 3-1-17　"创建配额模板"对话框

步骤三：无论选择使用现有模板的属性，还是创建新模板，都应修改或设置"设置"选项卡上的以下值。

（1）在"模板名"文本框中，输入新模板的名称。

（2）在"标签"文本框中，输入将出现在从模板派生的任何配额旁边的可选的描述性标签。

在"空间限制"下：

（1）在"限制"文本框中，输入一个数字或选择一个单位（KB、MB、GB 或 TB）以指定配额的空间限制。

（2）单击"硬配额"或"软配额"选项（硬配额在达到空间限制后禁止用户保存文件，并在数据量达到每个配置的阈值时生成通知；软配额不强制实施配额限制，但是生成所有配置的通知）。

步骤四：设置完成以后单击"确定"按钮退出。

4. 设置可选的通知阈值

当卷或文件夹中的存储达到定义的阈值级别时，文件服务器资源管理器会向管理员或特定用户发送电子邮件、记录事件、执行命令或脚本，或者生成报告。可以为每个阈值配置多种类型的通知，而且可以为任何配额（或配额模板）定义多个阈值。默认情况下不生成通知。

例如，可以配置阈值，将电子邮件发送给想要了解文件夹何时达到其配额限制的 85% 的管理员和用户，然后在达到配额限制时发送另一个通知。此外，可能还希望运行一个脚本，在达到阈值时使用 dirquota.exe 命令自动提升配额限制。

想要在配置达到配额阈值时文件服务器资源管理器自动生成通知，应按如下步骤完成：

步骤一：在如图 3-1-17 所示的"创建配额模板"对话框的"通知阈值"下，单击"添加"。此时将出现"添加阈值"对话框，如图 3-1-18 所示。

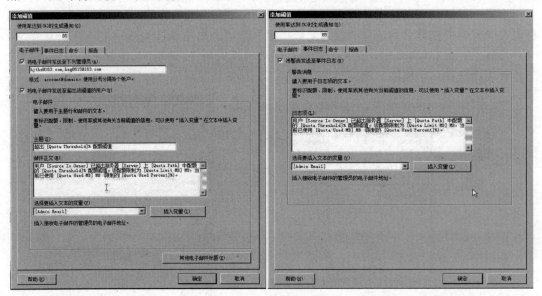

图 3-1-18 "添加阈值"对话框　　　　图 3-1-19　"事件日志"对话框

步骤二：设置将生成通知的配额限制百分比。

在"在使用率达到（%）时生成通知"文本框中，输入通知阈值的配额限制的百分比（第一个通知阈值的默认百分比为 85%）。

步骤三：配置电子邮件通知。

在"电子邮件"选项卡中，设置以下选项：

（1）若要在达到阈值时通知管理员，请选中"将电子邮件发送至下列管理员"复选框，然后输入将接收通知的管理帐户的名称。使用"用户名@主机号"的格式，并使用分号分隔多个帐户。

（2）若要向保存了达到配额阈值的文件的用户发送电子邮件，请选中"将电子邮件发送至超出该阈值的用户"复选框。

（3）若要配置邮件，请编辑提供默认主题行和消息正文。方括号中的文本插入有关引发通知的配额事件的变量信息。

例如，[Source Io Owner] 变量插入保存达到配额阈值的文件的用户的名称。若要在文本中插入其他变量，请单击"插入变量"。

（4）若要配置其他标题（包括"发件人"、"抄送"、"密件抄送"和"回复"），请单击"其他电子邮件标题"。

步骤四： 在"事件日志"选项卡上单击，弹开如图 3-1-19 所示的对话框，选中"将警告发送至事件日志"复选框，并编辑默认日志项。

步骤五： 在"命令"选项卡上单击，弹开如图 3-1-20 所示的对话框，选中"运行该命令或脚本"复选框。然后键入命令，或单击"浏览"以搜索存储脚本的位置。还可以输入命令参数、为命令或脚本选择工作目录或修改命令安全设置。

步骤六： 在"报告"选项卡中，选中"生成报告"复选框，弹开如图 3-1-21 所示的"报告"对话框。然后选择要生成的报告。（可以为报告选择一个或多个管理电子邮件收件人，或者通过电子邮件将报告发送给达到阈值的用户）。

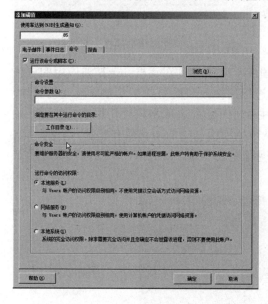

图 3-1-20　"命令"对话框

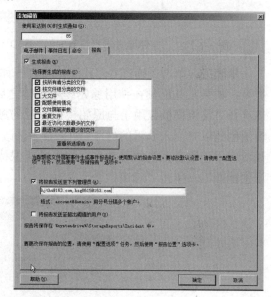

图 3-1-21　"报告"对话框

报告将被保存在事件报告的默认位置，您可以在"文件服务器资源管理器选项"对话框中修改该位置。单击"确定"保存通知阈值。如果要为配额模板配置其他通知阈值，请重复上述步骤。

5. 编辑配额模板属性

当卷或文件夹中的存储达到定义的阈值级别时，文件服务器资源管理器会向管理员或特定用户发送电子邮件、记录事件、执行命令或脚本，或者生成报告。可以为每个阈值配置多种类型的通知，而且可以为任何配额（或配额模板）定义多个阈值。默认情况下不生成通知。可以参照如下的步骤编辑配额模板属性：

步骤一： 在"配额模板"中，选择要修改的模板如图 3-1-22 所示。右键单击该配额模板，然后单击"编辑模板属性"（或在"操作"窗格中的"所选配额模板"下，选择"编辑模板属性"）。此操作将打开"配额模板属性"对话框。

　　步骤二：在如图 3-1-23 所示的"配额模板属性"对话框中执行所有必要的更改。设置和通知选项与用户在创建配额模板时设置的内容相同。另外，可以复制其他模板的属性，并为此模板修改这些属性。

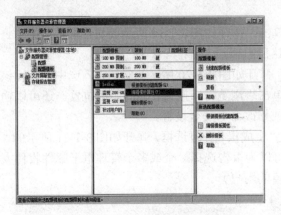

图 3-1-22　"文件服务器资源管理器"窗口　　　图 3-1-23　"配额模板属性"对话框

　　步骤三：单击"确定"。此操作将打开如图 3-1-24 所示的对话框。选择要应用的更新类型：如果某些配额在使用原始模板创建之后进行过修改，而用户不希望更改这些配额，请选择"仅将模板应用于与原始模板匹配的派生配额"。此选项将只更新那些自使用原始模板创建以来尚未编辑的配额；如果希望修改从原始模板创建的所有现有配额，请选择"将模板应用于所有派生的配额"；如果希望保持现有配额不变，请选择"不要将模板应用于派生配额"。单击"确定"。

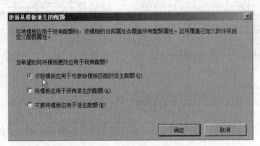

图 3-1-24　"更新从模板派生的配额"对话框

　　6. 编辑自动应用配额属性

　　在更改自动应用配额时，可以选择将这些更改扩展到自动应用配额路径中现有的配额上。可以选择只修改那些仍与原始自动应用配额匹配的配额或自动应用配额路径中的所有配额，无论自创建以来是否对配额进行过任何修改都是如此。此功能通过提供一个可进行所有更改的中心点，简化了更新从自动应用配额派生的配额属性的过程。

　　可以参照如下的步骤编辑自动应用配额属性：

　　步骤一：在"配额"中，选择要修改的自动应用配额。可以筛选配额，以仅显示自动应用配额。右键单击该配额项，然后单击"编辑配额属性"（或在"操作"窗格中的"所选配额"下，选择"编辑配额属性"），如图 3-1-25 所示。

步骤二： 在弹开的如图 3-1-26 所示的"编辑自动应用配额"对话框中，在"从此配额模板派生属性"下，选择要应用的配额模板。可以在摘要列表框中审阅每个配额模板的属性。

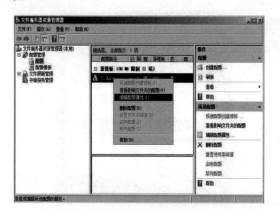

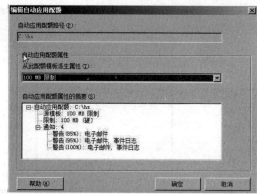

图 3-1-25 "文件服务器资源管理器"窗口 　　图 3-1-26 "编辑自动应用配额"对话框

步骤三： 单击"确定"。此操作将打开如图 3-1-24 所示的"更新从自动应用配额派生的配额"对话框，具体设置要求如前所述。

四、文件屏蔽管理

在文件服务器资源管理器的"文件屏蔽管理"节点上，可以执行下列任务：通过创建文件屏蔽来控制用户可以保存的文件类型，并在用户尝试保存未经授权的文件时生成通知。定义可以应用于新的卷或文件夹，以及可以在整个组织中使用的文件屏蔽模板。创建增强文件屏蔽规则灵活性的文件屏蔽例外。

例如，在确保服务器上的个人文件夹中未存储任何音乐文件的条件下，还可以允许存储支持法律权限管理或符合公司策略的特定媒体文件类型。在该情况下，可能需要为公司的相关主管授予在个人文件夹中存储任何文件类型的特殊权限。

执行屏蔽进程，在共享文件夹中存储可执行文件时通过电子邮件通知用户，其中包含存储文件的用户和文件的准确位置等信息，以使用户可以采取相应的预防措施。

1. 定义要屏蔽的文件组

文件组主要为文件屏蔽、文件屏蔽例外或"按文件组分类的文件"存储报告定义命名空间。它包含一组按以下条件分组的文件名模式：要包含的文件为属于该组的文件；要排除的文件为不属于该组的文件

但为方便起见，可以在编辑文件屏蔽、文件屏蔽例外、文件屏蔽模板和"按文件组分类的文件"报告属性的同时创建和编辑文件组。从这些属性表所作的任何文件组更改不仅限于用户当前处理的项目。

步骤一： 在"文件屏蔽管理"中，单击"文件组"节点。在"操作"窗格中，单击"创建文件组"。或者，在编辑文件屏蔽、文件屏蔽例外、文件屏蔽模板或"按文件组分类的文件"报告的属性的同时，在"维护文件组"下单击"创建"。如图 3-1-27 所示。

步骤二： 在如图 3-1-28 所示"创建文件组属性"对话框中，键入文件组的名称。添加

要包含的文件和要排除的文件。对于要包含在文件组中的每组文件，在"要包含的文件"框中输入文件名模式，然后单击"添加"；对于要从文件组中排除的每组文件，在"要排除的文件"框中键入文件名模式，然后单击"添加"。

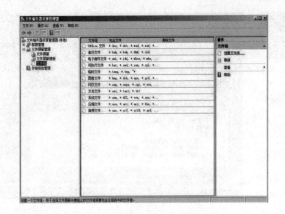

图 3-1-27 "文件屏蔽管理"窗口　　　　　图 3-1-28 "创建文件组属性"对话框

请注意，将应用标准的通配符规则，例如"*.exe"用于选择所有的可执行文件。单击"确定"按钮，完成。

2. 创建文件屏蔽

在创建新的文件屏蔽时，可以选择根据所定义的自定义文件屏蔽属性来保存文件屏蔽模板。这样做的好处是在文件屏蔽与用于创建文件屏蔽的模板之间生成一个链接，从而以后对模板的更改可以应用于从该模板派生的所有文件屏蔽。此功能通过提供一个可进行所有更新的中心点，简化存储策略更改的实现。

步骤一： 在"文件屏蔽管理"中，单击"文件屏蔽"节点。右键单击"文件屏蔽"，然后单击"创建文件屏蔽"（或从"操作"窗格中选择"创建文件屏蔽"）。如图 3-1-29 所示。

步骤二： 在弹开的如图 3-1-30 所示的"创建文件屏蔽"对话框中。在"文件屏蔽路径"下，键入将应用文件屏蔽的文件夹的名称或浏览到将应用文件屏蔽的文件夹。该文件屏蔽将应用于所选文件夹及其所有子文件夹。

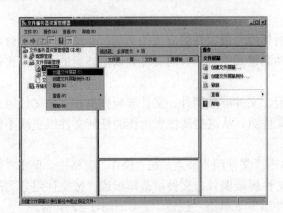

图 3-1-29 "文件屏蔽管理器"窗口　　　　　图 3-1-30 "创建文件屏蔽"对话框

步骤三：在"您希望如何配置文件屏蔽属性"下，单击"定义自定义文件屏蔽属性"，然后单击"自定义属性"。此操作将打开如图 3-1-31 所示的"文件屏蔽属性"对话框。如果要复制用作文件屏蔽基础的现有模板的属性，需在"从模板中复制属性"的下拉列表中选择一个模板。然后单击"复制"。在"文件屏蔽属性"对话框中，修改或设置"设置"选项卡上的以下值，即在"屏蔽类型"下，单击"主动屏蔽"或"被动屏蔽"选项。

"主动屏蔽"禁止用户保存属于被阻止文件组成员的文件，并在用户尝试保存未经授权的文件时生成通知。

"被动屏蔽"发送已配置的通知，但是不会禁止用户保存文件。

在"文件组"下，选择要在文件屏蔽中包括的每个文件组（若要选中文件组的复选框，请双击文件组标签）。若要查看文件组包括和排除的文件类型，请单击该文件组标签，然后单击"编辑"；若要创建新的文件组，请单击"创建"，将弹开如图 3-1-28 所示的对话框，设置如前所述

步骤四：通过设置"电子邮件"、"事件日志"、"命令"和"报告"选项卡上的选项来配置"文件服务器资源管理器"，以便生成一个或多个通知。有关文件屏蔽通知选项的详细信息，请参阅创建文件屏蔽模板。选择要使用的所有文件屏蔽属性后，请单击"确定"以关闭"文件屏蔽属性"对话框。

3. 创建文件屏蔽例外

有时，需要您允许文件屏蔽的例外。例如，可能需要阻止文件服务器中的视频文件，但是需要允许培训小组保存视频文件，供基于计算机的培训使用。若要允许其他文件屏蔽阻止的文件，需创建文件屏蔽例外。文件屏蔽例外是一种特殊的文件屏蔽类型，覆盖任何将应用于指定例外路径中的文件夹及其所有子文件夹的文件屏蔽，即为任何从父文件夹派生的规则例外。但无法在已定义文件屏蔽的父文件夹中创建文件屏蔽例外，必须为子文件夹指定例外，或更改现有的文件屏蔽。

步骤一：在"文件屏蔽管理"中，单击"文件屏蔽"节点。右键单击"文件屏蔽"，然后单击"创建文件屏蔽例外"（或从"操作"窗格中选择"创建文件屏蔽例外"）。如图 3-1-32 所示。

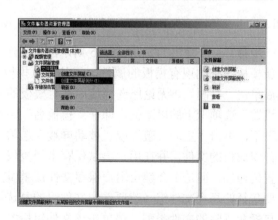

图 3-1-31　"文件屏蔽属性"对话框　　　　图 3-1-32　"文件屏蔽管理器"窗口

步骤二：在弹开的如图 3-1-33 所示"创建文件屏蔽例外"对话框，在"例外路径"文

本框中，键入或选择例外将应用于的路径。例外将应用于所选文件夹及其所有子文件夹。指定要从文件屏蔽中排除的文件，即在"文件组"下，选择要从文件屏蔽中排除的每个文件组（若要选中文件组的复选框，请双击文件组标签）。若要查看文件组包括和排除的文件类型，请单击该文件组标签，然后单击"编辑"；若要创建新的文件组，请单击"创建"。具体操作和"创建文件屏蔽"类似，单击"确定"完成设置。

4. 创建文件屏蔽模板

"文件屏蔽模板"定义要屏蔽的一组文件组、要执行的屏蔽类型（主动或被动）以及当用户保存或试图保存未经授权的文件时自动生成的一组通知（可选）。文件服务器资源管理器会向管理员或特定用户发送电子邮件、记录事件、执行命令或脚本，或者生成报告。您可以为文件屏蔽事件配置多种类型的通知。如果完全通过模板创建文件屏蔽，可以通过更新模板来集中管理文件屏蔽，而不必复制每个文件屏蔽中的更改。此功能通过提供一个可进行所有更新的中心点，简化存储策略更改的实现。

步骤一：在"文件屏蔽管理"中，单击"文件屏蔽模板"节点。右键单击"文件屏蔽模板"，然后单击"创建文件屏蔽模板"（或从"操作"窗格中选择"创建文件屏蔽模板"）。如图 3-1-34 所示。

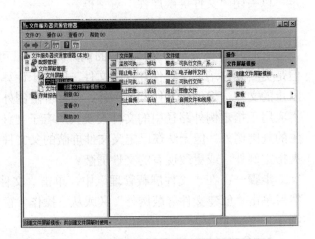

图 3-1-33 "创建文件屏蔽例外"对话框　　　图 3-1-34 "文件屏蔽管理器"窗口

步骤二：在弹出的如图 3-1-35 所示的"创建文件屏蔽模板"对话框中，如果要复制用作新模板基础的现有模板的属性，需从"从模板中复制属性"下拉列表中选择一个模板。然后单击"复制"。无论您选择使用现有模板的属性，还是创建新模板，都应修改或设置"设置"选项卡上的以下值，即在"模板名"文本框中，输入新模板的名称。在"屏蔽类型"下，单击"主动屏蔽"或"被动屏蔽"选项（"主动屏蔽"禁止用户保存属于被阻止文件组成员的文件，并在用户尝试保存未经授权的文件时生成通知；"被动屏蔽"发送已配置的通知，但是不会禁止用户保存文件)。指定要屏蔽的文件组，即在"文件组"下，选择要包括的每个文件组（若要选中文件组的复选框，请双击文件组标签）。若要查看文件组包括和排除的文件类型，请单击该文件组标签，然后单击"编辑"；若要创建新的文件组，请单击"创建"。

步骤三：在弹出的如图 3-1-36 所示的"创建文件组属性"对话框中，可以进行相关设置，具体设置方法和前面类似。

 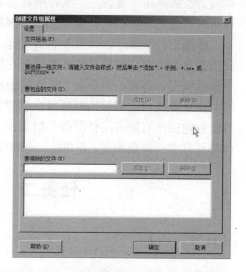

图 3-1-35 "创建文件屏蔽模板"对话框　　　图 3-1-36 "创建文件组属性"对话框

此外，还可以配置相关的"电子邮件"、事件日志"、"命令"、"报告"等相关内容，这些内容的配置具体方法和前面类似，在此不一一叙述。

5. 编辑文件屏蔽模板属性

在更改文件屏蔽模板时，可以选择将这些更改扩展到使用原始文件屏蔽模板创建的文件屏蔽上。可以选择只修改那些仍与原始模板匹配的文件屏蔽或从原始模板派生的所有文件屏蔽，无论自创建以来是否对文件屏蔽进行过任何修改都是如此。此功能通过提供一个可进行所有更改的中心点，简化了更新文件屏蔽属性的过程。但如果将更改应用于从原始模板派生的所有文件屏蔽，将覆盖用户已创建的任何自定义文件屏蔽属性。

步骤一： 在"文件屏蔽模板"中，选择要修改的模板。右键单击该文件屏蔽模板，然后单击"编辑模板属性"（或在"操作"窗格中的"所选文件屏蔽模板"下，选择"编辑模板属性"）。如图 3-1-37 所示。

图 3-1-37 "文件屏蔽管理器"窗口　　　图 3-1-38 "文件屏蔽模板属性"对话框

步骤二： 在弹开的如图 3-1-38 所示的"文件屏蔽模板属性"对话框中，如果要复制用作已修改模板基础的另一个模板的属性，需在"从模板中复制属性"下拉列表中选择一个模板。然后单击"复制"。执行所有必要的更改。设置和通知选项与用户在创建文件屏蔽模板时可用的选项相同。编辑完模板属性之后，请单击"确定"

步骤三：在弹开的如图 3-1-24 所示"更新从模板派生的文件屏蔽"对话框中，选择要应用的更新类型。如果某些文件屏蔽在使用原始模板创建以来进行过修改，而用户不希望更改这些文件屏蔽，需单击"仅将模板应用于与原始模板匹配的派生文件屏蔽"。此选项将只更新那些自使用原始模板属性创建以来尚未编辑的文件屏蔽；如果希望修改使用原始模板创建的所有现有文件屏蔽，需单击"将模板应用于所有派生的文件屏蔽"；如果希望保持现有文件屏蔽不变，需单击"不要将模板应用于派生文件屏蔽"，单击"确定"按钮。

任务二　Web 服务器架设

【任务引入】

某企业在企业网建设时，就已经组织人员制作了一个反映企业生产、销售、售后等全貌的主页，该主页是采用 ASP 脚本程序开发的，数据库平台采用的是 Microsoft SQL Serve，现需要将该主页对外发布。

例如企业的 Web 服务器的主机名是 web.hjths.com，别名是 www.hjths.com，IP 地址是：192.168.4.10，并且已经在域名服务器中作了注册。

【任务分析】

Windows Server 2008 中包含了 IIS 7.0 的 Web 服务器，IIS 7.0 具有模块化设计、分布式配置、安全方面的增强，集成 ASP.NET 等增强的特性，能够满足任务的需求。

【相关知识】

一、Web 服务器简介

World Wide Web，简称 WWW，也叫 Web。通过 Web，互联网上的资源可以比较直观地在一个网页里表现出来，而且在网页上可以互相链接。

Web 是一种超文本信息系统，是一种全局性的信息结构，其主要表现形式是超文本链接，它将文档中的不同部分通过关键字建立链接，使信息得以用交互方式搜索。Internet 采用超文本和超媒体的信息组织方式，将信息的链接扩展到整个 Internet 上。

Web 的一个主要的概念就是超文本链接，它使得文本不再象一本书一样是固定的线性的，而是可以从一个位置跳到另外的位置，从中获取更多的信息。也可以转到别的主题上。如想要了解某一个主题的内容只要在这个主题上点一下，就可以跳转到包含这一主题的文档上。正是因为具备这种多链接性所以把它称为 Web。

二、信息服务（IIS）7.0 简介

Windows Server 2008 是一个集互联网信息服务 7.0（IIS 7.0），ASP.NET，Windows

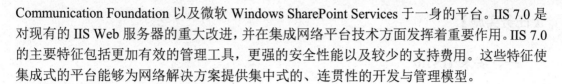

Communication Foundation 以及微软 Windows SharePoint Services 于一身的平台。IIS 7.0 是对现有的 IIS Web 服务器的重大改进，并在集成网络平台技术方面发挥着重要作用。IIS 7.0 的主要特征包括更加有效的管理工具，更强的安全性能以及较少的支持费用。这些特征使集成式的平台能够为网络解决方案提供集中式的、连贯性的开发与管理模型。

1. 模块化设计

IIS7.0 由 40 多个单独的功能模块构成，其中有一半左右的模块是默认安装的，另一半管理员可以根据需要有选择地安装，也可以删除任何选择的功能模块，这样不仅可以通过限制需要管理和更新的功能数量来节省时间，而且由于没有运行不必要的软件而减少 Web 服务器的攻击面，从而提高了安全性。

2. 分布式配置

IIS7.0 在如何存储和访问其他配置数据方面进行了重大改进。IIS7.0 的主要目标之一就是实现 IIS 设置的分布式配置，允许管理员在存储代码和内容的文件中指定 IIS 配置设置。通过在一个文件中指定配置设置，分布式配置允许管理员将所选网站功能或 Web 应用程序的管理权委派给其他人。管理员还可以锁定特定配置设置，以防止其他人对其进行修改。

通过使用分布式配置，在从开发到测试再到最终进行生产的过程中迁移应用程序时，可以将特定网站和应用程序的配置设置从一台计算机复制到另一台。

3. 增强的安全特性

以前版本的安全问题主要集中在有关.NET 程序的有效管理方面，在 IIS7.0 中，ASP.NET 管理设置集成到单个管理工具中，可以在一个窗口中查看和设置认证及授权规则，方便了管理。.NET 应用程序直接通过 IIS 代码运行而不再发送到 Internet Server API 扩展上，减少了可能存在的风险，提升了性能。

4. 集成 ASP.NET

IIS7.0 中 ASP.NET 直接接入 IIS7.0 管道的模块，还能通过一个模块化的请求管道架构来实现丰富的扩展性。这些扩展性模块可以使用 C++代码或.NET 托管代码来编写，而且认证、授权、目录清单支持、ASP、记录日志等功能，都可使用这个公开模块化的管道 API 来实现。

5. 诊断和故障排除

通过内置的诊断和跟踪支持功能，IIS7.0 在对 Web 服务器进行故障排除时比以前更容易，管理员可以监视 Web 服务器并查看详细的实时诊断信息。在进行诊断和故障排除时，开发人员或管理员可以查看在服务器上运行的请求。IIS7.0 还包括新增的运行时状态和控件对象，可提供有关应用程序池、工作进程、站点、应用程序域甚至运行请求的实时状态信息。

【任务实施】

一、安装 IIS7.0

Windows Server 2008 内置的 IIS7.0 在默认情况下并没有安装，因此使用 Windows Server2008 架设 Web 服务器，首先需要参照下述步骤安装 IIS7.0。

步骤一：选择"开始"中的"服务器管理器"命令打开服务器管理器，选择左侧的"角色"一项后，在右侧区域单击"添加角色"链接。

步骤二：在如图 3-1-39 所示的对话框中勾选"Web 服务器（IIS）"复选框。

步骤三：在如图 3-1-40 所示的对话框中对 Web 服务器进行简单介绍，确认之后单击"下一步"按钮继续。

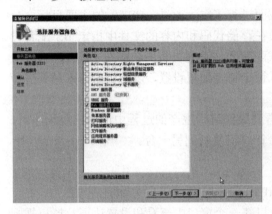
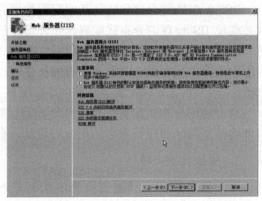

图 3-1-39　勾选"Web 服务器（IIS）"复选框　　图 3-1-40　Web 服务器简介

步骤四：在如图 3-1-41 所示的对话框中可以选择 Web 服务器中的角色服务组件，一般采用默认选择即可，如果有特殊要求则可以根据实际情况进行选择。

步骤五：如图 3-1-42 所示为 Web 服务器安装的详细信息，确认安装这些信息后单击下部的"安装"按钮。

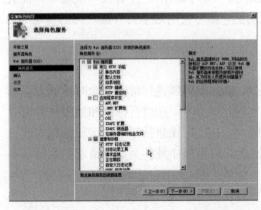
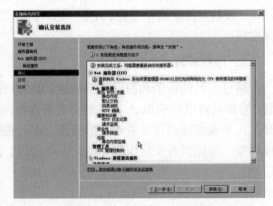

图 3-1-41　选择 Web 服务器安装的角色服务　　图 3-1-42　Web 服务器安装信息

步骤六：安装 Web 服务器之后，在如图 3-1-43 所示的对话框中可以看到 Web 服务器安装完成的提示，此时单击"关闭"按钮退出添加角色向导。

完成上述操作之后，依次选择"开始"中的"管理工具"中的"Internet 信息服务管理器"命令，打开 Internet 信息服务管理器窗口，可以发现 IIS7.0 的界面和以前版本有了很大的区别，如图 3-1-44 所示。

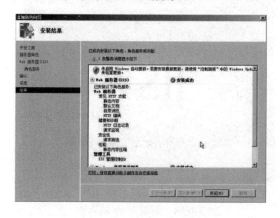

图 3-1-43　退出添加角色向导

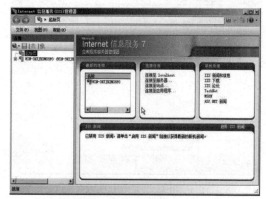

图 3-1-44　IIS7.0 界面

二、在 IIS7.0 中创建网站

在 Windows Server 2008 中安装 IIS7.0 之后还不能马上正常使用 Web 服务器，还要参照下述步骤对 IIS7.0 中的 WWW 服务进行相关的设置。

步骤一：选择"开始"中的"管理工具"中的"Internet 信息服务（IIS）管理器"命令激活 IIS 管理器窗口。

步骤二：在 Internet 信息服务窗口左部区域中选取"网站"单击鼠标右键，在弹出的快捷菜单里选择"添加网站"命令开始创建一个 Web 站点。如图 3-1-45 所示。

步骤三：在如图 3-1-46 所示的对话框中设置 Web 站点的相关参数。设置网站名称、Web 站点的主目录、Web 站点的 IP 地址和端口号等。

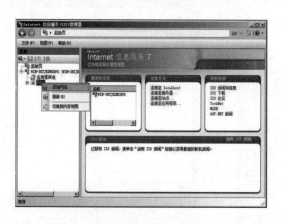

图 3-1-45　新建 Web 站点

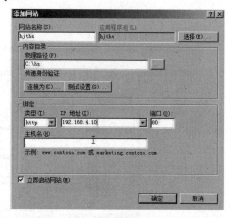

图 3-1-46　Web 站点参数设置

步骤四：完成之后返回到 Internet 信息服务窗口，选择"网站"一项之后可以在中间区域查看到新添加了一个刚才新建的站点。如图 3-1-47 所示。

Windows Server 2008 项目教程

为了验证创建的 Web 服务器可用，只要在网络中其他计算机上运行 IE 浏览器，然后在地址栏中输入 Web 服务器相应对的 IP 地址，如果能够看到如图 3-1-48 所示的界面就说明 Web 服务器创建成功了。

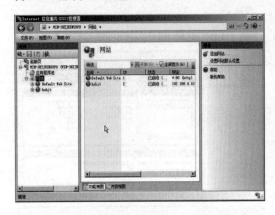

图 3-1-47　创建完成的 Web 站点　　　　图 3-1-48　测试 Web 站点

三、设置 Web 网站高级属性

在架设 Web 服务器之后，如果需要对参数进行修改也要在 Internet 信息服务管理器中进行设置。

在配置 Web 服务器的时候可以用右键单击刚才创建好的 Web 服务器，在弹出的快捷菜单里选择"管理网站"中的"高级设置"命令打开 Web 站点的高级属性设置对话框，接着即可针对 Web 服务器有关方面进行设置，如图 3-1-49 所示。

在如图 3-1-50 所示的对话框中，可以针对网站的物理路径、应用程序池、是否自动启动、连接时间、最大带宽等方面进行设置。如果需要更改其中某一项参数，只需单击项目并进行更改设置。

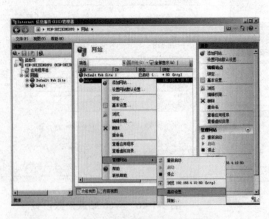

图 3-1-49　对 Web 网站进行高级管理　　　图 3-1-50　Web 网站的高级设置

此处"最大并发连接数"和"最大带宽"选项可以根据服务器的配置情况适当设置，

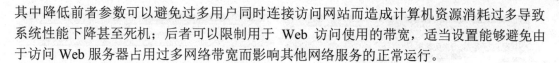

其中降低前者参数可以避免过多用户同时连接访问网站而造成计算机资源消耗过多导致系统性能下降甚至死机；后者可以限制用于 Web 访问使用的带宽，适当设置能够避免由于访问 Web 服务器占用过多网络带宽而影响其他网络服务的正常运行。

四、配置和管理 Web 服务器

当安装完 IIS7.0 之后，需要对其进行配置和管理，例如默认 Web 站点的使用、Web 站点的配置、Web 服务器扩展配置、基于 Web 的网络管理、虚拟服务器技术，以及虚拟目录等技术等。对于 Web 服务器的管理，Windows 2008 提供了一个 Internet 信息服务（IIS）管理器的管理工具，如图 3-1-51 所示。Internet 信息服务（IIS）管理器窗口包括三个组成部分。与 IIS 以前的版本相比有完全不同的风格。

1. 架设 Web 站点

当安装好 IIS7.0 及相关组件之后，就可以架设自己的网站了，以下将要介绍的是如何使用默认的 Web 站点，如何添加虚拟目录，以及如何添加网站。

（1）使用默认的 Web 站点。在安装了 IIS7.0 时已经创建了一个默认的 Web 站点，其默认的路径是 C:\inetpub\wwwroot 目录下，因此只需要将创建好的网页文件复制到该目录下即可。

步骤一：打开记事本，编写一个简单的网页，如图 3-1-52 所示。

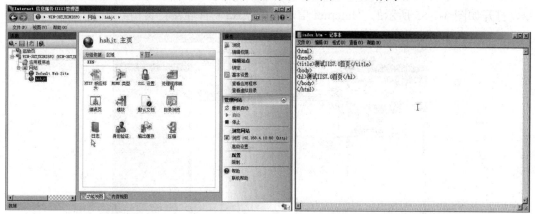

图 3-1-51　Internet 信息服务（IIS）管理器　　　图 3-1-52　编写一个简单的网页

步骤二：单击"文件"中的"保存"命令，打开如图 3-1-53 所示的"另存为"对话框，浏览到 C:\inetpub\wwwroot 目录，并在"文件名"文本框中输入文件名"index.htm"，然后单击"保存"按钮。

步骤三：打开 IE 浏览器，在地址栏中以"http://服务器名称或 IP 地址"的格式输入地址，回车后即可以进入到如图书室 3-1-54 所示的页面。

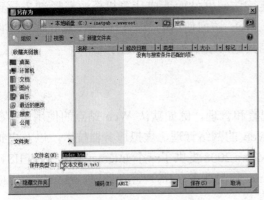

图`3-1-53 保存文件到主目录   图 3-1-54   浏览测试网页

（2）添加 Web 站点。除了默认的 Web 站点之外，还可以添加其他的 Web 站点。由于默认的 Web 站点使用的是 TCP80 端口号，所以在添加 Web 站点时需要设置其他的端口号。在访问这样的站点时，应采用发"http://服务器名称或 IP 地址：8080"的格式输入。

添加 Web 站点需要在 Internet 信息服务（IIS）管理器进行，所以需要打开"Internet 信息服务（IIS）管理器"窗口，然后参照以下步骤进行操作。

步骤一：单击"开始"中的"管理工具"中的"Internet 信息服务（IIS）管理器"命令，打开如图 3-1-55 所示的"Internet 信息服务（IIS）管理器"窗口。

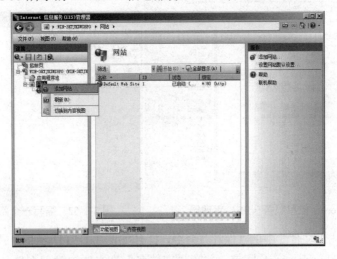

图 3-1-55   "Internet 信息服务（IIS）管理器"窗口

步骤二：展开左侧的目录树，然后右键单击"网站"选项，从打开的快捷菜单中单击"添加网站"选项，打开如图 3-1-56 所示的"添加网站"对话框，在"网站名称"文本框中输入一个合适的名称（该名称只是作为一种标识），在"物理路径"文本框中输入网站文件的存储目录（该目录必须是存在的），在"端口"文本框中输入要设置的端口号（如8080）。

步骤三：单击"确定"按钮，即可以完成 Web 站点的创建，如图 3-1-57 所示。

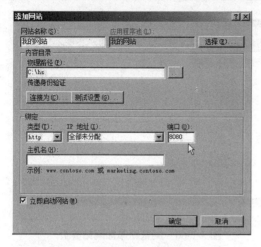

图 3-1-56 "添加网站"对话框

图 3-1-57 已添加的 Web 站点

（3）测试已经添加的 Web。使用文本编辑器缩写一个简单的网页，然后将其存放在 C:\hs 目录下，再使用浏览器进行测试。

步骤一：打开记录本，编写一个简单的网页，如图 3-1-58 所示。

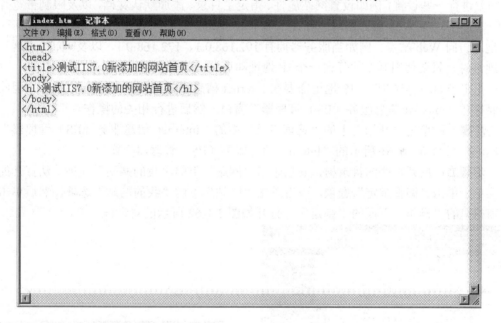

图 3-1-58 编写一个简单的网页

步骤二：单击"文件"中的"保存"选项，打开如图 3-1-59 所示的"另存为"对话框，浏览到 C:\hs 目录，找在"文件名"文本框中输入文件名"index.htm"，然后单击"保存"按钮。

步骤三：打开 IE 浏览器，在地址栏中以"http://服务器名称或 IP 地址：8080"的格式输入，回车后即可以打开如图 3-1-60 所示的页面。

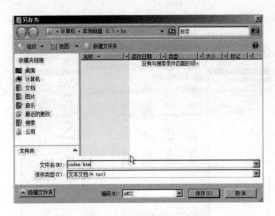

图 3-1-59　"另存为"对话框

图 3-1-60　浏览新添加网站首页

2. 设置 Web 站点

一般来说，当安装好 IIS7.0 之后，只要将设计好的网页文件复制到该服务器默认目录中，就可以供他人浏览，因为使用 IIS7 服务器的系统默认值即可正常运行。但如果有必要还需要进行一些设置，例如设置网站属性、指定主目录、添加默认文档，以及限制带宽等。

（1）绑定。Web 服务器可能存在于多个 IP 地址，默认可使用该服务器绑定任何一个 IP 地址访问 Web 站点。例如当服务器拥有 192.168.0.1、172.168.0.1，以及 10.0.0.1 这三个 IP 地址时，只要使用其中的任何一个 IP 地址即可访问 Web 服务。

指定 Web 站点的唯一 IP 地址需要在 Internet 信息服务（IIS）管理器中进行，因此首先要打开"Internet 信息服务（IIS）管理器"窗口，然后进行相关的操作。

步骤一：单击"开始"中的"管理工具"中的"Internet 信息服务（IIS）管理器"菜单项，打开如图 3-1-61 所示的"Internet 信息服务（IIS）管理器"窗口。

步骤二：展开左侧的目录树，其后单击"网站"下的"我的网站"选项，从打开的快捷菜单中单击"编辑绑定"选项，或者单击"网站"下的"我的网站"选项，然后单击右侧窗格里的"操作"下面的"绑定"，打开如图 3-1-62 所示的对话框。

图 3-1-61　"Internet 信息服务（IIS）管理器"窗口

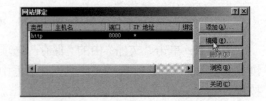

图 3-1-62　"网站绑定"对话框

步骤三：选择要在网站绑定的选项后，单击"编辑"按钮，打开如图 3-1-63 所示的"编辑网站绑定"对话框。在这里可以看到默认的设置为"全部未分配"，即可以使用该服务器拥有的所有 IP 地址进行访问。单击"IP 地址"下接列表，从中选择要绑定的 IP 地址，并且在端口文本框中指定使用其他的端口。

步骤四：设置好后单击"确定"按钮，返回到"网站绑定"对话框中，可以看到已经
发生了变化，如图 3-1-64 所示。

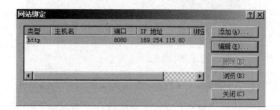

图 3-1-63　"编辑网站绑定"对话框　　　　　　图 3-1-64　已编辑的绑定

步骤五：单击"关闭"按钮退出，然后可以打开浏览器进行测试，如图 3-1-65 所示。

图 3-1-65　编辑网站绑定测试

（2）设置主目录。任何一个网站都需要有主目录作为默认目录，当客户端请求连接
时，则将主目录中的网页等内容显示给用户。默认网站的主目录为 C:\Interpub\wwwroot。
这里以创建"我的网站"Web 站点为例，在创建该网站时指定的主目录为 C:\hs。其实这
个主目录的路径是可以更改的。

单击"单击"开始"中的"管理工具"中的"Internet 信息服务（IIS）管理器"菜单
项，打开"Internet 信息服务（IIS）管理器"窗口，然后单击"操作"下的"基本设置"
选项重新指定主目录。

步骤一：在"Internet 信息服务（IIS）管理器"窗口中，展开左侧目录树后单击"我
的网站"选项，然后单击右侧窗格"操作"下"基本设置选项，如图 3-1-66 所示的"编辑
网站"对话框。

步骤二：单击"物理路径"文本框后面的浏览按钮，打开如图 3-1-67 所示的"浏览文
件夹"对话框，浏览选择或新建文件夹，如果事先已经创建了文件夹并且知道路径，则在
"物理路径"文本框中直接输入即可。

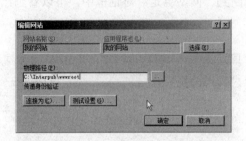

图 3-1-66 "编辑网站"对话框

图 3-1-67 "浏览文件夹"对话框

步骤三：单击"确定"按钮，返回到如图 3-1-68 所示的"编辑网站"对话框中，再单击确定就可以完成设置。

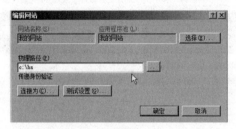

图 3-1-68 "编辑网站"对话框

（3）设置默认文档。通常情况下，Web 网站都需要至少一个默认文档，当在 IE 浏览器中使用 IP 地址或者域名访问时，Web 服务器会将默认的文档回应给浏览器，并显示其内容，通过 IIS 搭建 Web 网站时，默认文档的文件名有六种，分别是：Default.htm、Default.asp、index.htm、index.html、iisstar.htm 和 default.aspx，这也是一般网站中最常用的主页名。当然，也可以由用户定义默认网页文件。在访问时，系统会自动按顺序由上至下依次查找与之相对应的文件名，如果找不到，就会出同图 3-1-69 所示的错误提示页面。

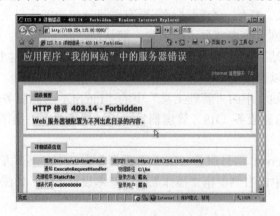

图 3-1-69 错误提示页面

单击"开始"中"管理工具"下"Internet 信息服务（IIS）管理器"菜单项，打开"Internet 信息服务（IIS）管理器"窗口，然后在中间窗格中找到"默认文件图标，参照如下步骤进行操作。

步骤一：在"Internet 信息服务（IIS）管理器"窗口中，展开左侧目录树后单击"我的网站"选项，然后在中间窗格中找到"默认文档"图标如图 3-1-70 所示，双击该图标后打开如图 3-1-71 所示的"默认文档"窗口。

步骤二：服务器搜索默认文档按从上到下的顺序依次搜索，因此如果要调整某个文档的顺序，可以在"名称"列表中，选择要调整的默认文档，然后单击"操作"下的"下移"或"上移"选项即可。

图 3-1-70 "默认文档"图标

图 3-1-71 "默认文档"窗口

步骤三：单击右侧"操作"下的"添加"选项，打开如图 3-1-72 所示的"添加默认文档"对话框，在"名称"文本框中输入要添加的文档名称。

步骤四：单击"确定"按钮，即可将其添加到列表上来，如图 3-1-73 所示。

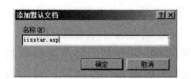

图 3-1-72 "添加默认文档"对话框

图 3-1-73 已经添加的默认文档

（4）Web 站点性能设置。在实际应用中，往往一台服务器上运行多种服务，例如一台 Web 服务器同时兼作 FTP、Mail 等服务器，为了使 Web 服务适应不同的网络环境，还可以对网站进行性能调整，根据需要来限制各网站使用的带宽，以确保服务器的整体性能。

单击"开始"中"管理工具"下的"Internet 信息服务（IIS）管理器"菜单项，打开

"Internet 信息服务（IIS）管理器"窗口，然后单击要设置的网站，再在右侧窗格中单击"操作"下的"限制"选项进行操作。

步骤一：在"Internet 信息服务（IIS）管理器"窗口中，展开左侧目录树后单击"我的网站"选项，然后在右侧窗格中单击"操作"下的"限制"选项，打开如务 3-1-74 所示的"编辑网站限制"窗口。

步骤二：在默认情况下，对带宽和连接数是没有限制的，只是将连接超时限制为 120s。选中"限制带宽使用"复选框，然后在下面的文本框中设置最大的带宽值。如果要限制连接超时可在"连接超时"文本框中进行设置。选中"限制连接数"复选框，然后在下面的文本框中输入允许的最大连接数。

步骤三：设置好后单击"确定"按钮即可。

（5）启用、禁止或编辑身份证验证。在许多网站中，大部分 Web 站点的访问都是匿名的，客户端请求不需要使用用户名和密码，这样才可以使所有的用户都能访问该网站。但对于安全性要求高的网站则要示对用户进行身份验证。IIS7.0 提供了匿名访问、ASP.NET 模拟和 Forms 身份证三种身份验证方法，一般在禁止匿名访问时，才使用其他验证方法。

在"Internet 信息服务（IIS）管理器"窗口中，展开左侧目录树后单击"我的网站"选项，然后在中间窗格中找到并双击"身份验证"图标，打开如图 3-1-75 所示的"身份验证"窗口，在这里可以启用、禁止或编辑身份验证。

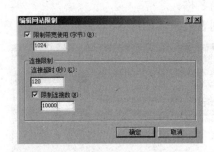

图 3-1-74 "编辑网站限制"对话框   图 3-1-75"身份验证"窗口

（6）Web 网站的高级设置。在"Internet 信息服务（IIS）管理器"窗口中，展开左侧目录树后单击"我的网站"选项，然后单击右侧窗格中"操作"选项上的"高级设置"选，打开如图 3-1-76 所示的"高级设置"对话框，在这里可对该 Web 站点进行综合性的设置。

（7）日志设置。在 Internet 信息服务（IIS）管理器"窗口中，展开左侧目录树后单击 Web 站点名称，然后单击"日志"图标，可以设置日志的格式，如图 3-1-77 所示。日志的格式包括 IIS 记录文件格式、NCSA 通用记录文件格式，以及 W3C 扩充记录文件格式。

还可以设置日志存放的路径和日志的周期，如图 3-1-78 所示。默认日志存放的路径为 C:\Windows\system32\LogFiles，不同的站点将在该文件夹中自行建立不同的子文件夹。

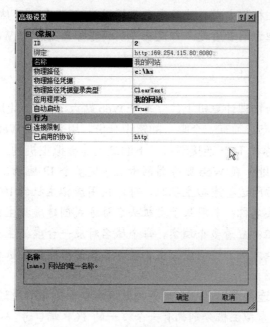

图 3-1-76　"高级设置"对话框

图 3-1-77　设置日志的格式

图 3-1-78　设置日志存放的路径和日志的周期

任务三　IIS 虚拟主机创建和配置

【任务引入】

随着网络应用的深入，某学院教务处也制作了一个网站，用于学院的教学管理。限于财力，教务处没有独立的 Web 服务器，拟打算将教务处的网站也放在学院的 Web 服务器上来运行。

【任务分析】

虚拟主机是指将一台物理 Web 服务器虚拟成多台 Web 服务器，在一个功能较强大的服务器上利用虚拟主机的方式,为多个企业提供 Web 服务。虽然所有的 Web 服务器是由一台服务器提供,但访问者看起来却是在不同的服务器上获取 Web 一样。

【相关知识】

虽然可以在一台物理计算机上建立多个 Web 站点,但为了让用户能访问到正确的 Web 站点,每个 Web 站点必须有一个唯一的辨识身份。用来辨识 Web 站点身份的识别信息有 IP 地址、主机头名称和 TCP 连接端口。下面是创建虚拟主机的三种方式:

> **基于 IP 地址**:在 Web 服务器网卡上绑定多个 IP 地址,每个 IP 地址对应一台虚拟主机。访问这些虚拟主机时,可以使用虚拟主机的 IP 地址。

> **基于主机头名称**:采用基于主机头名称方式创建虚拟主机时,服务器只需要一个 IP 地址,但对应着多个域名,每个域名对应一台虚拟主机,它已经成为建立虚拟主机的标准方式。访问虚拟主机时,只能使用虚拟主机域名来访问,而不能通过 IP 地址来访问。

> **基于 TCP 连接端口**:Web 服务的默认端口号是 80,通过修改 Web 服务的工作端口,使每个虚拟主机分别拥有一个唯一的 TCP 端口号,从而区别不同的虚拟主机。访问基于 TCP 连接端口创建的虚拟主机时,需要在 URL 上加上 TCP 商品号。如:http://www.abc.edu.cn:8080。

【任务实施】

一、配置基于多个 IP 地址的虚拟地址

如果要安装 IIS7.0 计算机网卡绑定了多个 IP 地址,可以配置基于多个 IP 地址的虚拟主机。它的做法是为每个 Web 站点分配一个 IP 地址,用来区别这些 Web 站点。配置基于多个 IP 地址的虚拟主机的过程如下。

步骤一:为 Web 服务器的网卡绑定多个 IP 地址。在 Web 服务器上,打开"Internet 协议(TCP/IP)属性"对话框,单击"高级"按钮,在"高级 TCP/IP 高级属性"对话框中,单击"添加"按钮,为网卡再添加一个 IP 地址和子网掩码。如图 3-1-79 所示。

步骤二:将 Web 站点的域名和 IP 地址的映射关系注册到 DNS 服务器中,在 DNS 服务器的"hjths.com"区域中,创建"www.hjths.com"和"jwc.hjths.com"两条主机(或别名)记录,分别指向上面的两个 IP 地址,如图 3-1-80 所示。

步骤三:为站点创建 Web 发布目录。在服务器的 C 盘中创建两个文件夹:wwwroot 和 jwcwwwroot,分别为 A 学院和教务处 Web 站点的主目录,如图 3-1-81 所示。

步骤四:为站点创建测试网页。在上述两个文件夹中,各创建一个 default.htm 文件,作为学院和教务处 Web 网站的测试文件,如图 3-1-82 所示是教务处的 Web 网站的测试文件 default.htm 的内容。

步骤五:创建学院主页站点,方法如前一任务所示(见图 3-1-45 和图 3-1-46)。不同的是在"IP 地址和端口设置"向导页中,将"网站 IP 地址"下拉列表设置为"192.168.4.10",如图 3-4-45 所示。然后将"网站主目录"设置为"C:\wwwroot"。

步骤六:创建学院教务处主页站点,方法如前一任务所示(见图 3-1-45 和图 3-1-46)。

不同的是在"IP 地址和端口设置"向导页中，将"网站 IP 地址"下拉列表设置为
"192.168.4.20"，如图 3-1-84 所示。然后将"网站主目录"设置为"C：\jwcwwwroot"，
图 3-1-85 所示的是为两个站点创建好的界面。

图 3-1-79　为网卡绑定多个 IP 地址

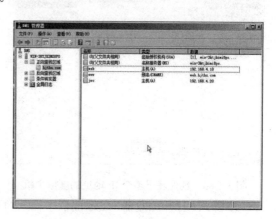

图 3-1-80　域名注册

图 3-1-81　创建虚拟主机的主目录

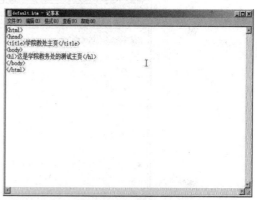

图 3-1-82　创建测试网页

图 3-1-83　设置学院站点的 IP 地址

图 3-1-84　设置教务处站点的 IP 地址

步骤七： 打开浏览器，在地址栏中输入"http://www.hjths.com"或者"http://192.168.4.10"

就可以看到学院的主页了，如图 3-1-86 所示。

图 3-1-85　创建基于多个 IP 地址的虚拟主机　　　　图 3-1-86　访问学院主页

步骤八：打开浏览器，在地址栏中输入"http://jwc.hjths.com"或者"http://192.168.4.20"就可以看到教务处的主页，如图 3-1-87 所示。

图 3-1-87　访问教务处主页

二、配置基于主机头文件名称的虚拟主机

下面配置基于主机头文件名称的虚拟主机，相关步骤如下：

步骤一：在域名服务器中，创建两个别名资源记录"www"和"jwc"，其实现主机都指向 Web 服务器（IP 地址是 192.168.4.10，主机名是 web.hjths.com）如图 3-1-88 所示。

步骤二：为站点创建 Web 发布目录和测试网页，创建过程和前面介绍一致（见图 3-1-81 和图 3-1-82）。

步骤三：创建学院主页站点。在 IIS7.0 管理器中，在中间窗格"学院网站"上击右键，在快捷菜单中取"绑定"选项，在弹开的对话框中单击"编辑"按钮，"弹开如图 3-1-89 所示的对话框中的设置相关内容，在"主机名"的下面的文本框中输入"www.hjths.com"。

步骤四：创建教务处主页主站，和前面步骤类似，在图 3-1-90 所示的对话框中，在"主机名下的文本框中输入"jwc.hjths.com"，图 3-1-91 所示为两个站点创建好后的界面。

步骤五：在局域网中另一台计算机上打开浏览器，在地址栏中输入

"http://www.hjths.com"，就可以看到学院的主页了，如图 3-1-92 所示。

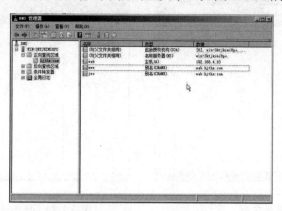

图 3-1-88　域名注册

图 3-1-89　设置学院主页站点的域名

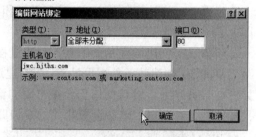

图 3-1-90　设置教务处主页站点的域名

步骤六： 在地址栏中输入"http://jwc.hjths.com"，就可以看到教务处的主页了。如图 3-1-93 所示。

图 3-1-91　创建基于主机名称的虚拟主机

图 3-1-92　访问学院主页

三、配置基于 TCP 连接端口的虚拟主机

如果安装 IIS 的计算机只有一个 IP 地址，此时除了可以用主机头名称（基于域名虚拟主机）外，还可以利用 TCP/IP 连接端口来建立多个 Web 站点。做法是为每个 Web 站点分配一个 TPC 端口号，用来区别这些 Web 站点。

步骤一： 在域名服务器中，只需要创建一个主机（或别名），如图 3-1-94 所示。

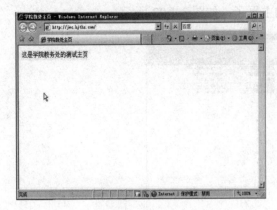

图 3-1-93　访问教务处主页　　　　　　　图 3-1-94　域名注册

步骤二：为站点创建 Web 发布目录和测试网页，创建过程如前所述（见图 3-1-81 和图 3-1-82）。

步骤三：创建学院主页站点，创建过程如前所述，如图 3-1-95 所示。

步骤四：创建教务外主页站点，在创建过程中，在"端口"下面的文本框中输入"8080"如图 3-1-96 所示。若该端口已经被占用的话，单击"确定"按钮后会有相关的提示，用户只要回到该对话框中重新设置相关的端口即可，图 3-1-97 所示为创建好的两个站点界面。

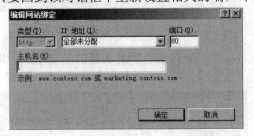

图 3-1-95　设置学院主页站点的端口号　　　图 3-1-96　设置教务处站点的端口号

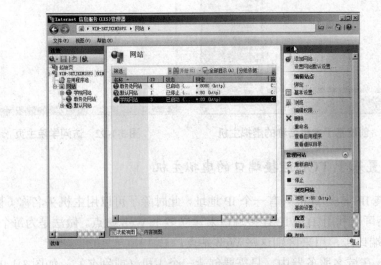

图 3-1-97　创建基于 TCP 端口号的虚拟主机

步骤五：在局域网的另一台计算机上打开浏览器，在地址栏中输入"http://www.hjths.com"、"http://www.hjths.com:80"、"http://192.168.4.10"和"http:192.168.4.10:80"都可以看到学院的主页。

步骤六：在地址栏中输入"http://www.hjths.com:8080"或"http:192.168.4.10:8080"，可以看到学院教务处的主页。

课题小结

本课题主要讲述了文件服务器设置、Web 服务器架设以及 IIS 虚拟主机创建和配置。通过本课题的学习，读者应了解文件管理器的基本知识；掌握如何安装文件管理器，如何存储报告配额和文件屏蔽以及 DFS 管理；了解 Web 服务器和 IIS 的基本知识；掌握如何安装 IIS7.0，如何在 IIS7.0 中创建网站，如何设置 Web 网站的高级属性以及如何配置和管理 Web 服务器；了解 IIS 虚拟主机创建和配置的基本知识；掌握如何配置基于多个 IP 地址的虚拟地址，如何配置基于主机头文件名称的虚拟主机，以及如何配置基于 TCP 连接端口的虚拟主机。

课后练习

一、思考题

1．如果你是一个企业的网络管理员，你将如何利用文件服务器的相关内容来对该企业的服务器进行管理？

2．在 IIS7.0 中创建网站时应注意那些问题？创建好后如何进行测试？测试显示什么表示创建正确？

3．在 Web 属性设置中应注意那些问题？如何查看日志？日志常见的格式有哪些？

4．一般有几种方法来把一台物理 Web 服务器虚拟成多台 Web 服务器？在配置的过程中，应注意什么问题？

5．在创建基于主机头名称方式的虚拟主机时，能不能通过 IP 地址来访问？为什么？

二、实践题

1．熟练掌握对文件服务器的安装。
2．理解并实际练习对存储报告管理、掌握磁盘配额管理、掌握文件屏蔽管理。
3．安装 IIS7.0，利用 IIS7.0 创建网站。
4．按照任务分析要求，配置该企业的 Web 站点，并书写配置说明书。
5．分别配置三种虚拟主机。

课题二　DNS 与 WINS 服务器设置

【课题概览】

本课题将介绍如何设置 DNS 主域名服务器；如何设置子域和委派区域；如何设置辅助域名服务器；如何安装与设置 WINS 服务器；WINS 和 DNS 如何交互操作；如何对 WINS 数据库复制和维护。

【课题目标】

> 掌握 DNS 服务器的安装、设置和监测
> 掌握 DNS 客户端计算机设置
> 掌握子域和委派域的创建和设置
> 掌握辅助 DNS 域名服务器设置
> 掌握 WINS 服务器的安装、配置，以及 WINS 客户端计算机的设置
> 掌握 WINS 和 DNS 的交互操作
> 掌握 WINS 数据库的复制和维护

任务一　DNS 主域名服务器设置

在 TCP/IP 网络中，唯一可以用来标识计算机身份和定位计算机位置的方式就是 IP 地址，但网络中往往有许多服务，例如 Web 服务、FTP 服务器，以及 E-mail 服务器等。记忆这些纯数字的 IP 地址不仅枯燥无味，而且容易出错。本课题我们将通过学习 DNS 服务器，将这些 IP 地址与形象易记的域名一一对应起来。

【任务引入】

A 学院是某地一所知名的高等院校，该学院从国际互联网中心申请了一个 C 类 IP 地址 218.93.117.0，并在中国教育科研网 CERNET 注册了域名 university.edu.cn。该学院现有 4 台服务器，分别用于域名服务器（主机名为 dns.university.edu.cn，IP 地址为 218.93.117.81）、Web 服务器（主机名为 web.university.edu.cn，IP 地址为 218.93.117.82）、FTP 服务器（主机名为 ftp.university.edu.cn，IP 地址为 218.93.117.90）、邮件服务器（主机名为 mail.university.edu.cn，IP 地址为 218.93.117.94）。配置 DNS 服务器实现域名到 IP 地址的映射。

【任务分析】

Windows Server 2008 系统中的 DNS 服务器默认情况下没有安装，需要安装；然后创建正向区域，添加主机、别名和邮件交换器等资源记录；创建反向区域，添加指针资源记录；设置客户端计算机，进行测试；监测 DNS 服务器。

【相关知识】

域名系统（Domain Name System，DNS）是 TCP/IP 协议族中的标准服务，它可以实现 IP 地址与主机名之间的映射。

1. DNS 域名空间和区域

因特网的 DNS 域名空间是倒的树状结构，域名空间的根由 Internet Network Center(InterNIC)管理，最高一级域分为类属域（如 com、edu、gov、int、mil、net、oeg 等）、国家（地区）域（如 cn、us、jp、uk、tw、hk）和反向域（arpa）。每个最高一级域又被分成一系列二级域，三级域和更低级域又是二级域的分支。

DNS 区域是一台 DNS 服务器上完成的属于本区域部分域名解析的工作，如上述任务中在学院局域网中设置一个 DNS 服务器，这个 DNS 服务器完成域名空间"university.edu.cn"下的域名解析工作，这就是一个区域。

2. 域名解析

将域名映射为 IP 地址或将 IP 地址映射为域名，都称为域名解析。DNS 被设计为客户机/服务器模式。域名的解析方式有两种：第一种为递归解析，要求域名服务器系统一次性完成域名和地址间的映射；第二种为迭代解析，每次请求一个服务器，不行再请求别的服务器。实际应用中，这两种解析方式往往结合使用。

正向解析是将域名映射为 IP 地址，在 DNS 服务器内必须创建一个正向查找区域。反向解析是将 IP 地址映射为域名，在 DNS 服务器中必须创建反向查找区域。

3. 域名服务器的类型

域名服务器的类型有主域名服务器、辅助域名服务器、缓存域名服务器、转发域名服务器。

【任务实施】

一、安装 DNS 服务器

Windows Server 2008 系统中，默认情况下没有安装 DNS 服务器，故需要手工安装。

步骤一：选择"开始"→"服务器管理器"，打开如图 3-2-1"服务器管理器"窗口，选择左侧的"角色"一项后，单击右侧区域的"添加角色"链接。

步骤二：在图 3-2-2 所示的添加角色向导的选择服务器角色中勾选"DNS 服务器"，复选框，并单击"下一步"按钮。

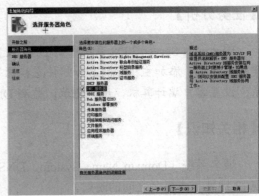

图 3-2-1　服务器管理器窗口中单击"添加角色"　　　图 3-2-2　勾选"DNS 服务器"复选框

步骤三： 在"添加角色向导"的"DNS 服务器"中单击"下一步"。在图 3-2-3 所示的确认安装选择中确认安装信息，单击"安装"开始 DNS 服务器的安装，出现安装进度。

步骤四： DNS 服务器安装完成出现图 3-2-4 所示对话框，单击"关闭"结束安装向导。

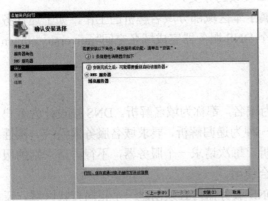

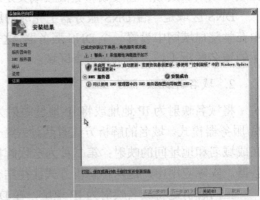

图 3-2-3　DNS 服务器角色安装信息　　　　　　　图 3-2-4　关闭安装向导

步骤五： 返回"服务器管理器"界面之后，可以在图 3-2-5"角色"中看到已经安装了 DNS 服务器。

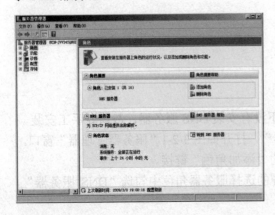

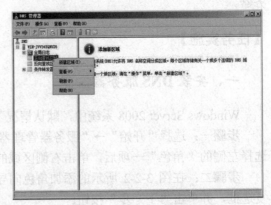

图 3-2-5　服务器管理器中的 DNS 服务器角色　　　图 3-2-6　新建正向查找区域

二、创建正向查找区域

步骤一： 选择"开始"→"管理工具"→"DNS"，打开"DNS 管理器"窗口。

步骤二： 如图 3-2-6 所示，右击窗口左侧"正向查找区域"，在弹出的快捷菜单中选择"新建区域（Z）"。

步骤三： 如图 3-2-7 所示，"新建区域向导页"中，单击"下一步"继续。

步骤四： 如图 3-2-8 所示，选择"主要区域"单选按钮，单击"下一步"继续。

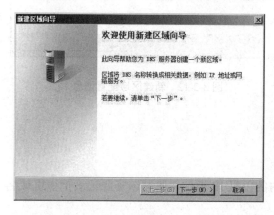

图 3-2-7 新建区域向导页

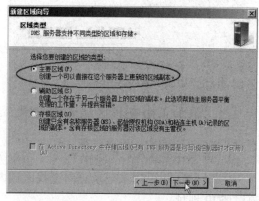

图 3-2-8　区域类型选择

步骤五： 如图 3-2-9 所示，根据任务要求输入区域名称为"university.edu.cn"，单击"下一步"继续。

步骤六： 如图 3-2-10 所示，选择区域文件名，系统会自动在区域名称后加".dns"作为文件名，或者使用一个已有文件，单击"下一步"继续。

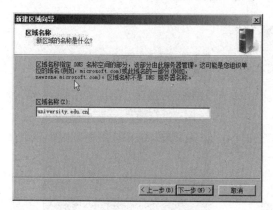

图 3-2-9　输入区域名称

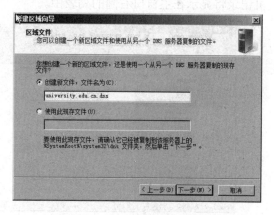

图 3-2-10　选择区域文件名称

步骤七： 如图 3-2-11 所示，指定这个区域是否接受安全、非安全的动态更新，从安全角度出发，一般选择"不允许动态更新"单选按钮，单击"下一步"继续。

步骤八： 如图 3-2-12 所示，为显示了新建区域的配置信息，如果用户认为某项配置需要调整，可单击上一步返回到前面的向导页中重新配置。如果确认配置正确的话，单击完成，完成对 DNS 正向查找区域的创建，返回 DNS 控制台。

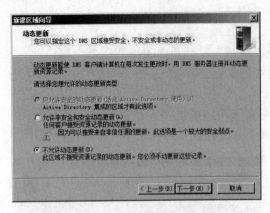

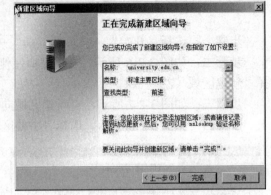

图 3-2-11　指定动态更新类型　　　　　　图 3-2-12　新建区域配置信息

三、添加正向查找区域资源记录

1. 新建主机（A）资源记录

主机（A）记录用来记录正向查找区域内的主机 IP 地址，通过该资源记录把主机域名映射成 IP 地址。

步骤一： 如图 3-2-13 所示 DNS 控制台上，选择"正向查找区域"下的 university.edu.cn 区域，右击在弹出的快捷菜单中选择"新建主机（A）（S）"。

步骤二： 如图 3-2-14 所示"新建主机"对话框中，在"名称"文本框中按任务要求输入 DNS 服务器（dns.university.edu.cn）的主机名"dns"（不需要填写域名），在"IP 地址"文本框中填写该主机对应的 IP 地址"218.93.117.81"，单击"添加主机"，新建的主机记录将显示在主窗口右侧的列表中。

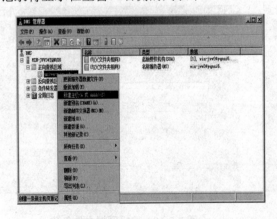

图 3-2-13　新建主机　　　　　　图 3-2-14　"新建主机"对话框

步骤三： 重复上述步骤把 A 学院的服务器主机都输入到该区域，结果如图 3-2-15 所示。

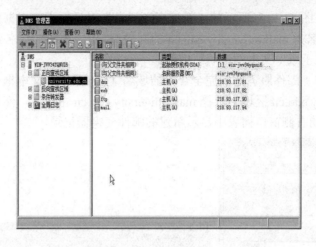

图 3-2-15 主机记录

2. 新建别名（CNAME）资源记录

在任务中，为了方便用户访问，输入 www.university.edu.cn 就可以访问 Web 站点，但 Web 服务器主机名是 web.university.edu.cn，这就需新建别名（CNAME）记录。

步骤一： 在图 3-2-13 所示的窗口中右击"正向查找区域"下的"university.edu.cn"区域，在弹出的快捷菜单中选择"新建别名（CNAME）（A）"。

步骤二： 在图 3-2-16 所示的"新建资源记录"对话框中，输入主机的别名与目标主机的完全合格的域名（可以单击浏览，在 university.edu.cn 区域中选择 web.university.edu.cn 主机），然后单击"确认"。

步骤三： 如图 3-2-17 所示，创建的别名记录表示 www.university.edu.cn 是 web.university.edu.cn 的别名。

图 3-2-16 新建别名资源记录对话框

图 3-2-17 别名记录

3. 新建邮件交换器（MX）记录

邮件交换器记录用来指定哪些主机负责接收该区域的电子邮件。

步骤一： 在图 3-2-13 所示的窗口中右击"正向查找区域"下的"university.edu.cn"区域，在弹出的快捷菜单中选择新建"邮件交换器（MX）（M）"。

步骤二：在图 3-2-18 所示的"新建资源记录"对话框中，根据任务要求输入有关信息，A 学院主机名为 mail.university.edu.cn 的邮件服务器，邮箱的域名为 university.edu.cn，因此在"主机或子域"文本框不填写内容。

步骤三：在"邮件服务器的完全合格的域名（FQDN）"文本框中填写（可以单击浏览，在 university.edu.cn 区域中选择 mail.university.edu.cn 主机），然后单击"确定"，将图 3-2-19 所示的右侧窗口列表中显示新建的邮件交换器记录。

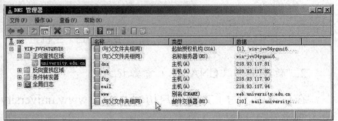

图 3-2-18 新建邮件交换器记录对话框 　　　　图 3-2-19 邮件交换器记录

四、创建反向查找区域

如果需要 DNS 服务器能够反向解析，即根据已知的 IP 地址来查询主机的域名，则需要创建反向查找区域。

步骤一：选择"开始"→"管理工具"→"DNS"，打开"DNS 管理器窗口"。

步骤二：如图 3-2-20 所示，右击窗口左侧"反向查找区域"，在弹出的快捷菜单中选择"新建区域（Z）"。

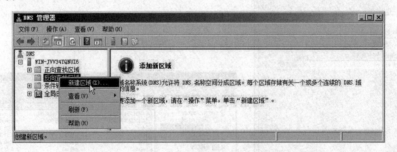

图 3-2-20 新建反向区域

步骤三：在图 3-2-7 所示的"新建区域向导页"中，单击"下一步"继续。

步骤四：如图 3-2-8 所示，选择"主要区域"单选按钮，单击"下一步"继续。

步骤五：如图 3-2-21 所示，选择"IPv4 反向查找区域"单选按钮，单击"下一步"继续。

步骤六：如图 3-2-22 所示，在"网络 ID（E）"文本框中输入此区域所支持的反向查找的网络 ID，在任务中该服务器负责"218.93.117.0"这一网络的反向域名解析，因此在该文本框输入"218.93.117"，会自动在"反向查找区域名称"处显示"117.93.218.in-addr.arpa"，单击"下一步"继续。

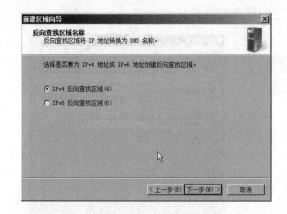

图 3-2-21　选择 IP 地址类型

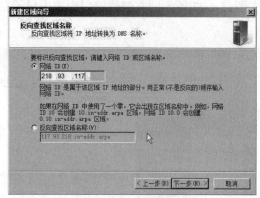

图 3-2-22　反向查找区域名称设置

步骤七： 在图 3-2-23 所示的"区域文件"窗口中，会自动在区域名称后加".dns"作为文件名，用户可以修改区域名，也可以使用已有文件，单击"下一步"继续。

步骤八： 如图 3-2-11 所示，指定这个区域是否接受安全、非安全的动态更新，从安全角度出发，一般选择"不允许动态更新"单选按钮，单击"下一步"继续。

步骤九： 如图 3-2-24 所示为新建区域的配置信息，如果用户认为某项配置需要调整，可单击"上一步"返回到前面的向导页中重新配置。如果确认配置正确的话，单击"完成"，完成对 DNS 反向查找区域的创建，返回 DNS 控制台。

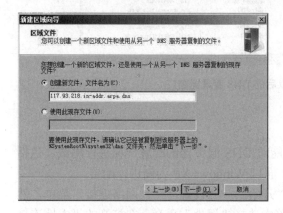

图 3-2-23　区域文件设置

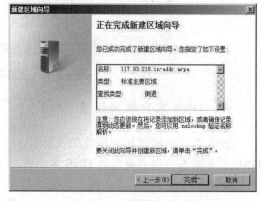

图 3-2-24　新建区域的配置信息

五、添加反向查找区域资源记录

新建指针（PTR）资源记录用来记录在反向搜索区域内的 IP 地址及主机，通过该资源记录把 IP 地址映射成主机域名。

步骤一： 在图 3-2-25 所示的窗口中右击"反向查找区域"下的"117.93.218.in-addr.arpa"区域，在弹出的快捷菜单中选择"新建指针（PTR）（P）"。

步骤二： 在图 3-2-26 所示的"新建资源记录"对话框中，根据任务要求输入有关信息，A 学院主机名为 dns.university.edu.cn 的 DNS 服务器，IP 地址为 218.93.117.81，因此在"主机 IP 地址"文本框和"主机名"文本框中填写相应内容，然后单击"确定"，将在图 3-2-27 所示的右侧的窗口列表中显示新建的邮件交换器记录。

图 3-2-25　新建指针记录

图 3-2-26　新建指针记录

步骤三：重复上述步骤，将 A 学院现有的服务器主机的信息都输入该区域，结果如图 3-2-27 所示。

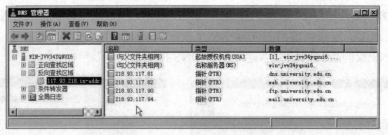

图 3-2-27　完成以后的 DNS 管理器窗口

六、DNS 客户机的设置

DNS 客户机经过相关属性的设置后，才能对 DNS 服务器的配置情况进行测试，包括 DNS 服务器本身也需要配置 DNS 客户机。下面以 Windows XP 为例进行配置。

步骤一：在 DNS 客户机上，依次打开"开始"→"设置"→"网络连接"菜单，然后右击"本地连接"图标，在弹出的快捷菜单中选择"属性"命令，在打开的"本地连接属性"对话框中，选择"Internet 协议（TCP/IP）"选项，单击"属性"打开"Internet 协议（TCP/IP）属性"对话框。

步骤二：在该对话框中，选择"使用下面的 DNS 服务器地址（E）"单选按钮，在"首选 DNS 服务器"文本框中输入主域名服务器 IP 地址"218.93.117.81"，如果网络中有第二台 DNS 服务器提供服务，在"备用 DNS 服务器"文本框中输入该服务器 IP 地址，如图 3-2-28 所示。

步骤三：如果客户机要指定两台以上的 DNS 服务器，在图 3-2-28 所示中单击"高级"打开"高级 TCP/IP 属性"对话框，切换到 DNS 选项卡，如图 3-2-29 所示，单击"DNS

服务器地址（按使用顺序排列）"列表框下方的"添加"输入更多的 DNS 服务器 IP 地址，
设置完毕后单击"确定"。

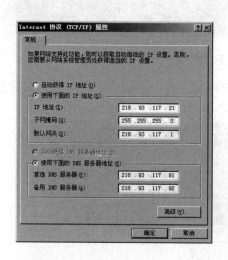

图 3-2-28 配置 DNS 客户机

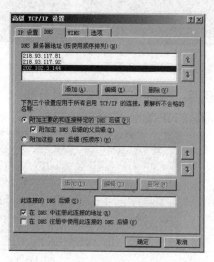

图 3-2-29 DNS 选项卡

七、测试 DNS 服务器

在 Windows 2000/XP/2003/2008 和 Linux 操作系统中都提供了一个诊断工具——
nslookup，可以测试 DNS 服务器信息。下面介绍在 Windows Server 2008 中的使用情况。

nslookup 有交互和非交互两种工作模式。如果仅需要查找"dns.university.edu.cn"的
域名解析，可使用非交互模式，即直接在命令提示符下输入"nslookup dns.university.edu.cn"，
如图 3-2-30 所示。

如果需要查询多项信息，则使用交互模式，在命令提示符下输入"nslookup"进入交
互模式，在 nslookup 提示符">"下输入要解析的域名或 IP 地址，输入"help"命令，可
以得到帮助，输入"exit"命令可以退出交互模式。

步骤一：如图 3-2-31 所示为测试主机记录。

图 2-1-30 nslookup 非交互模式

图 3-2-31 测试主机记录

步骤二：测试别名记录。在提示符">"后先输入"set type=cname"命令修改测试类
型，再输入测试的主机别名"www.university.edu.cn"，如图 3-2-32 所示。

步骤三：测试邮件交换器记录，在提示符">"后先输入"set type=mx"命令修改测
试类型，再输入测试的邮件交换器域名"university.edu.cn"，如图 3-2-33 所示。

图 3-2-32　测试别名记录　　　　　　　图 3-2-33　测试邮件交换器记录

步骤四：测试指针记录。在提示符"＞"后先输入"set type=ptr"命令修改测试类型，再输入测试的 IP 地址"218.93.117.81"，如图 3-2-34 所示。

图 3-2-34　测试指针记录

八、清除 DNS 缓存

当 DNS 客户机或 DNS 服务器的缓存中有不正确或过时的信息，会造成 DNS 客户机无法通过 DNS 服务器实现域名解析。这时需清除 DNS 客户机或 DNS 服务器的缓存信息。

DNS 服务器缓存的清除，可以在图 3-2-35 所示的 DNS 控制台中，右击 DNS 服务器图标，在弹出的快捷菜单选择"清除缓存"命令。

DNS 客户机缓存的清除，可在 DOS 提示符后执行"ipconfig /flushdns"命令。如图 3-2-36 所示。

图 3-2-35　清除 DNS 服务器缓存　　　　　图 3-2-36　清除 DNS 客户机缓存

九、监视 DNS 服务器

DNS 服务器的监视可以通过 DNS 控制台，自动或手动测试 DNS 服务器的解析功能是否正确。

步骤一：在 DNS 控制台中，右击"DNS 服务器图标"，在弹出的快捷菜单中选择"属性"命令。打开"DNS 属性"对话框，打开"监视"选项卡，如图 3-2-37 所示。

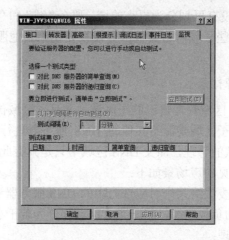

图 3-2-37　DNS 服务器监视

步骤二：如测试简单查询，选中"对此 DNS 服务器的简单查询"复选框，单击"立即测试"，在"测试结果"列表框会显示结果。

步骤三：如测试递归查询，选中"对此 DNS 服务器的递归查询"复选框，单击"立即测试"，执行这项测试需要保证该 DNS 服务器已正常连接到 Internet。

步骤四：如要进行自动查询测试，先选择自动测试过程中使用的测试类型，再选中"以下列间隔进行自动测试"复选框，并设置要使用的"测试间隔"。这时，DNS 服务器根据指定的时间间隔，定期执行查询测试，默认的间隔是 1min。

任务二　子域和委派区域的设置

【任务引入】

某学院有教务处、学生处、财务处、团委、学生会、图书馆等教学机构与党团组织，并有机电工程系、计算机技术系、机械工程系等多个二级学院（系）。在这些二级机构中，有的部门只有少量的服务器，有的部门有多台服务器，但都要求有自己的子域。

【任务分析】

DNS 区域（Zone）是 DNS 服务最基本的管理控制单元，同一台 DNS 服务上可以创建多个区域，实际上，如果网络规模比较大，用户数量比较多，可以在 DNS 区域内划分多个子区域。

【相关知识】

1. 域和区域

因特网对外允许各个单位根据本单位的情况将域名划分为若干个域名服务器管辖区。也就是说，一个服务器所负责或授权的范围叫做一个区域（zone）。若一个服务器对一个域负责，而且这个域并没有再划分为更小的域，那么"域"和"区域"指的是同一个事务；若服务器将域划分为一些子域，将其他部分授权委托给其他服务，那么"域"和"区域"就没有区别。

2. 子域和子域资源记录

默认情况下，DNS 区域管理自己的子区域，并且子区域伴随 DNS 区域一起进行复制和更新。不过，可以将子区域委派给其他的 DNS 服务器进行管理，此时，被委派的服务器将作为此 DNS 子区域的管理，而父 DNS 区域中只是具有此子区域的委派记录。区域委派适用于许多环境，常见的声场景如下：

➢ 将某个子区域委派给某个对应部门中的 DNS 服务器进行管理；

➢ DNS 服务器的负载均衡，将一个大区域划分为若干小区域，委派给不同的 DNS 服务器进行管理；

➢ 将子区域委派给某个分部或远程站点；

➢ 只能在主要区域中执行区域委派。对于任何一个被委派的子区域，父 DNS 区域中只具有指向子区域中权威 DNS 服务器的 A 记录和 NS 记录，而实际上的解析过程必须由被委派的子区域中的权威 DNS 服务器完成，即被委派到的 DNS 服务器上必须具有以被委派的子区域为域的主要区域。

【任务实施】

在父域 DNS 服务器上创建子域"sh"，并在该子域上创建资源记录，具体步骤如下：

一、创建子域

以域管理员帐户登录到 DNS 服务器上，在"DNS 管理器"控制台树中依次展开服务器和"正向查找区域"节点，右键单击区域"dns.university.edu.cn"在弹出的菜单中选择"新建域"，打开"新建 DNS 域"对话框。在"请键入新的 DNS 域名"文本框中输入子域名"sh"，如图 3-2-38 所示。最后单击"确定"按钮即可完成子域的创建。

图 3-2-38 新建子域

二、在子域中创建资源记录

在"DNS 管理器"控制台中，右键单击子域"sh"，在弹出菜单中选择"新建主机（A）"，将打开"新建主机"对话框，在"新建主机"对话框中输入主机号记录的名称和 IP 地址对应信息，如图 3-2-39 所示。

在子域中创建完资源记录后返回"DNS 管理器"控制台，效果如图 3-2-40 所示。

图 3-2-39　在子域中新建主机记录

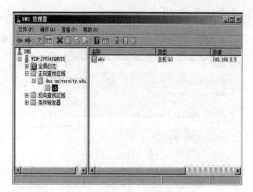

图 3-2-40　创建完成子域后的效果

三、在客户端计算机上测试子域

以域管理员账户登录到 DNS 客户端计算机上，将该计算机首选项的 DNS 服务器的 IP 地址指向为"192.168.0.5"，再在命令提示符界面下输入如下命令测试，如图 3-2-41 所示。

图 3-2-41　测试子域资源记录

四、委派区域给其他服务器

在原有的网络环境下增加主机名为 win2007 的受委派 DNS 服务器，其 IP 地址为 192.168.0.3，该计算机是域 univisity.eud.cn 中的成员服务器。

在受委派的 DNS 服务器上创建委派区域"bj"，然后在受委派的 DNS 服务器上创建主区域"bj.univisity.edu.cn"，并且在该区域中创建资源记录，具体步骤如下：

1. 新建委派

步骤一：以域管理员账户登录到受委派的 DNS 服务器上，打开"DNS 管理器"控制台，在区域"university.edu.cn"下创建如图 3-2-42 所示的主机记录，该主机记录是受委派 DNS 服务器的主机记录。

步骤二：然后依次展开服务器和"正向查找区域"节点，右键单击区域"university.edu.c"，在弹出的菜单中选择"新建委派"，打开如图 3-2-43 所示的"新建委派向导"页面，单击"下一步"按钮。

步骤三：在如图 3-2-44 所示的"受委派的域"对话框中指定被委派子域的域名，在"委派的域"的文本框中输入"bj"，那么这个子域的完全合格的域名为"bj.university.edu.cn"，单击"下一步"按钮。

步骤四：在如图 3-2-45 所示的"名称服务器"对话框中添加受委派的 DNS 服务器，

单击"添加"按钮。

图 3-2-42 新建主机记录

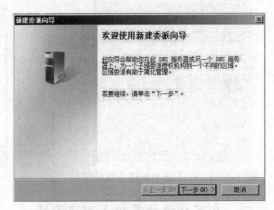

图 3-2-43 "新建委派向导"页面

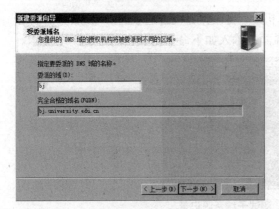

图 3-2-44 设置受委派域名

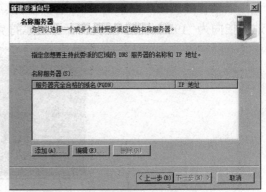

图 3-2-45 指定名称服务器

步骤五：打开如图 3-2-46 所示"新建名称服务器记录"对话框，在"服务器完全合格的域名（FQDN）"文本框中输入受委派计算机的主机记录的完全域名"win2009.university.edu.cn"，在"IP 地址"文本框中输入受委派 DNS 服务器的 IP 地址"192.168.0.3"，然后单击"确定"按钮即可。

步骤六：添加了名称服务器记录以后返回如图 3-2-47 所示的"名称服务器"对话框，单击"下一步"按钮。

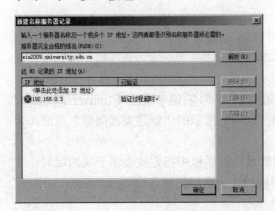

图 3-2-46 新建名称服务器记录

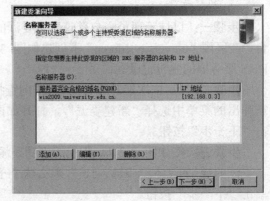

图 3-2-47 名称服务器

步骤七：出现如图 3-2-48 所示的"正在完成新建委派向导"对话框，最后单击"完成"按钮即可以完成委派的创建。

步骤八：返回如图 3-2-49 所示的"DNS 管理器"控制台，可以看到已经添加到的委派子域"bj"。

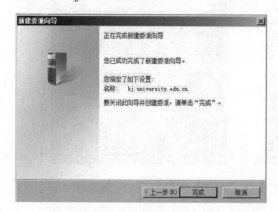

图 3-2-48　委派创建完毕

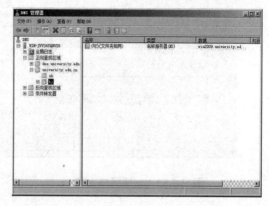

图 3-2-49　委派创建完毕后的效果

2. 在受委派的 DNS 服务器上创建区域

步骤一：以域管理员帐户登录到受委派的 DNS 服务器上，打开"DNS 管理器"控制台，展开服务器节点，右键单击"正向查找区域"，在弹出的菜单中选择"新建区域"打开如图 3-2-50 所示的"新建区域向导"面页，单击"下一步"按钮。

步骤二：在"区域类型"对话框中选择"主要区域"类型，单击"下一步"按钮，在如图 3-2-51 所示对话框中，在"区域名称"文本框中输入委派区域的完全合格域名"bj.university.edu.cn"，单击"下一步"按钮。

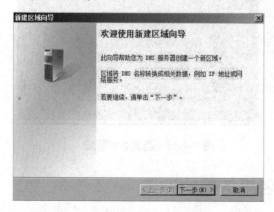

图 3-2-50　"新建区域向导"页面

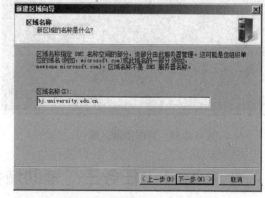

图 3-2-51　设置区域名称

步骤三：在如图 3-2-52 所示的"区域文件"对话框中指定区域文件的名称，在此使用默认名称。单击"下一步"按钮后，设置动态更新并完成区域的创建。

3. 在委派区域上创建资源记录

在"DNS 管理器"控制台树中右键单区域"bj.university.edu.cn",在弹出的菜单中选择"新建主机（A）"打开"新建主机"对话框,输入名称"hs",其对应的 IP 地址为"192.168.0.7",如图 3-2-53 所示，最后单击"确定"按钮即可。

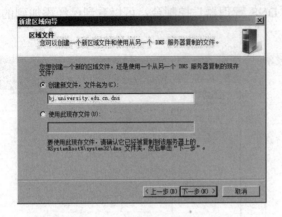

图 3-2-52　创建区域文件

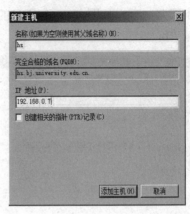

图 3-2-53　输入主机记录信息

4.　在客户端计算机上测试区域委派

以域管理员账户登录到 DNS 客户端计算机上，将计算机首选 DNS 服务器 IP 地址指向为"192.168.0.2"，然后输入如下命令测试受委派区域中的资源记录，如图 3-2-54 所示。以域管理员账户登录到 DNS 客户端计算机上，将该计算机首选 DNS 服务器 IP 地址指向为"192.168.0.3"，然后输入如下命令测试受委派区域中的资源记录，如图 3-2-55 所示。

图 3-2-54　测试委派区域

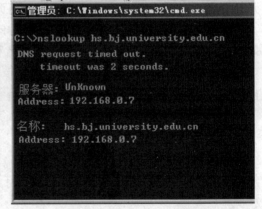

图 3-2-55　测试委派区域

任务三　辅助域名服务器的设置

【任务引入】

随着上网人数的不断增加，某企业的网络管理员发现现有的主域名服务器工作负担很重。为了提高 DNS 服务器的可用性，实现 DNS 解析的负载均衡，该企业新购一台服务器作辅助域名服务器，安装了 Windows Server 2008 操作系统。

【任务分析】

由于区域在 DNS 中发挥着重要的作用，因此希望在网络上的多个 DNS 服务器中提供区域，以提供解析名称查询时的可用性和容错性。否则，如果使用单个服务器没有响应，则该区域中的名称查询会失败。对于主区域的其他服务器，必须进行区域传送，以便复制和同步主区域的每个服务器配置使用的所有区域副本。

当新的 DNS 服务器添加到网络，并且配置为现区域的新的辅助服务器时，它执行该区域的完全初始传输，以便获得和复制区域的一份完整的资源记录副本。

【任务实施】

默认情况下，DNS 服务器只允许向区域的名称服务器（NS）的资源记录中列出的权威 DNS 服务器进行区域传输。

一、在主 DNS 服务器上设置区域传递功能

步骤一：以域管理员账户登录到主 DNS 服务器上，在"DNS 管理器"控制台中，依次展开服务器和"正向查找区域"节点。右键单击区域"university.edu.cn"，选择"属性"打开"university.edu.cn"对话框，选择"区域传递"选项卡，如图 3-2-56 所示。

步骤二：选择"允许区域传送"复选框，并选择"到所有服务器"单选框，如图 3-2-57所示，最后单击"确定"按钮即可完成传送功能设置。

图 3-2-56　"区域传送"选项卡

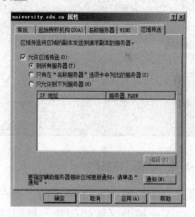

图 3-2-57　设置区域传送

二、创建正向辅助 DNS 区域

步骤一：以域管理员帐户登录到辅助 DNS 服务器上，安装 DNS 服务器角色，然后在"DNS 管理器"控制台中展开服务器节点，右键单击"正向查找区域"，在弹出的菜单中选择"新建区域"，打开如图 3-2-58 所示的"新建区域向导"页面，单击"下一步"按钮。

步骤二：在如图 3-2-59 所示的"区域类型"对话框中选择区域类型为"辅助区域"复选框，单击"下一步"按钮。

步骤三：在如图 3-2-60 所示的"区域名称"对话框中，"区域名称"文本框中输入区

Windows Server 2008 项目教程

域名称为 "university.edu.cn"，此处的区域名称要和主 DNS 服务器上的区域名称相同，单击 "下一步" 按钮。

步骤四： 在如图 3-2-61 所示的 "主 DNS 服务器" 对话框中，指定的 DNS 服务器的 IP 地址，在 "主服务器" 选项区域中输入 "192.168.0.2"，该计算机能解析到相应服务器的 FQDN，单击 "下一步" 按钮。

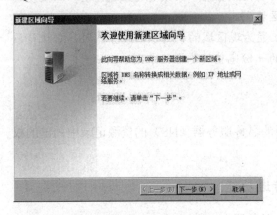

图 3-2-58 "新建区域向导" 页面

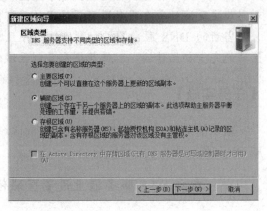

图 3-2-59 选择辅助区域

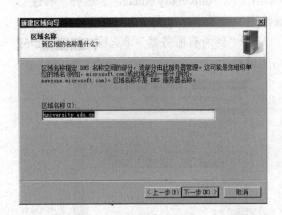

图 3-2-60 设置区域名称

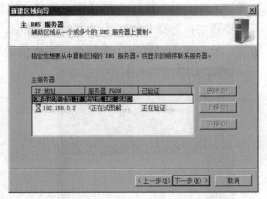

图 3-2-61 指定主 DNS 服务器的 IP 地址

步骤五： 在如图 3-2-62 所示的 "正在完成新建区域向导" 对话框中，单击 "完成" 按钮即可完成正向辅助区域的创建。使用同样的方法，可以为反向区域创建辅助区域。

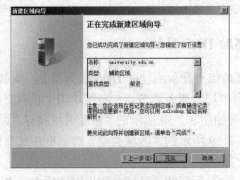

图 3-2-62 辅助区域创建完毕

-202-

任务四　WINS 服务器安装与设置

【任务引入】

　　某企业的发展十分迅速，计算机的应用也十分广泛，使得局域网中的计算机越来越多，在使用计算机名称访问时，经常找不到对方计算机，为此该企业的网络管理员准备配置一台 WINS 服务器，来实现计算机名称与 IP 地址的映射。

【任务分析】

　　WINS 是由微软公司开发出来的一种网络名称转换服务，它可以将 NetBIOS 计算机名称转换为对应的 IP 位置。通常 WINS 和 DHCP 一起工作，当使用者向 DHCP 服务器要求一个 IP 地址时，DHCP 服务器所提供的 IP 地址被 WINS 服务器记录下来，使得 WINS 可以动态地维护计算机名称地址与 IP 地址的资料库。

【相关知识】

一、WINS 概念

　　窗口互联网名称服务（Windows Internet Name Service，WINS）提供了动态复制数据库服务，可以将 NetBIOS 名称注册并解析为网络上使用的 IP 地址。Windows 2008 Server 提供了 WINS，利用 WINS 服务器可以注册和解析 TCP/IP 网络上 WINS 客户机的 NetBIOS 名称，从而确保使用早期版本的 Microsoft 操作系统的客户机查找网络资源与这些网络资源进行通信。

二、NetBIOS 名称的概念

　　NetBIOS 名称是在安装操作系统的过程为计算机指定的名称。一个 NetBIOS 名称包含 16 个字节，其中的前 15 个字节是用户指定的，用来标识与网络上单个用户或计算机相关联的某个资源的惟一名称，或者标识与网络上的一组用户或计算机相关联的某个资源的组名，第 16 个字节被 Microsoft Net BIOS 客户用作名称后缀来标识该名称，并表明用该名称在网络上注册的资源的有关信息。在一个网络内，NetBIOS 名称是不能重复使用的。每个 NetBIOS 名称都配置成一个惟一的（专有的）名称或组（非专有的）名。该名称通常用来向计算机上的特定进程发送信息，组名则用来同时向多台计算机发送信息。

三、WINS 组件

1. WINS 服务器

　　WINS 服务器处理来自 WINS 客户的名称注册请求，注册其名称和 IP 地址，并响应客户提交的 NetBIOS 名称查询，如果该名称在服务器数据库中，则返回该查询名称的 IP 地址。WINS 服务器数据库保存着包含计算机的 NetBIOS 名称与 IP 地址的映射关系。

2. WINS 客户端

WINS 客户在启动或加入网络时，将试着使用 WINS 服务器注册其名称。此后，客户将查询 WINS 服务器并根据需要解析远程名称。

3. WINS 代理

WINS 代理是一个 WINS 客户计算机，该计算机配置为充当其他不能直接使用 WINS 的主计算机的代表。WINS 代理帮助解析路由 TCP/IP 网络上的计算机的 NetBIOS 名称查询。

4. WINS 数据库

WINS 数据库用于存储和复制网络中的 NetBIOS 名称到 IP 地址的映射。在 Windows 2008 Server 中，WINS 数据库使用性能增强的 Exchange Server 存储引擎。

四、WINS 解析

1. 名称注册

名称注册是 WINS 客户请求在网络上使用 NetBIOS 名称，该名称可以是一个惟一（专有）名称或组（共享）名。NetBIOS 应用程序可以注册一个或多个名称。在 WINS 客户机上可以配置主 WINS 服务器和辅助 WINS 服务器。当 WINS 客户机启动时，它通常直接向所配置的 WINS 服务器发送一个名称注册请求，注册它的 NetBIOS 名称和 IP 地址。

2. 名称释放

当 WINS 客户计算机完成使用特定的名称并正常关机时，会释放其注册名称。在释放注册名称时，WINS 客户会通知其 WINS 服务器（或网络上其他可能的计算机），将不再使用其注册名称。

3. 名称更新

WINS 客户机需要通过 WINS 服务器定期更新其 NetBIOS 名称注册。WINS 服务器处理名称更新请求与新名称注册类似。

4. 解析名称

NetBIOS 名称解析成 IP 地址的确切机制根据为 NetBIOS 节点配置的节点类型而定。NetBIOS 节点分为以下四种类型：

> **B-节点（广播）**。使用广播来注册和解析 NetBIOS 名称。
> **P-节点（端对端）**。直接使用 WINS 服务器解析 NetBIOS 名称。P-节点不使用广播，而是直接查询名称服务器。
> **M-节点（混合）**。M-节点是 B-节点和 P-节点的组合，既先使用 NetBIOS 广播来解析，解析失败后再向 WINS 服务器发起查询。
> **H-节点（混合）**。H-节点是 P-节点和 B-节点的组合，即先向向 WINS 服务器发送查询，解析失败后再使用 NetBIOS 广播来解析。

【任务实施】

在 Windows Server 2008 中，WINS 服务器是作为功能组件存在的。在默认情况下并没有安装，因此，如果需要使用 WINS 服务，则需要安装 WINS 功能服务。

一、安装 WINS 服务器

步骤一：单击"开始"菜单中"管理工具"中的"服务器管理器"菜单项，打开"服务器管理器"窗口。

步骤二：单击右侧目录树中的"功能"选项，然后单击右侧窗格中的"添加功能"选项，打开如图 3-2-63 所示的"选择功能"对话框，选中"WINS 服务器"复选框，单击"下一步"按钮。

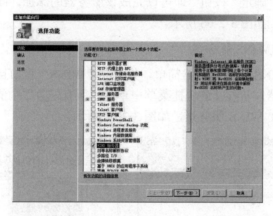

图 3-2-63 "选择功能"对话框

步骤三：在"确认安装选择"对话框中，单击"安装"按钮，便开始安装过程，显示安装进度。

步骤四：安装完成后显示"安装结果"对话框，单击"关闭"按钮退出添加功能向导。

二、WINS 服务器的配置

安装完成 WINS 服务器以后，还需要进行设置和管理工作。设置和管理 WINS 服务器主要是在"WINS"窗口中进行。

1. 添加 WINS 服务器

步骤一：单击"开始"中"管理工具"中的"WINS"菜单项，打开如图 3-2-64 所示的"WINS"窗口。

步骤二：展开左侧的目录树，然后右键单击 WINS 根节点，从打开的快捷菜单中单击"添加服务器"选项，打开如图 3-2-65 所示的"添加服务器"对话框，在"WINS 服务器"文本框中，输入要添加到服务器列表中的 WINS 服务器的 NetBIOS 名称或者 IP 地址。

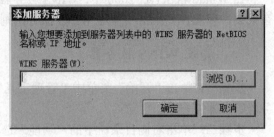

图 3-2-64 "WINS" 窗口   图 3-2-65 "添加服务器" 窗口

步骤三: 单击 "确定" 按钮 "即可以完成该服务器的添加, 同时被添加的服务器将出现在服务器列表中, 如图 3-2-66 所示。

2. 启动或停止 WINS 服务器

启动和停止 WINS 服务器非常简单, 只要在 "WINS" 窗口目录树右键单击要启动或停止的 WINS 服务器, 从打开的快捷菜单中单击 "所有任务" 中的 "启动" 或 "停止" 选项就可以启动和停止 WINS 服务器, 如图 3-2-67 所示。

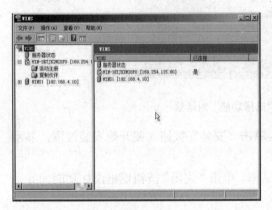

图 3-2-66 添加服务器完成   图 3-2-67 启动或停止 WINS 服务器

3. 设置 WINS 服务器属性

创建了 WINS 服务器后还需要对 WINS 服务器属性进行一些相关的设置, 没有正确的属性设置, WINS 服务器的诸多功能便无法使用。

单击 "开始" 中 "程序" 中的 "管理工作" 中的 "WINS" 选项, 打开 "WINS" 窗口, 按下列的步骤进行设置 WINS 服务器的属性操作。

步骤一: 在 "WINS" 窗口目录树右键单击要设置属性的 WINS 服务器, 从打开的快捷菜单中单击 "属性" 选项, 打开该服务器的属性对话框中的 "常规" 选项卡, 在 "常规" 对话框中选中 "自动更新统计信息间隔" 复选框, 并在刷新时间微调器中设置时间间隔 (一般要求时间间隔比较短), 这样 WINS 服务器就会自动执照管理员的设置定时对网络上的统计信息进行刷新, 如图 3-2-68 所示。

步骤二: 为了解决 WINS 数据库被损坏导致网络注册信息丢失的问题, 管理员通过设置来备份 WINS 数据库, 即在 "数据库备份" 选项区域中单击 "浏览" 按钮, 打开如图 3-2-69 所示的 "浏览文件夹" 对话框, 选择备份路径后单击 "确定" 按钮即可, 或者在 "默认备份路径" 文本框中直接输入备份路径。如果希望在服务器关闭时系统自动备份数据库, 可同时选中 "服务器关闭期间备份数据库" 复选框。

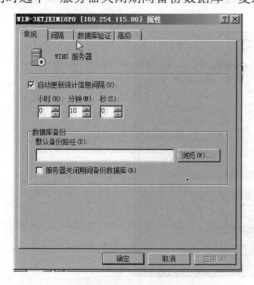

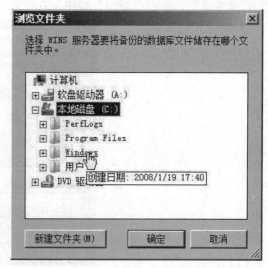

图 3-2-68 "常规" 选项卡   图 3-2-69 "浏览文件夹" 对话框

步骤三: 切换到 "间隔" 选项卡, 通过调整微调器的值可以设置名称, 记录更新时间间隔、名称记录废止时间间隔、废止超时时间, 以及验证时间间隔。如果要使用系统默认值, 则可以单击 "还原默认值" 按钮即可, 如图 3-2-70 所示。

步骤四: 切换到 "数据库验证" 选项卡, 可对数据库验证进行设置, 如图 3-2-71 所示。

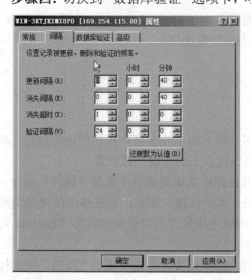

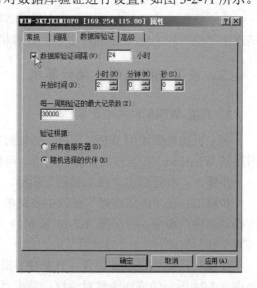

图 3-2-70 设置记录属性   3-2-71 "数据设库验证" 选卡

例如, 选中 "数据库验证间隔" 复选框, 可以设置时间间隔, 并可在 "开始时间" 文本框中设置开始的时间，在"每一周验证的最大记录数"文本框中设置指定数据一致性检查周期内检查记录的最大数。如果选中"验证根据"下的"所有者服务器"单选框，则对拥有每个记录的服务器检查；如果选中"验证根据"下的"随即选择的伙伴"单选框，则对随机选定的复制伙伴检查记录。

步骤五：切换到如图 3-2-72 所示的"高级"选项卡，在这里可以做一些高级设置。全部设置完成后，单击"确定"按钮保存设置。

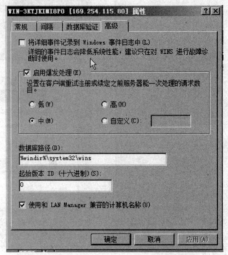

图 3-2-72　高级设置

如果用户需要系统在 jet.log 记录数据库变化事件时能将详细事件记录到事件日志中，选中"将详细事件记录到 Windows 事件日志中"复选框。

如果用户需要 WINS 服务器的突发事件处理功能，选中"启用爆发处理"复选框，并选择处理级别，例如选中"中"单选框。

在"数据库路径"文本框中输入数据库路径；为了和 LAN Manager 计算机名称兼容，请选中"使用和 LAN Manager 兼容的计算机名称"复选框。

三、设置 WINS 客户端计算机

1. 设置 WINS 客户端计算机

客户机如果要使用 WINS 服务，必须对客户机上的 WINS 客户机软件进行设置。对于常用的 Windows XP 客户端计算机来说，可以通过以下的步骤完成配置。

步骤一：右键单击"网上邻居"图标，并在弹出的快捷菜单中选择"属性"命令。

步骤二：在"网络连接"窗口中右键单击"本地连接"图标，并在弹出的快捷菜单中选择"属性"命令。在如图 3-2-73 所示的"本地连接属性"对话框中双击"Internet 协议（TCP/IP）"项。

步骤三：在"Internet 协议（TCP/IP）属性"对话框中，单击下部的"高级"按钮打开如图 3-2-74 所示的高级设置对话框，单击"添加"按钮。

图 3-2-73　双击"Internet 协议（TCP/IP）"

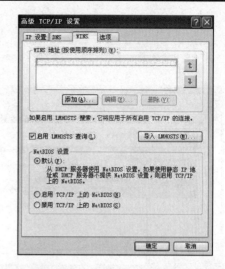

图 3-2-74　高级 TCP/IP 设置

步骤四：在如图 3-2-75 所示的对话框中，输入 WINS 服务器地址，单击"添加"按钮，在如图 3-2-74 所示的对话框中单击"确定"按钮完成设置。

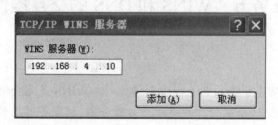

图 3-2-75　添加 WINS 服务器名称或 IP 地址

2. 设置支持非 WINS 客户端

如果网络中的非 WINS 客户机要实现与 WINS 客户机以 NetBIOS 名称进行通信，必须为非 WINS 客户机进行相应的设置

WINS 客户机在开机的时候，会自动向服务器注册 NetBIOS 名称和 IP 地址，但是对于非 WINS 客户机，它们不会自动注册名称和 IP 地址，如果希望服务器中也注册它们的数据，则需要手动设置静态映射，设置静态映射步骤如下。

步骤一：依次选择"管理"中的"管理工具"下的"WINS 服务器"命令，打开 WINS 控制参窗口。

步骤二：在 WINS 控制台中，右键单击"活动注册"一项，并在弹出的快捷菜单中选择"新建表态映射"命令，如图 3-2-76 所示。

步骤三：在如图 3-2-77 所示的对话框中，可以在"计算机名称"文本框中输入计算机的 NetBIOS 名称，在"IP 地址"文本框中输入 IP 地址，在"NetBIOS 作用域"文本框中输入所属域，在"类型"下拉列表框中选择计算机名称的类型，完成设置后单击"确定"按钮将向数据库中手工添加记录。

 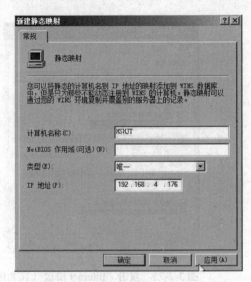

图 3-2-76　新建静态映射　　　　图 3-2-77　静态映射的设置

任务五　WINS 和 DNS 的交互操作

【任务引入】

某企业已经利用 WINS 服务来进行域名解析，但 WINS 是完全动态的，并且 WINS 只能用于微软的操作系统中，而该企业新进了一台服务器，该服务器用的是 UNIX 操作系统，因此该企业的网络管理员想把 WINS 和 DNS 结合起来以提高网络的实用性。

【任务分析】

由于 DNS 是静态的配置，而 WINS 是完全动态的；DNS 能用于非微软的操作系统客户，而 WINS 不可以，因此将 DNS 和 WINS 集成起来，充分利用各自的优越性，能使得域名解析过程更完善。通过 DNS 和 WINS 的集成实现动态的 DNS，其基本的原理为由 DNS 解析较高层的域名，而将解析的结果传给 WINS，并由 WINS 得到最终的 IP 地址。WINS 将解析结果传给客户机，就如同是 DNS 服务器处理了整个解析过程一样。

【任务实施】

一、在 DNS 中配置 WINS 搜索

在 DNS 中配置 WINS 搜索可以参照如下步骤完成。

步骤一：依次选择"开始"中"管理工具"下的"DNS 服务器"命令，打开 DNS 管理器窗口。

步骤二：在左侧目录树依次展开"正向查找区域→hjths.com"，右键单击"hjths.com"之后比弹出的快捷菜单中选择属性命令，如图 3-2-78 所示，此时可以打开属性对话框。

步骤三：选择"名称服务"选项卡，其中将显示所有的完全合格的域名的地址记录。

步骤四：单击"WINS"选项卡，勾选"使用 WINS 正向查找"复选框，并输入网络WINS 服务器的 IP 地址，如图 3-2-79 所示。

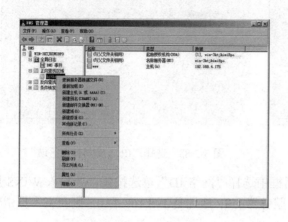

图 3-2-78 hjths.com 的属性栏

图 3-2-79 设置 WINS 服务器 IP 地址

二、在 DNS 中配置反向 WINS 搜索

在 DNS 中配置反向 WINS 搜索可以参照下述步骤进行：

步骤一：在 DNS 管理器左侧目录树中右键单击"反向查找区域"一项，并从弹出的快捷菜单中选择"新建区域"命令，如图 3-2-80 所示。

步骤二：此时将激活新建区域向导，在如图 3-2-81 所示的的对话框中单击"下一步"按钮，开始创建反向查找区域。

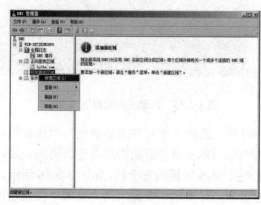

图 3-2-80 选择"新建区域"命令

图 3-2-81 新建区域向导

步骤三：在设置区域类型对话框中提供了主要区域、辅助区域和存根区域三种选项，此时单击选择"主要区域"单选项按钮，如图 3-2-82 所示。然后单击"下一步"按钮

步骤四：在如图 3-2-83 所示的对话框中选择"IPv4 反向查找区域"单选按钮，如果网络选择了分配 IPv6 地址，也可以选择"IPv6 反向查找区域"单选按钮

Windows Server 2008 项目教程

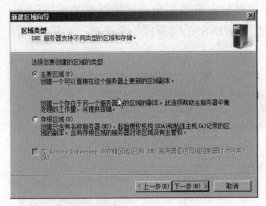

图 3-2-82　选择"主要区域"

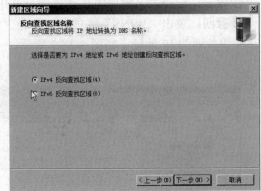

图 3-2-83　选择"IPv4 反向查找区域"

步骤五：在如图 3-2-84 所示的对话框中选择"网络 ID"单选按钮，并输入 WINS 服务器的 IP 地址的前三位。例如：WINS 服务器的 IP 地址是 192.168.4.10，则在文本框中输入的是"192.168.4"。

步骤六：系统会自动创建一个区域文件，而文件名称为"4.168.192.in-addr.arpa.dns"，表示该文件采用反向查找区域，如图 3-2-85 所示。

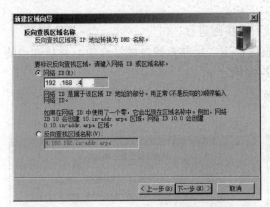

图 3-2-84　输入 WINS 服务器的网络 ID

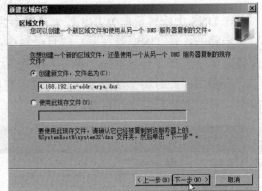

图 3-2-85　创建反向查找区域文件

步骤七：设置 DNS 区域是否动态更新的时候，选择"不允许动态更新"单选按钮，这样禁止 DNS 客户端计算机每次发生变更的时候，DNS 服务器能够动态更新资源记录，使得只具有权限的用户才可以手动更新，从而加强 DNS 区域的安全性，如图 3-2-86 所示。

步骤八：完成上述操作，将出现完成新建区域向导提示，在此单击"完成"按钮退出新建区域向导。

步骤九：在完成了上述操作之后，返回 DNS 管理器，在"反向查找区域"项目下即可查看到刚刚新建的反向查找区域。用鼠标右键单击该区域，并从弹出的快捷菜单中选择"属性"命令，如图 3-2-87 所示。

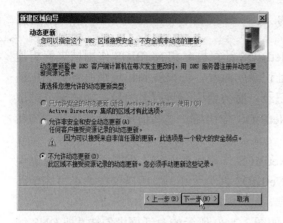

图 3-2-86　选择"不允许动态更新"　　　　图 3-2-87　DNS 管理器中的反向查找区域

步骤十：在弹出如图 3-2-88 所示的属性对话框可以查看到区域文件名就是刚才新建的反向查找区域，此时选择"WINS-R"选项卡，在如图 3-2-88 所示的对话框中勾选"使用 WINS-R 搜索"复选框，在"附加到返回的名称的域"输入主域信息，该域将附加到 WINS 返回的计算机名中。例如，如果输入"hjths.com"并且 WINS 返回 NetBIOS 计算机的名是"he"，则 DNS 服务器会将这两个值组合在一起，返回"he.hjths.com"。

这样通过 DNS 中配置正反两方向的 WINS 搜索，可以使用 WINS 解析完全合格域名或者把主机 IP 地址解析为 NetBIOS 计算机名，集成 DNS 和 WINS 协调工作，使 WINS 的解析过程更加顺畅。

二、为 DNS 中的 WINS 设置缓存值和超时值

集成 WINS 与 DNS 应设置 WINS 缓存值和超时值。缓存值确定在多长时间内从 WINS 返回的记录才有效；超时值确定了 DNS 在等值 WINS 响应时，应在等待多长时间后才断定 WINS 超时并向它返回错误消息。这些值应同时为正向和反向 WINS 搜索设置。

在 DNS 设置 WINS 的缓存值和超时值，可在如图 3-2-88 所示的对话框中单击"高级"按钮，并在如图 3-2-89 所示的对话框中进行设置，DNS 默认的 WINS 记录是 15min，超时值是 2s。对于大多数网络来说，均应增加这些值。60min 的缓存值和 3s 的值可能更为适当。

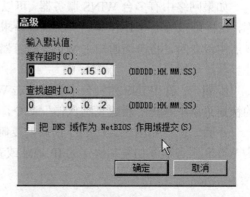

图 3-2-88　属性窗口　　　　　　　图 3-2-89　缓存超时和查找超时设置

三、配置完全的 WINS 和 DNS 集成

配置完全的 WINS 和 DNS 集成可以使 NetBIOS 计算机名和 NetBIOS 作用域来解析搜索。当 DNS 服务器查找完全合格域名的地址记录的时候，如果找到记录则服务器利用该记录仅通过 DNS 来解析域名；如果未找到记录，服务器则会将域名的最左端的部分抽取为 NetBIOS 计算机名，将其余部分抽取为 NetBIOS 作用域。这些值接着会传递给 WINS 进行解析。

完全集成 WINS 和 DNS 之前，应确保 NetBIOS 作用域在网络上配置适当，还应确保所有网络计算机使用一致的命名方案，由于 NetBIOS 匹分大小写，所以仅在大小写完全匹配的情况下才可以得到解析查询。

配置 WINS 和 DNS 的完全集成，可以在如图 3-2-89 所示的对话框中勾选"把 DNS 域作为 NetBIOS 领域提交"复选框，确认之后即可。

任务六　WINS 数据库复制和维护

【任务引入】

WINS 数据为网络存储和复制 NetBIOS 名称到 IP 地址的映射，对 WINS 数据库可以进行相应的操作。

【任务分析】

由于某企业局域网的计算机台数不断增加，在网络中也出现了多台 WINS 服务器，在这些服务器之间难免进行相关的操作，于是该企业的网络管理员就要对 WINS 数据库进行相关的操作及维护。

【任务实施】

一、建立复制伙伴

如果网络中有多台 WINS 服务器，可以互相设置为复制伙伴来复制对方的 WINS 数据库，这样可以分流 WINS 客户机的查询请求并互相备份。当复制伙伴的 WINS 数据库信息发展生改变时，将自动通知主 WINS 服务器，完成数据的更新。建立复制伙伴可以参照下述步骤进行操作。

步骤一：在 WINS 控制台中右键单击 WINS 服务器下的"复制伙伴"一项，并在弹出的快捷菜单中选择"新建复制伙伴"命令，如图 3-2-90 所示。

步骤二：在如图 3-2-91 所示的新的复制伙伴对话框中，在"WINS 服务器"文本框中为 WINS 服务器添加复制伙伴的 IP 地址或者名称。

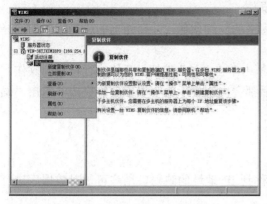

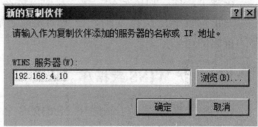

图 3-2-90 WINS 控制台中新建复制伙伴 　　图 3-2-91 设置 WINS 服务器伙伴的 IP 地址

二、数据库复制

设置复制伙伴后，可以在 WINS 服务器之间完成数据库的复制操作。WINS 服务器之间的复制有两种方法：推复制和拉复制。

1. 推复制

推复制是 WINS 服务器将其数据库中更改过的数据复制给其接收伙伴，发送伙伴在发送数据时，通知其接收伙伴接收数据的方式有两种：到达系统管理员所设置的数据"更新计数"时执行复制，或者由系统管理员执行立即复制操作。

步骤一：在 WINS 控制台中右键单击右窗格的复制伙伴，在弹出的快捷菜单中选择"开始'推'复制"命令，如图 3-2-92 所示

步骤二：在"启动'推'复制"对话框中可以选择"仅为此伙伴启动"或"传播到所有伙伴"单选按钮，如图 3-2-93 所示。

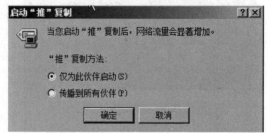

图 3-2-92 数据库复制 　　　　　　　图 3-2-93 设置"推"复制方法

2. 拉复制

拉复制是指 WINS 服务器向其他伙伴服务器发出复制请求，将其他 WINS 服务器的数据库复制到自己的数据库中。复制伙伴传来数据的方式有两种：到达系统管理员所设置的

复制时间，或者由系统管理员执行立即复制操作。

步骤一：在 WINS 控制台中右键单击右窗格的复制伙伴，并在弹出的快捷菜单中选择"开始'拉'复制"命令。

步骤二：在"确认启动'拉'复制"提示框中单击"是"按钮，开始执行拉复制操作。

无论推复制还是拉复制，在复制完成之后都会出现提示框，表示复制完成，单击"确定"按钮即可。

三、维护 WINS 数据库

WINS 数据库保存了网络中 NetBIOS 名称到 IP 地址的映射，用户可以对数据库进行备份、还原以及设置数据库的验证间隔时间。

1. 备份 WINS 数据库

为了防止突发事件造成 WINS 服务器数据的丢失，用户可以采用系统自动备份或者手动备份的方法来对 WINS 数据库进行备份。自动备份时可参照如下步骤进行操作。

步骤一：在 WINS 控制台中右键单击 WINS 服务器，从弹出的快捷菜单中选择"属性"命令打开 WINS 服务器的属性对话框。

步骤二：在如图 3-2-94 所示的"常规"选项卡中，在"数据库备份"区域中的"默认备份路径"文本框中输入数据库备份路径，勾选"服务器关闭期间备份数据库"复选框，这样在关闭 WINS 服务器时将自动执行 WINS 数据库的备份。默认情况下系统不进行数据库备份，但是设置数据库备份路径之后，默认情况下每 24h 进行一次备份。

此外，用户还可以参照以下步骤进行手动备份数据库。

步骤一：在 WINS 控制台中，右击 WINS 服务器，从弹出的快捷菜单中选择"备份数据库"命令。

步骤二：在如图 3-2-95 所示的"浏览文件夹"对话框中，选择用来存放备份数据的文件夹。

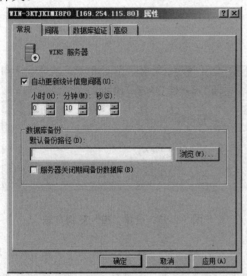
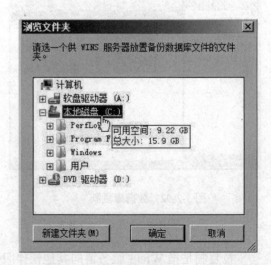

图 3-2-94 "常规"选项卡的设置 　　　图 3-2-95 选择存储路径

步骤三：单击"确定"按钮后系统会弹出"数据备份顺利完成"的提示框，表示已经成功地对服务的数据库进行了一次备份操作，单击"确定"按钮即可。

四、还原 WINS 数据库

如果 WINS 服务器的数据库出现了问题，则可以用已经备份过的数据来进行还原操作。

步骤一：还原 WINS 数据库之前，必须先停止 WINS 服务器。右键单击"WINS 服务器"，从弹出的快捷菜单中选择"所有任务"→"停止"命令，如图 3-2-96 所示。

步骤二：停止了 WINS 服务器以后可以开始还原数据，此时右键单击"WINS 服务器"，并从工作出发弹出的快捷菜单中选择"还原数据库"命令，如图 3-2-97 所示。在弹开的"浏览文件夹"对话框中选择先前备份数据库存放的文件夹。

 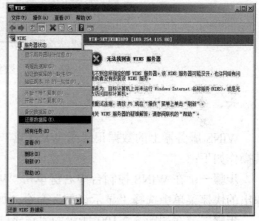

图 3-2-96　停止 WINS 服务器　　　　图 3-2-97　还原数据库

在执行还原数据库时 WINS 服务会自动启动，还原完毕后，系统会自动弹出"数据库还原成功完成"的提示框，单击"确定"按钮，这样 WINS 服务器就可以正常运行了。

五、设置数据库验证间隔

WINS 服务器如果曾经和其他的计算机相互复制数据，则经过验证间隔后，会主动向复制来源计算机要求验证复制来源的数据是否需要更新或者应该消失。用户通过设置 WINS 数据库验证间隔，就可以使 WINS 服务器定时检查数据库，确认当前数据是否和网络上的其他服务器保持一致。在定时检查数据库时，WINS 服务器会复制所有其他服务器的数据，并进行每条记录的新旧识别，如果发现其他服务器上有比本机更新的数据则会覆盖本机的记录。

步骤一：右键单击 WINS 服务器，在弹出的快捷菜单中选择"属性"命令。

步骤二：打开"属性"对话框之后选择"数据库验证"选项卡，如图 3-2-98 所示。

在此可以设置数据库验证间隔的时间，即 WINS 服务器定期检查数据库的周期；也可以设置检查开始的时间、一周验证的最大记录数量以及选择是检查"所有者服务器"还是"随即选择的软件"两种检查根据。

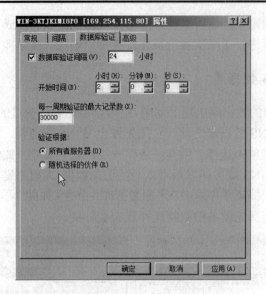

图 3-2-98　数据库验证设置

六、查看数据库信息

　　WINS 服务器上的数据记录了 WINS 客户机的注册情况。可通过数据库查看注册信息，其操作如下：

　　步骤一：在 WINS 控制台中右键单击"WINS 服务器"下的"活动注册"项目，并在弹出的快捷菜单中选择"显示记录"命令，如图 3-2-99 所示。

　　步骤二：在如图 3-2-100 所示的"记录映射"选项卡中，如果勾选"筛选与此名称样式匹配的记录"复选框，将按照在文本框中输入的名称进行显示；如果勾选"筛选与此 IP 地址匹配的记录"复选框，将按照输入的 IP 地址显示匹配的记录；如果勾选"启用结果缓存"复选框，将为显示的结果启用内在缓存区，开启缓存可以加快类似查询的速度。

图 3-2-99　选择"显示记录"命令

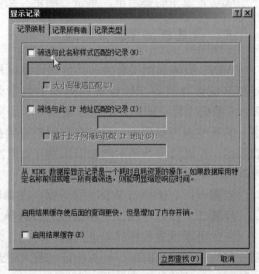

图 3-2-100　"记录映射"选项卡

步骤三：在"记录所有者"选项卡中，"为这些所有者显示启示"列表框中显示了 WINS 服务器上所有的数据库所有者。如果有多个服务器，这里将显示多个所有者，可以选择显示具体的某个服务器上的记录，如图 3-2-101 所示。

步骤四："记录类型"选项卡用于选择显示数据库中的记录类型，WINS 记录类型包括：工作站、信使、RAS 服务器、域控制器、正常组名、NetDDE、文件服务器网络监视器代理程序、网络监视器名称等，如图 3-2-102 所示。

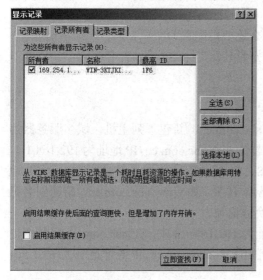
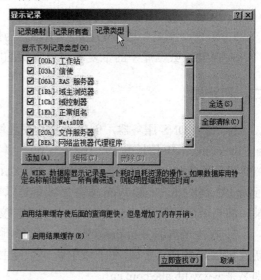

图 3-2-101　"记录所有者"选项卡　　　　图 3-2-102　"记录类型"选项卡

课题小结

本课题主要讲述了 DNS 主域名服务器的设置、子域和委派区域的设置、辅助域名服务器的设置、WINS 服务器的安装与设置、WINS 和 DNS 的交互操作、WINS 数据库的复制及维护。通过本课题的学习，读者应该了解 DNS 域名空间和区域、域名解析和域名服务器的类型等知识；掌握如何安装、设置、测试 DNS 服务器，如何创建正向和反向查找区域，如何清除缓存和监视 DNS 服务器；了解域和区域、子域和子域资源记录的相关知识；掌握如何创建子域，如何在子域中创建资源记录，在客户端计算机上测试子域，委派区域给其他服务器；掌握如何在主 DNS 服务器上设置区域传递功能，如何创建正向辅助 DNS 区域；了解 WINS、NetBIOS 名称的概念、WINS 组件和解析的相关知识；掌握如何安装、配置 WINS 服务器，以及 WINS 客户端计算机的设置；掌握 WINS 和 DNS 之间的相互操作，以及 WINS 数据库的复制和维护。

课后练习

一、思考题

1. 假如你是一个企业的网络管理员，你将如何利用 DNS 服务器的相关内容来对该企业的网络进行管理?

2．域和区域如何区分?

3．辅助服务器和主服务器之间的工作原理是什么?

4．WINS 的基本功能是什么?

5．在一般的中小型企业的局域网中，已经配置了 DNS 服务，是不是还要配置 WINS 服务?

6．WINS 和 DNS 有什么区别?

7．若一个网络中已经配置了 WINS，为什么还要再配置 DNS?

8．WINS 数据库中的推复制与拉复制的区别是什么?

二、实践题

1．安装 DNS 服务器，创建正向查找区域 abc.com.cn，新建下列主机，域名服务器为 dns.abc.com.cn，IP 地址为 192.168.1.3；Web 服务器为 web.abc.com.cn，IP 地址为 192.168.1.4；FTP 服务器为 ftp.abc.com.cn，IP 地址为 192.168.1.5；邮件服务器为 mail.abc.com.cn，IP 地址为 192.168.1.6，一般 Web 服务器域名是以 www 开头，如 www.abc.com.cn，新建别名记录，邮箱域名一般是 abc.com.cn，新建邮件交换器记录。

2．在主域名服务器 dns.abc.com.cn，IP 地址为 192.168.1.3 中，在 abc.com.cn 区域中，新建 lib.abc.com.cn 子域，在子域中新建一台主机 lib1.lib.abc.com.cn，IP 地址是 192.168.1.50，别名是 www.lib.abc.com.cn。

3．将上述子域委派给域名服务器 dns.lib.abc.com.cn， IP 地址为 192.168.1.51 管理。

4．主域名服务器 dns.abc.com.cn， IP 地址为 192.168.1.3；辅助域名服务器 dns2.abc.com.cn，IP 地址为 192.168.1.13，配置正向查找区域的辅助区域，进行区域复制。

5．安装 WINS 和配置服务器，IP 地址 192.168.1.10，设置客户端计算机。

6．设置 WINS 和 DNS 交互操作，正向查找区域 abc.com.cn，域名服务器为 dns.abc.com.cn，IP 地址为 192.168.1.3； WINS 服务器，IP 地址 192.168.1.10。

7．两台 WINS 服务器，IP 地址 192.168.1.10 和 192.168.1.20，在 IP 地址为 192.168.1.10 的 WINS 服务器上 WINS 数据库的推/拉复制操作

8．在 WINS 服务器上进行 WINS 数据库的备份和还原，查看数据库信息。

课题三　DHCP 服务器设置

【课题概览】

在 TCP/IP 网络中，设备之间通过 IP 地址进行通信，所以必须为每一个设备分配一个唯一的 IP 地址。IP 地址的分配一般有两种方式：静态分配和动态分配。其中当采用动态分配 IP 地址方案时，在网络中需要一台 DHCP 设备。DHCP 是一种网络服务。本课题将介绍 DHCP 服务器的安装和设置，DHCP 客户端计算机、中继代理的设置，超级作用域的创建和配置，DHCP 数据库的维护。

【课题目标】

➤ 掌握 DHCP 服务器的安装和设置
➤ 掌握 DHCP 客户端计算机、中继代理的设置
➤ 掌握超级作用域的创建和配置以及 DHCP 数据库的维护

任务一　DHCP 服务器安装设置

【任务引入】

在某局域网中，为了简化机房管理，采用 DHCP 方式为计算机动态分配 IP 地址，可用范围是 192.168.4.1~192.168.4.100，其中 192.168.4.1~192.168.4.10 已固定分配给其他计算机使用。

【任务分析】

现代企业网络的规模越来越大，面对数量如此众多的客户机，在客户端手工为每台机器逐一进行 TCP/IP 配置是非常麻烦的，而且一旦在同一网络中两台以上的计算机使用相同的 IP 地址，就会产生 IP 地址冲突。一旦发生了 IP 地址冲突，对于用户使用网络资源会带来很多不便，甚至无法正常使用网络。其主要原因是由物工分配的失误和 IP 地址管理不善造成的。因此很多网管人员使用 Windows 系统的动态主机配置协议（Dynamic Host Configuration Protocol，DHCP）服务器来动态分配 TCP/IP 配置。

DHCP 是一种用于简化计算机 IP 地址配置管理的标准。采用 DHCP 可以很容易地完成 IP 地址的分配问题，以及解决经常发生的 IP 地址冲突。通过采用 DHCP 标准，可以使用 DHCP 服务器为网络上的计算机分配、管理动态 IP 地址以及其他的相关配置信息。如图 3-3-1 所示。

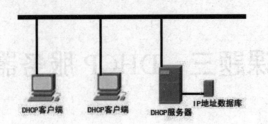

图 3-3-1　具有 DHCP 服务器的网络

【相关知识】

一、IP 地址的配置

1. 手工配置和动态配置

在 TCP/IP 协议网络中，每一台主机可采用以下两种方式获取 IP 地址与相关配置：一是手工配置，二是由 DHCP 服务动态配置。

DHCP 是从 BOOTP 协议发展而来的一个简体主机 IP 地址分配管理的 TCP/IP 标准协议。通过 DHCP，网络用户不再需要自行设置网络参数，而是由 DHCP 服务器来自动配置用户所需要的 IP 地址及其他相关的环境配置（如默认网关、DNS、WINS 的设置等）。

在使用 DHCP 分配 IP 地址时，整个网络至少要有一台服务器上安装了 DHCP 服务，其他要使用 DHCP 功能的客户机必须设置成利用 DHCP 获得 IP 地址。

2. 动态 IP 地址分配方式

当 DHCP 客户端启动时，会自动与 DHCP 服务器进行沟通，并且要求 DHCP 服务器为自己提供 IP 地址及其他网络参数。DHCP 服务器在收到 DHCP 客户端的请求后，会根据自己的设置，决定如何提供 IP 地址给客户端。

- ➤ **永久租用**。当 DHCP 客户端向 DHCP 服务器租用到 IP 地址后，这个地址就永远派给这个 DHCP 客户端使用。
- ➤ **限定租期**。当 DHCP 客户端向 DHCP 服务器租用到 IP 地址后，暂时使用这个地址一段时间。如果原 DHCP 客户端之后又需要 IP 地址，它可以向 DHCP 服务器重新租用 IP 地址。

二、DHCP 服务简介

DHCP 是一个简化主机 IP 地址分配管理的 TCP/IP 标准协议。其具有以下优点：

- ➤ **提高效率**。DHCP 客户端将自动获取 IP 地址信息并完成配置，从而提高了工作效率，减少了由于手动设置可能出现的错误。
- ➤ **便于管理**。当时网络使用的 IP 地址段发生改变时，只需要修改 DHCP 服务器的 IP 地址池即可。
- ➤ **节约 IP 地址资源**。在有 DHCP 服务器的网络中，只有当 DHCP 客户端请求时才有 DHCP 服务器提供 IP 地址；当计算机关机后又会自动释放 IP 地址。这样可以节约 IP 地址资源。

DHCP 可以动态地为网络中的计算机分配 IP 地址信息，但要使用 DHC 服务，必须安装 DHCP 服务器，因为在安装 Windows Server 2008 的过程中，DHCP 服务不会自动安装。

【任务实施】

一、安装 DHCP 服务器

安装 DHCP 服务器可以在"服务器管理器"窗口中通过添加服务器角色来完成，具体安装方法和步骤参照以下操作。

步骤一：单击"开始"菜单中"管理工作"下的"服务器管理器"菜单项，打开如图 3-3-2 所示的"服务器管理器"窗口。

步骤二：单击左侧目录树中的"角色"选项，然后在右侧窗格中单击"添加角色"超级链接，启动添加角色向导并打开如图 3-3-3 所示的"开始之前"对话框。

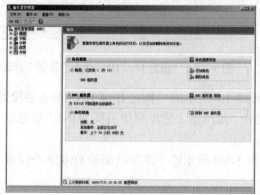

图 3-3-2　"服务器管理器"窗口　　　　图 3-3-3　"开始之前"对话框

步骤三：单击"下一步"按钮，打开如图 3-3-4 所示的"选择服务器角色"对话框，选中"DHCP 服务器"复选项框。

步骤四：单击"下一步"按钮，打开如图 3-3-5 所示的"DHCP 服务器"对话框，在这里就可以了解 DHCP 服务器相关的介绍。

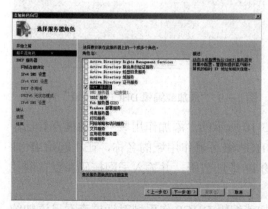
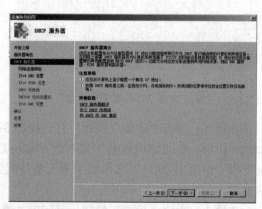

图 3-3-4　"选择服务器角色"对话框　　　　图 3-3-5　"DHCP 服务器"对话框

步骤五： 单击"下一步"按钮，打开如图 3-3-6 所示的"选择连接网络连接绑定"对话框，在"网络连接"列表里选择该 DHCP 服务器用于向客户端提供服务的网络连接。

步骤六： 单击"下一步"按钮，打开如图 3-3-7 所示的"指定 IPv4 DNS 服务器设置"对话框，指定客户端将用于解析的你域名以及 IP 地址，如果有备用 DNS 服务器，可以在下面文本框中指定。

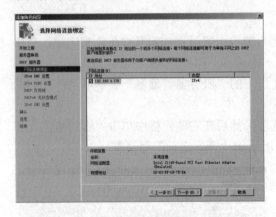 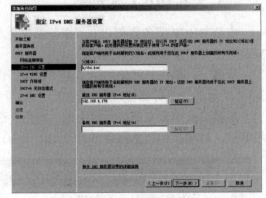

图 3-3-6 "选择网络连接绑定"对话框   图 3-3-7 "指定 IPv4 DNS 服务器设置"对话框

步骤七： 单击"下一步"按钮，打开如图 3-3-8 所示的"指定 IPv4 DNS 服务器设置"对话框，如果网络上存在 WINS 服务器，可选中"此网络上应用程序需要 WINS"单选框，然后输入 WINS 服务器的 IP 地址。

步骤八： 单击"下一步"按钮，打开如图 3-3-9 所示的"添加或编辑 DHCP 作用域"对话框。

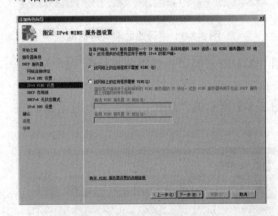 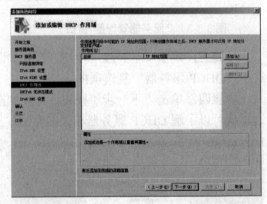

图 3-3-8 "指定 IPv4 WINS 服务器设置"对话框   图 3-3-9 "添加或编辑 DHCP 作用域"对话框

步骤九： 单击"添加"按钮，打开如图 3-3-10 所示的"添加作用域"对话框查看已添加的作用域，在"作用域名"文本框中输入 DHCP 服务器作用域的名称，在"起始 IP 地址"和"结束 IP 地址"文本框中输入要分配的 IP 地址范围，并输入子网掩码和默认网关信息等。

步骤十： 单击"确定"按钮，返回到"添加或编辑 DHCP 作用域对话框查看已添加的作用域，如图 3-3-11 所示，如果发现有误，可以单击"编辑"按钮进行更改。

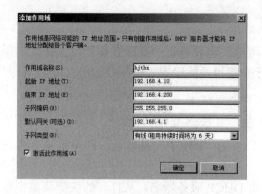
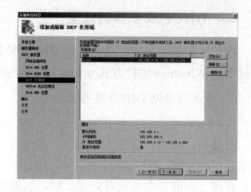

图 3-3-10　"添加作用域"对话框　　　　图 3-3-11　"已添加作用域"对话框

步骤十一：单击"下一步"按钮，打开如图 3-3-12 所示的"配置 DHCPv6 无状态模式"对话框，可根据实际情况进行选择。

步骤十二：单击"下一步"按钮，进行授权 DHCP 服务器的设置，由于在 AD 域环境中，因此 DHCP 服务器只有经过授权才能工作。当然，也可以在安装完成以后再进行授权。在如图 3-3-13 所示的"确认安装选择"对话框，如果发现有设置错误，可单击"上一步"按钮进行修改。

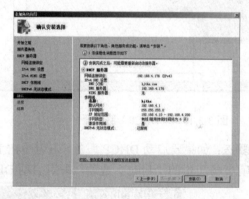

图 3-3-12　"配置 DHCPv6 无状态模式"对话框　　　图 3-3-13　"确认安装选择"对话框

步骤十三：单击"安装"按钮，即可开始安装。完成后将打开如图 3-3-14 所示的"安装结果"对话框。单击"关闭"按钮退出添加角色向导。

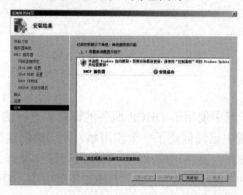

图 3-3-14　"安装结果"对话框

二、DHCP 服务器的设置

DHCP 服务器安装完成后，在使用过程中可能还需要进行一些配置和管理工作。如果通过添加 Windows 组件方式安装，则必须进行一些相关的设置才能提供服务。

1. 停止或启动 DHCP 服务器

在 DHCP 窗口可以停止或启动 DHCP 服务器，具体操作方法如下。

步骤一： 单击"开始"菜单中"管理工具"下的"DHCP"菜单项，打开如图 3-3-15 所示的"DHCP"窗口。

步骤二： 展开左侧的目录树，然后右键单击 DHCP 服务器名，从打开的快捷菜单中单击"所有任务"中的"停止"选项，即可停止 DHCP 服务，如图 3-3-16 所示。如果要暂停或重启 DHCP 服务，可以从打开的快捷菜单中单击相应的选项。

图 3-3-15 "DHCP"服务器

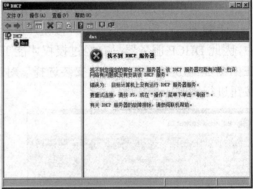

图 3-3-16 停止 DHCP 服务之后

步骤三： 如果要启动 DHCP 服务，右键单击 DHCP 服务器名，从打开的快捷菜单中单击"所有任务"中的"启动"选项，即可启动 DHCP 服务，如图 3-3-17 所示。

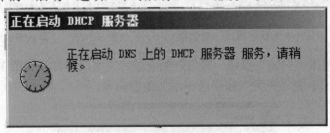

图 3-3-17 正在启动 DHCP 服务

2. 新建作用域

DHCP 作用域是对子网中使用了 DHCP 服务的计算机进行的 IP 地址管理性分组。在安装 DHCP 服务器的过程中已经创建了一个作用域，如果要创建另一个作用域，可以手工方式进行。如果在安装过程没有添加作用域，也要进行这步操作。

单击"开始"菜单中"管理工具"下的"DHCP"菜单项，打开"DHCP"窗口，然后参照以下步骤进行新建作用域的操作

步骤一：在"DHCP"窗口中展开左侧目录树，然后右键单击 DHPC 服务器下的"IPv4"选项，从打开的快捷菜单中单击"新建作用域"选项，如图 3-3-18 所示。

步骤二：单击"新建作用域"命令后，弹出如图 3-3-19 所示的"欢迎使用新建作用域向导"对话框。

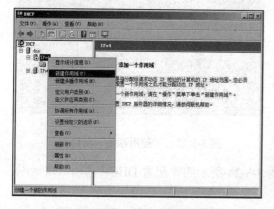

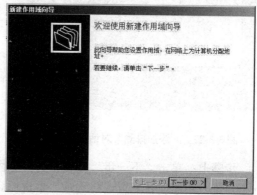

图 3-3-18 单击"新建作用域"选项　　　图 3-3-19 "欢迎使用新建作用域向导"对话框

步骤三：单击"下一步"按钮，打开如图 3-3-20 所示的"作用域名称"对话框，在"名称"文本框中输入用于标识的名称，在"说明"文本框中可输入简单的说明。

步骤四：单击"下一步"按钮，打开如图 3-3-21 所示的"IP 地址范围"对话框，在这里设置由该 DHCP 服务器分配的 IP 地址范围（即 IP 地址池）并设置"子网掩码"或子网掩码的"长度"

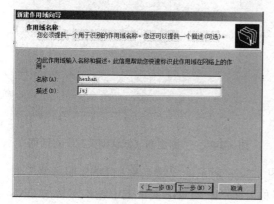

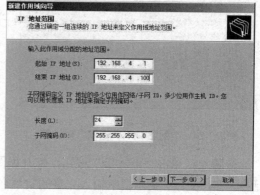

图 3-3-20 "作用域名名称"对话框　　　图 3-3-21 "IP 地址范围"对话框

步骤五：单击"下一步"按钮，打开如图 3-3-22 所示的"添加排除"对话框，输入起始和结束的 IP 地址，单击"添加"按钮，系统即可保留该段 IP 地址。

步骤六：单击"下一步"按钮，打开如图 3-3-23 所示的"租用期限"对话框，设置 IP 地址租期。默认租期限为 8 天，应当相对延长一些，这样将有利于减少网络广播流量，从而提高网络传输效率。

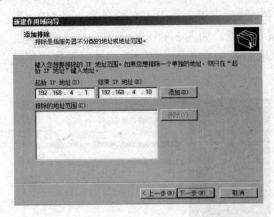

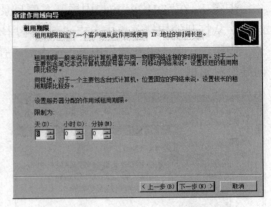

图 3-3-22 "添加排除"对话框　　　　　图 3-3-23 "租用期限"对话框

步骤七：单击"下一步"按钮，打开如图 3-3-24 所示的"配置 DHCP 选项"对话框，选中"是，我想现在配置这些选项"单选框。

步骤八：单击"下一步"按钮，打开如图 3-3-25 所示的"路由器（默认网关）"对话框，为当前的作用域指定要分配的路由器或默认网关地址，即在"IP 地址"文本框中输入想要指定的 IP 地址，然后单击"添加"按钮即可。

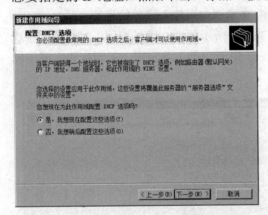

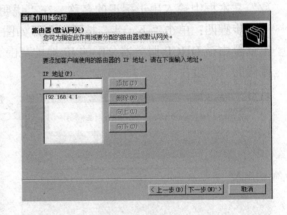

图 3-3-24 "配置 DHCP 选项"对话框　　　图 3-3-25 "路由器（默认网关）"对话框

步骤九：单击"下一步"按钮，打开如图 3-3-26 所示的"域名称和 DNS 服务器"对话框，在"父域"文本框中输入完整的父域名称，在"IP 地址"文本框中输入对应的 DNS 服务器的 IP 地址，或在"服务器名"文本框中输入客户端使用的 DNS 服务器，（如果域控制器正运行）单击"解析"按钮即可得到相应的 IP 地址，然后单击"添加"按钮。

步骤十：单击"下一步"按钮，打开如图 3-3-27 所示"WINS 服务器"对话框，开始设置 WINS 服务器，方法和上一步类似（如果没有安装 WINS 服务器，则可以不予安装）

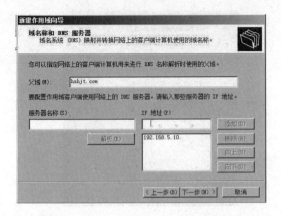

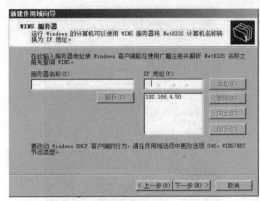

图 3-3-26　"域名称和 DNS 服务器"对话框　　　图 3-3-27　"WINS 服务器"对话框

步骤十一：单击"下一步"按钮，打开如图 3-3-28 所示的"激活作用域"对话框，选中"是，我想现在激活作用域"单选框。

步骤十二：单击"下一步"按钮，打开如图 3-3-29 所示的"正在完成新建作用域向导"对话框，单击"完成"按钮，即可完成作用域创建并激活该 DHCP 服务器作用域。

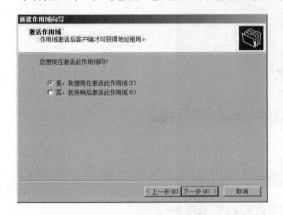

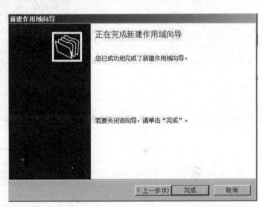

图 3-3-28　"激活作用域"对话框　　　图 3-3-29　"正在完成新建作用域向导"对话框

3. 设置 DHCP 选项

DHCP 服务器除了可以为 DHCP 客户端提供 IP 地址外，还可以用于设置 DHCP 客户端启动时的工作环境，例如，设置客户登录的域名称、DNS 服务器、WINS 服务器、路由器、默认网等。

步骤一：在"DHCP"窗口中右键单击要修改的作用域名称，在打开的快捷菜单中单击"属性"按钮，打开如图 3-3-30 所示的作用域属性对话框"常规"选项卡，在这里可以修改作用域的地址，也可以修改 DHCP 客户端的租约期限。

步骤二：切换到如图 3-3-31 所示的"作用域属性"对话框的"DNS"选项卡，可设置 DNS 服务器。

Windows Server 2008 项目教程

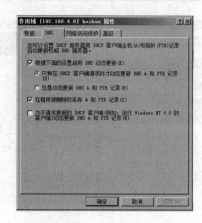

图 3-3-30　"常规"选项卡　　　　　　图 3-3-31　"DNS"选项卡

步骤三：切换到如图 3-3-32 所示的"作用域属性"对话框的"网络访问保护"选项卡，选中"对此作用域启用"单选框，启用可以网络访问保护功能，并在下面选择网络访问保护策略。

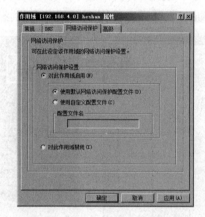

图 3-3-32　"网络访问保护"选项卡

4. 保留特定的 IP 地址

在一个网络中，有时需要对某些 DHCP 客户端设置固定的 IP 地址，而这些特定的 IP 地址又不能分配给其他的客户端，这时就需要通过 DHCP 服务器的保留功能来实现。通过保留功能可以将特定的 IP 地址与特定的客户端进行绑定，当该客户端每次向 DHCP 服务器请求 IP 地址或更新租期时，DHCP 服务器都会给该客户端分配相同的 IP 地址。

要保留特定的 IP 地址，要在"DHCP"窗口中展开作用域，然后选择"保留"选项，并通过右键菜单来完成操作。

步骤一：在"DHCP"窗口中展开作用域选项，然后右键单击"保留"选项，从打开的快捷菜单中单击"新建保留"选项，打开如图 3-3-33 所示的"新建保留"对话框，在这里可以设置要保留的 IP 地址。

步骤二：设置完成以后单击"添加"按钮，该 IP 地址便指定给该 DHCP 客户端，并且将结果显示在对话框中，如图 3-3-34 所示。这样，便可以建立特定的 IP 地址和特定 DHCP 客户端之间的关系。

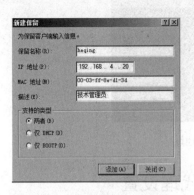

图 3-3-33　"新建保留"对话框

图 3-3-34　已添加的"保留"

5. DHCP 客户端的配置和测试

DHCP 服务器配置好以后，就该配置 DHCP 客户端计算机，使其从 DHCP 服务器上动态获取 IP 地址。具体的操作如下。

步骤一： 设置客户端计算机"自动获得 IP 地址"。

以域管理员帐户登录 DHCP 客户端计算机上，打开"Internet 协议（TCP/IP）属性"对话框，在该对话框中选择"自动获得 IP 地址"和"自动获得 DNS 服务器地址"单选框。如图 3-3-35 所示。最后单击"确定"按钮关闭该对话框。

将客户端计算机设置为"自动获得 IP 地址"后，不需要使用"ipconfig/renew"命令，该计算机将马上自动从 DHCP 服务器上获得 IP 地址。

步骤二： 在客户端计算机上打开命令提示符界面，通过输入"ipconfig/renew"命令从 DHCP 服务器上申请 IP 地址，如图 3-3-36 所示，可以看到该客户机从 DHCP 服务器上获取到了"192.168.4.10"的 IP 地址。

图 3-3-35　设置客户机自动获得 IP 地址

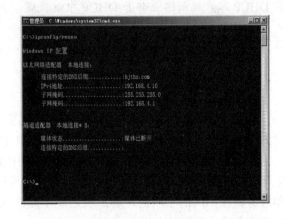

图 3-3-36　申请 IP 地址

通过输入"ipconfig/renew"命令可以查看客户端计算机从 DHCP 服务器上获取到了 IP 地址信息，这些信息包括 IP 地址、子网掩码、默认网关、DHCP 服务器、DNS 服务器等。

步骤三： 以域管理员账户登录到 DHCP 客户端计算机上，打开命令提示符界面，通过输入"ipconfig/release"命令释放刚才租约到的 IP 地址，如图 3-3-37 所示，可以看到当前客户机已经没有了 IP 地址。

图 3-3-37　释放 IP 地址

任务二　DHCP 中继代理设置

【任务引入】

某公司局域网由两个子网 A、B 组成，并通过一台 IP 路由器互联。在每一个子网中都架设了一台 DHCP 服务器，为本子网的 DHCP 客户机提供 IP 地址的租约服务。但由于连接两个子网的 IP 路由器不支持转发，因此子网 B 中 DHCP 客户端无法从子网 A 的 DHCP 服务器租用到 IP 地址。为解决这个问题，该公司网络管理员决定在子网 B 中安装一台服务器提供 DHPC 中继代理服务。

【任务分析】

由于大部分 DHCP 协议通信是以广播方式进行的，如果 DHCP 服务器和 DHCP 客户端分别位于不同的网段，而广播信息不能传送到不同的网段，则限制了 DHCP 的使用范围。解决这个问题，通常有两种方法：一是在不同的网段之间用兼容的 IP 路由器互联，二是在 DHCP 客户端网络上部署 DHCP 中继代理，并且配置为转发 DHCP 到 DHCP 服务器。

【相关知识】

一、DHCP 中继代理应用场合

现在的企业在组网时，根据实际需要通常会划分 VLAN。如何让一个 DHCP 服务器同时为多个网段提供服务，这就需要配置 DHCP 中继代理服务器。

在大型网络中，可能会存在许多子网。DHCP 客户机通过网络广播消息获得 DHCP 服务器的响应而得到 IP 地址，但广播消息是不可能跨越子网的。因此，如果 DHCP 客户机和服务器在不同的子网内，客户机还能不能向 DHCP 服务器申请 IP 地址？这就要用到 DHCP 中继代理。

DHCP 中继代理实际上是一种软件技术，安装了 DHCP 中继代理的计算机称为 DHCP 中继代理服务器，它承担不同子网间的 DHCP 客户机和 DHCP 服务器之间的通信任务。

二、中继代理的工作原理

DHCP 中继代理将它连接的其中一个物理接口（如网卡）上广播 DHCP/GOOTP 消息

中转到其他物理接口连接的其他远程子网。如图 3-3-38 所显示了子网 2 上的客户端 C 是如何从子网 1 上的 DHCP 服务器上获得 DHCP 地址租约的。

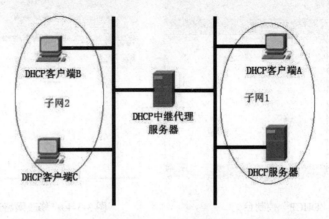

图 3-3-38 DHCP 中继代理

子网 2 中的 DHCP 客户端 C 从子网 1 的 DHCP 服务器上获取 IP 地址的具体过程如下：

➤ DHCP 客户端 C 使用端口 67 在子网 2 上广播 DHCPDISCOVER 数据包。

➤ DHCP 中继代理服务器检测到 DHCPDISCOVER 数据包中的网关 IP 地址字段。如果该字段有 IP 地址 0.0.0.0，代理文件会在其中填入中继代理的 IP 地址，然后将消息转发到 DHCP 服务器所在的远程子网 1。

➤ 远程子网 1 上的 DHCP 服务器收到此消息时，它会为该 DHCP 服务器可用于提供 IP 地址租约的 DHCP 作用域检查其网关 IP 地址字段。

➤ 当 DHCP 服务器有多个 DHCP 作用域时，网关 IP 地址字段（GIADDR）中的地址会标识将从对应的 DHCP 作用域提供 IP 地址。

➤ 当 DHCP 服务器收到 DHCPDISCOVER 消息时，它会处理 IP 地址租约（DHCPOFFER）并将其直接发送给在网关 IP 地址（GIADDR）字段中标识的中继代理服务器。

➤ 路由器然后将地址租约（DHCPOFFER）转发给 DHCP 客户端。此时客户端的 IP 地址仍旧无人知道，故它必须在本地子网上广播。同样，DHCPEQUEST 消息通过 DHCP 中继代理服务器从 DHCP 客户端中转发到 DHCP 服务器，而 DHCPACK 消息通过 DHCP 中继代表服务器从 DHCP 服务器转发到 DHCP 客户端。

【任务实施】

配置 DHCP 中继代理服务器，使得客户端计算机能从不同网段的 DHCP 服务器上动态获取 IP 地址，具体步骤如下。

步骤一：以域管理员账户登录到 DHCP 服务器上，对其进行授权创建作用域，该作用域的名称为"单位作用域"，IP 地址范围为：192.168.1.1～192.168.1.110，租约时间为 8 天，不用创建任何选项，创建完成后将其激活，效果如图 3-3-39 所示。

步骤二：给需要配置 DHCP 中继代理的服务器安装两块网卡，然后以域管理员账户登录该计算机上，在"网络连接"界面上修改网络连接名称以便能够识别，如图 3-3-40 所示，

Windows Server 2008 项目教程

连接内部的网卡名称为"LAN"，连接外部网络的网卡名称为"WAN"。

图 3-3-39　"DHCP"控制台　　　　　　　　图 3-3-40　修改网络连接名称

配置该计算机上两块网卡的 IP 地址，然后用"ipconfig/all"命令查看该计算机的地址配置信息，如图 3-3-41 所示。

步骤三：安装"远程访问服务"角色服务。

以域管理员账户登录到需要配置 DHCP 中继代理程序的计算机上，在"服务器管理器"控制台中，单击"角色"节点，然后在控制台右侧单击"添加角色"按钮，打开"添加角色向导"页面。在打开的"选择服务器角色"对话框中，选择"网络策略和访问服务器"复选框，如图 3-3-42 所示，单击"下一步"按钮。

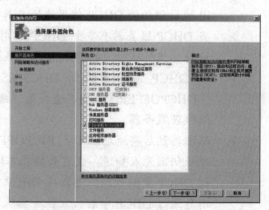

图 3-3-41　查看 IP 地址配置信息　　　　　　图 3-3-42　选择"网络策略和访问服务器"

步骤四：出现如图 3-3-43 所示的 "网络策略与访问服务"对话框，在该对话框中显示了网络策略和访问服务器简介和注意事项，单击"下一步"按钮。

步骤五：在如图 3-3-44 所示的"选择角色服务"对话框，在此选择"远程访问服务"复选框，单击"下一步"按钮。

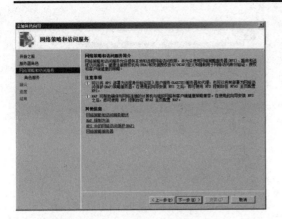

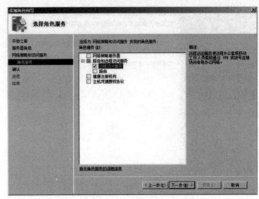

图 3-3-43　网络策略和访问服务　　　　　图 3-3-44　选择 "远程访问服务" 角色服务

步骤六：在如图 3-3-45 所示的"确认安装选择"对话框，显示要安装的角色服务，单击"安装"按钮开始安装远程访问服务角色服务。

步骤七：安装完毕出现如图 3-3-46 所示的"安装结果"对话框，最后单击"关闭"按钮即可完成远程访问服务角色服务安装。

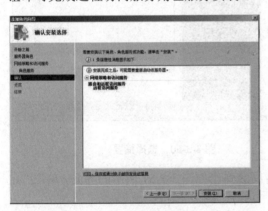

图 3-3-45　确认安装选择　　　　　　　　图 3-3-46　安装结果

步骤八：以域管理员账号登录到需要配置的 DHCP 中继代理服务器上，单击"开始"中"管理工具"下的"路由和远程访问"菜单，打开"路由和远程访问控制台"。在控制台树中左键单击"服务器"，在弹出菜单中选择"配置并启动路由和远程访问"，打开如图 3-3-47 所示的"路由和远程访问服务器安装向导"对话框，单击"下一步"按钮。

步骤九：出现如图 3-3-48 所示配置对话框，在该对话框中可以配置拨号远程访问、NAT、VPN 以及路由器，在此选择"自定义配置"单选框，单击"下一步"按钮。

步骤十：出现如图 3-3-49 所示的"自定义配置"对话框，在该对话框中选择"LAN路由"选项将该计算机配置为路由器，单击"下一步"按钮。

步骤十一：出现如图 3-3-50 所示的"正在完成路由和远程访问服务器安装向导"对话框，最后单击"完成"按钮。

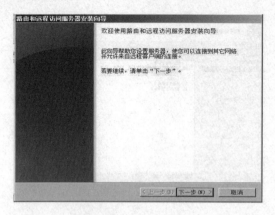

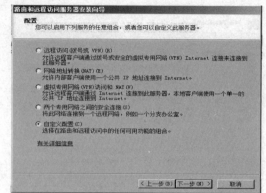

图 3-3-47 "路由和远程访问服务器安装向导"对话框　　图 3-3-48 自定义配置

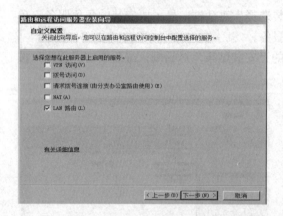

图 3-3-49 选择"LAN 路由"　　　　　图 3-3-50 选择摘要

步骤十二:单击"完成"按钮后,过一段时间会弹出如图 3-3-51 所示的界面,单击"启动服务"按钮立即启动路由和远程访问服务。

返回如图 3-3-52 所示的"路由和远程访问"控制台,可以看到当前没有添加 DHCP中继代表程序。

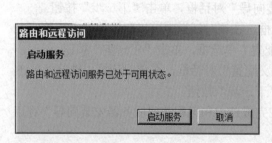

图 3-3-51 启动路由和远程访问服务

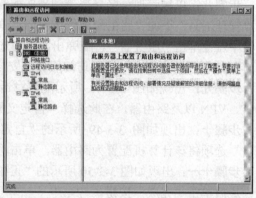

图 3-3-52 "路由和远程访问"控制台

步骤十三：以域管理员账户登录需要配置 DHCP 中继代理程序的计算机上，在"路由和远程访问"控制台树中，依次展开服务器和"IPv4"节点，右键单击"常规"，选择"新增路由协议"，打开"新路由协议"对话框，在该对话框中选择"DHCP 中继代理程序"，如图 3-3-53 所示，最后单击"确定"按钮即可完成 DHCP 中继代理程序的添加。

返回如图 3-3-54 所示的"路由和远程访问"控制台，在"IPv4"节点下可以看到已经添加了 DHCP 代理程序。

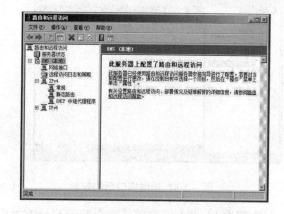

图 3-3-53　新增 DHCP 中继代理程序　　图 3-3-54　新增 DHCP 中继代理程序后的效果

步骤十四：以域管理员账户登录需要配置 DHCP 中继代理程序的计算机上，在"路由和远程访问"控制台树中，依次展开服务器和"IPv4"节点，右键单击"DHCP 中继代理程序"，在弹出菜单中选择"新增接口"，打开"DHCP 中继代理程序的新接口"对话框，在该对话框中指定与 DHCP 客户端连接的网络连接，选择"WAN"，如图 3-3-55 所示，单击"确定"按钮。

步骤十五：打开"WAN 属性"对话框，"常规"选项卡中选项如图 3-3-56 所示。

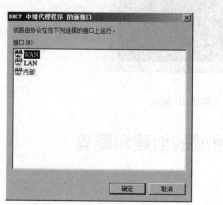

图 3-3-55　新增 WAN 接口　　图 3-3-56　设置"跃点计数阈值"和"启动阈值"

返回"路由和远程访问"控制台，单击"DHCP 中继代理程序"，在控制台右侧可以看到新增加的"WAN"，如图 3-3-57 所示。

步骤十六：以域管理员账户登录需要配置 DHCP 中继代理程序的计算机上，在"路由和远程访问"控制台树中，依次展开服务器和"IPv4"节点，右键单击"DHCP 中继代理程序"，在弹出菜单中选择"属性"，打开"DHCP 中继代理程序属性"对话框。选择"常规"选项卡，在"服务器地址"文本框中输入 DHCP 服务器的地址为"192.168.0.2"，然后单击"添加"按钮，如图 3-3-58 所示，最后单击"确定"按钮即可完成 DHCP 中继代理的配置。

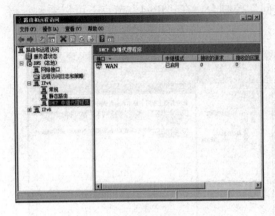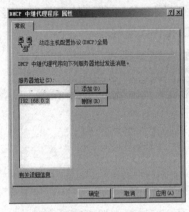

图 3-3-57 新增接口后的效果　　　　图 3-3-58 指定 DHCP 服务器 IP 地址

步骤十七：以本地管理员账户登录到 DHCP 客户端计算机上，使用命令"ipconfig/renew"申请 IP 地址，申请到的 IP 地址为"192.168.4.10"，如图 3-3-59 所示。

图 3-3-59 在客户端上申请 IP 地址

任务三　DHCP 超级作用域的创建和配置

【任务引入】

某学校校园网是以一台三层交换机为中心的星型拓扑结构的局域网，并根据组织单位将校园网划分为多个虚拟的局域网（VLAN）。该学校采用了 DHCP 技术为用户动态分配 IP 地址，并在 DHCP 服务器中创建了多个 DHCP 作用域之后，已经能为全校的用户动态分配 IP 地址。为了能够更好管理这些 DHCP 作用域，需要创建一个超级作用域。

【任务分析】

在 Windows Server 2008 中，用户除了使用 DHCP 服务器中标准作用域来进行地址分配和地址管理外，还可以使用超级作用域来更好地分配和管理网络地址。因为，超级作用域允许用户将几个不同的作用域在逻辑上组合在一起并使用单一的作用域名称，这样通过超级作用域用户就可以对多个逻辑网络进行管理。

【相关知识】

一、DHCP 作用域

作用域是网络上可能的 IP 地址的完整连续范围，通常定义为接受 DHCP 服务的网络上的单个物理子网。它还为网络上的客户端提供服务器的 IP 地址，以及任何相关配置参数的分发和指派进行管理的主要方法。

二、DHCP 超级作用域

超级作用域是作用域的管理组合，它可用于支持同一物理子网上的多个逻辑 IP 子网。超级作用域仅包含同时激活的成员作用域或子作用域列表，它不用于配置有关作用域使用的其他详细信息。如果想配置超级作用域内使用的多个属性，则需要单独配置成员作用域属性。

超级作用域可以通过 DHCP 控制台创建和管理的 Windows Server 2008 DHCP 服务器的管理功能。使用超级作用域，可以将多个作用域组合为单个管理实体，并可使 DHCP 服务器在位于多个逻辑 IP 网络的单个物理网段支持 DHCP 客户机。在每个物理子网或网络上使用多个逻辑 IP 网络时，这种配置通常被称为多网。它还能支持位于 DHCP 和中继代理远端的远程 DHCP 客户机，并在中继代理远端的网络上使用多网配置。

在全网配置中，可以使用 DHCP 超级作用域来组合并激活网络上使用的单独作用域范围内的 IP 地址。这种情况下，DHCP 服务器计算机可以为单个物理网络上的客户机激活并提供来自多个作用域的租约。

超级作用域可以解决多网结构中某些 DHCP 配置问题。例如，当前活动作用域的可用地址池几乎已耗尽，需要向网络添加更多的计算机时。最初的作用域包括指定地址类别的单个 IP 网络的一段完全可寻址范围，需要使用另一个 IP 地址范围以扩展同一物理网段地址空间。

【任务实施】

一、新建超级作用域

超级作用域是 DHCP 服务器的一项新增管理功能，如果 DHCP 服务器上有多个作用域，则可以组成超级作用域，作为单个实体来进行管理。

步骤一：在 "DHCP" 窗口中展开左侧的目录树，然后右键单击 "DHCP 服务器" 下的"IPv4"选项，从打开的快捷菜单中单击"新建超级作用域"选项，打开如图 3-3-60 所示的"欢迎使用新建超级作用域向导"对话框。

步骤二：单击"下一步"按钮，打开如图 3-3-61 所示的"超级作用域名"对话框，在"名称"文本框中输入合适的作用域名。

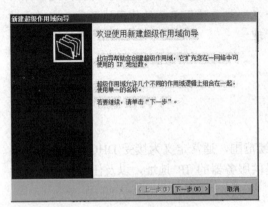
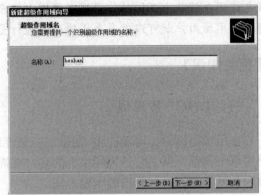

图 3-3-60 欢迎新建超级作用域向导   图 3-3-61 "超级作用域名"对话框

步骤三：单击"下一步"按钮，打开如图 3-3-62 所示的"选择作用域"对话框，当前 DHCP 服务器上创建的所有 IP 作用域都显示在"可用作用域"列表中，选择想要加入新建超级作用域的作用域（可以同时选择多个）。

步骤四：单击"下一步"按钮，打开如图 3-3-63 所示的"正在完成新建超级作用域向导"对话框，摘要显示了前面的设置信息。

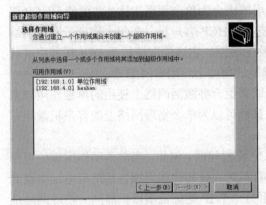
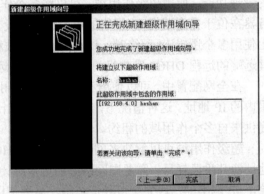

图 3-3-62 "选择作用域"对话框   图 3-3-63 正在完成新建超级作用域向导

步骤五：确认无误后单击"完成"按钮完成创建，刚刚创建的超级作用域将出现在如图 3-3-64 所示的"DHCP"窗口中，原来的作用域则成为超级作用域的下一级目录，管理起来非常方便。

图3-3-64　已创建好的超级作用域

二、将作用域添加到超级作用域

如果是超级作用域创建之后才创建的作用域，可以将其添加到现有的超级作用域中，而且操作方法非常简单。

步骤一： 参照前文介绍的方法创建一个新的作用域。

步骤二： 右键单击该作用域，在打开的快捷菜单中单击"添加到超级作用域"选项，打开如图3-3-65所示的"将作用域添加到一个超级作用域"对话框，选择想要添加到的超级作用域。

步骤三： 单击"确定"按钮，即可将该作用域添加到超级作用域中，如图3-3-66所示。

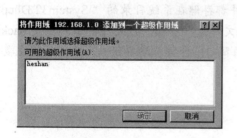

图3-3-65　将作用域添加到一个超级作用域

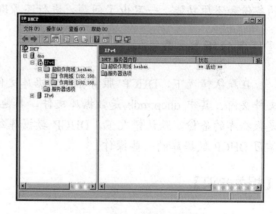

图3-3-66　已添加到超级作用域

三、删除超级作用域

超级作用域只是一个简单的容器，如果不需要，则完全可以将其删除。删除超级作用域的方法非常简单，而且删除超级作用域后并不会删除其中的作用域。

步骤一： 右键单击超级作用域名称，在打开的快捷菜单中单击"删除"选项，将出现如图3-3-67所示的信息提示框。

步骤二： 单击"是"按钮，即可删除该超级作用域，如图3-3-68所示。

图 3-3-67　信息提示框　　　　　　　　　　图 3-3-68　超级作用域已删除

任务四　DHCP 数据库维护

【任务引入】

某企业的网络管理员在管理和维护网络的时候发现，经常有一些人为的误操作或者其他一些因素，会导致 DHCP 服务器的配置信息出错或丢失。由于该企业的 DHCP 服务器中包含多个作用域，并且每个作用域又包含不同的 IP 地址段、网关地址、DNS 服务器等参数。此时，手工恢复非常麻烦，而且工作量较大。为此，该网络管理员使用 DHCP 服务器内置的备份和还原功能。一旦出了问题，进行还原即可。

【任务分析】

在默认情况下，DHCP 服务器的数据库文件都存储在系统目录的 "\System32\Dhcp" 文件夹内。其中 dhcp.mdb 是数据库文件，其他文件是一些辅助性文件，子文件夹 backup 是数据库的备份，默认情况下，DHCP 数据库每隔 1h 会被自动备份一次。下面将主要来学习 DHCP 数据库的一些操作。

【相关知识】

一、DHCP 数据库

DHCP 服务器数据库是一种动态数据库,它在 DHCP 客户端得到地址或者释放自己的 TCP/IP 配置参数时被更新。因为 DHCP 数据库不是像 WINS 服务器数据库那样的分布式数据库，所以维护 DHCP 服务器数据库相对更加简单。

二、备份 DHCP 数据库

备份 DHCP 数据库，可以防止在 DHCP 数据库丢失或者损坏数据。DHCP 服务器支持三种备份方法：

> ➤ 自动进行的同步备份，其默认的备份间隔是 1h。
> ➤ 使用 DHCP 控制台中的"备份"命令执行的手动异步备份。
> ➤ 使用 Windows 备份程序或非 Microsoft 的备份软件的备份。

进行同步或异步备份时，会保存整个 DHCP 数据库，其中包括以下内容：

> ➤ 作用域。包括超级作用域和多播作用域。
> ➤ 保留、租约。
> ➤ 所有选项，包括服务器选项、作用域选项、保留选项和类选项。
> ➤ 所有注册表项和 DHCP 服务器属性中设置的其他配置设置。

三、还原 DHCP 数据库

还原 DHCP 服务器数据库的操作在数据库已遭破坏或者丢失的情况下非常有用。为了成功还原数据库，需要定期备份数据库。默认情况下，DHCP 会将每隔 1h 自动发生的同步备份放入 C:\Windows\System32\Dhcp\Backup 文件夹位置，但也可以手动执行备份，或使用备份软件将数据库复制到其他位置。

【任务实施】

一、备份 DHCP 数据库

以域管理员帐户登录到 DHCP 服务器上，创建"C:\DHCPbackup"文件夹作为保存 DHCP 服务器数据备份的路径。在"DHCP"控制台树中，右键单击"服务器"，在弹出的菜单中选择"备份"，打开"浏览文件夹"对话框，在该对话框中，选择创建的作为备份路径的文件夹"C:\DHCPbackup"如图 3-3-69 所示。最后单击"确定"按钮即可完成 DHCP 数据库的备份。

在"计算机"管理器中打开文件夹"C:\DHCPbackup"，如图 3-3-70 所示，可以看到 DHCP 服务器的数据，其 new 子文件夹下的 dhcp.mdb 文件就是 DHCP 服务器的数据库的文件。

图 3-3-69　选择 DHCP 数据库备份路径

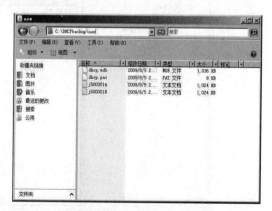

图 3-3-70　查看 DHCP 数据库备份结果

二、还原 DHCP 数据库

在还原之前，先按前节内容删除一个作用域，再利用刚才的备份来还原 DHCP 数据库内容。

步骤一： 在"DHCP"控制树中，右键单击服务器，在弹出菜单中选择"还原"，打开"浏览文件夹"对话框，选择刚才备份数据库的文件夹"C:\DHCPbackup"如图 3-3-71 所示。

步骤二： 单击"确定"按钮，弹出如图 3-3-72 所示的界面，单击"是"按钮重启 DHCP 服务，即可完成 DHCP 服务器的还原。

图 3-3-71　选择 DHCP 数据库　　　　　图 3-3-72　重新启动 DHCP 服务

步骤三： 打开"DHCP"控制台，依次展开服务器，以及"IPv4"和"作用域"节点，单击"地址池"，可以看到刚才删除的作用域已经恢复了，如图 3-3-73 所示。

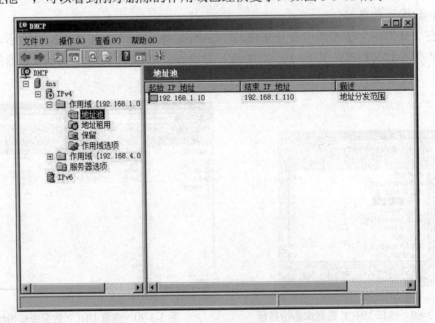

图 3-3-73　还原 DHCP 数据库后的效果

-244-

三、协调作用域

协调是将 DHCP 数据库的值与 DHCP 注册表进行比较验证的过程。协调作用域可以修复不一致的问题，如存储在作用域租用信息中的客户端 IP 地址不正确或丢失信息。DHCP 服务器服务以两种形式存储作用域的 IP 地址租用信息。

➤　详细的 IP 地址租用信息存储在 DHCP 数据库中。

➤　摘要性的 IP 地址租用信息存储在 DHCP 数据库中。

协议作用域时，会将详细的和摘要性的条目进行对比来查找不一致的地方。

要改正和修复这些不一致的地方，需要协调执行此操作时发现的任何不一致的作用域。一旦选择并协调了不一致的作用域，DHCP 服务会将这些 IP 地址交还给其最初的所有者或者创建对这些地址的临时保留。这些保留对于指派给作用域的租约时间来说是有效的。当租约时间到期时，地址将被还原以备后用。

协调作用域可以修正 DHCP 数据库文件，具体方法如下。

步骤一：在"DHCP"窗口中右键单击要协调的作用域，从打开的快捷菜单中单击"协调"选项（或右键单击 DHCP 服务器名下的"IPv4"选项，从打开的快捷菜单中单击"协调所胡的作用域"选项）打开如图 3-3-74 所示的"协议"对话框。

步骤二：单击"验证"按钮，即可协调服务器内的作用域，协调完成后将打开如图 3-3-75 所示的对话框。如果有不一致的 IP 地址，就会出现在"协调"对话框中。

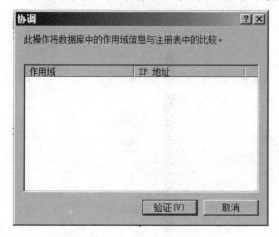

图 3-3-74　"协议"对话框

图 3-3-75　协调结果

课题小结

本课题主要讲述了 DHCP 服务器的安装和设置、DHCP 客户端计算机、中继代理的设置、超级作用域的创建和配置以及 DHCP 数据库的维护。通过本课题的学习，应了解 IP 地址的配置、DHCP 服务器的简介；掌握如何安装和设置 DHCP 服务器；了解 DHCP 中继代理应用场合、中继代理的工作原理；掌握如何配置 DHCP 中继代理服务器；了解 DHCP 作用域和超级作用域；掌握如何新建、删除超级作用域，如何将作用域添加到超级作用域；了解 DHCP 数据库；掌握备份和还原 DHCP 数据库，如何协调作用域。

课后练习

一、思考题

1. CP 使用有何优点？
2. 查阅相关资料，了解 DHCP 的工作原理。
3. 为什么要使用 DHCP 的中继代理？
4. 简述 DHCP 中继代理的工作原理。
5. 在什么情况下要使用 DHCP 的超级作用域？
6. 在什么情况下要用到 DHCP 数据库的备份和还原？

二、实践题

1. 练习 DHCP 服务器的安装和配置。
2. 练习 DHCP 客户端计算机的设置。
3. 上机练习 DHCP 中继代理的配置。
4. 上机练习 DHCP 超级作用域的创建和配置。
5. 上机练习 DHCP 数据库的备份、还原。

课题四　FTP 服务器架设

【课题概览】

在当前企业的网络环境中，最主要的文件传输方式是 FTP 协议，该方式将文件存储在 FTP 服务器上的主目录中，以便用户可以建立 FTP 连接，然后通过 FTP 客户端进行文件传输。本课题将介绍 FTP 和 Serv-U FTP 服务器的架设。

【课题目标】

- ➢ 掌握 FTP 服务安装
- ➢ 掌握 FTP 站点创建配置和 FTP 客户端计算机的连接
- ➢ 掌握 Serv-U 安装与配置
- ➢ 掌握用户、用户组和虚拟目录的设置

任务一　FTP 服务器架设

【任务引入】

某企业为了丰富网络资源，拟建一台 FTP 服务器，为企业各用户提供共享资源下载。假设新建 FTP 服务器的 IP 地址是：192.168.4.10，域名为：ftp.hjths.com。

【任务分析】

Windows Server 2008 中 IIS 7.0 提供了 IIS 6.0 兼容的功能，使用 IIS 6.0 的 FTP 功能，可以架设一个简单的 FTP 服务器。

【相关知识】

一、FTP 服务器简介

最初的 FTP 并不是应用于 IP 网络上的协议，当时 FTP 的主要功能是在主机间高速可靠地传输文件。目前，FTP 仍然保持其可靠性，即使在今天也允许文件远程存取，这使得用户可以在某个系统工作，而将文件保存在其他的系统中。

二、FPT 连接过程

FTP 是 TCP/IP 的一种具体应用，它工作在 OSI 参考模型的第七层，TCP 模型的第四层（即应用层）上，使用 FTP 传输而不是 UDP，这样 FTP 客户端和服务建立连接前就要经过三次握手的过程，这样确保客户端与服务器之间连接是可靠的，为数据的安全传输提供了保证。

FTP 并不像 HTTP 那样，只需要一个端口作为连接（HTTP 的默认端口是 80，FTP 的默认端口是 21）。FTP 需要两个端口：一个端口号为 21 的端口作为控制连接端口，用于发送指令给服务器以及等待服务器响应；另一个端口号为 20 的端口作为数据传略端口，用于建立数据传输通道，主要有以下三个作用：

➢ 从客户向服务器发送一个文件。
➢ 从服务器向客户发送一个文件。
➢ 从服务器向客户发送文件或目录列表。

三、FTP 连接模式

FTP 的连接模式有 PORT 和 PASV 两种，相对于服务器而言，PORT 模式是主动模式，PASV 是被动模式。

1. PORT 模式

PORT 模式是 FTP 的客户端发送 PROT 命令到 FTP 服务器，FTP 客户端首先要和 FTP 服务器的 21 端口连接，通过这个通道发送命令，客户端需要接收数据的时候在这个通道上发送包含了客户端用什么端口接收数据的 PORT 命令。在传送数据的时候，服务器通过自己的 20 端口发送数据，但是必须和客户端建立一个新的连接用来传送数据。

2. PASV 模式

PASV 模式是 FTP 的客户端发送 PASV 命令到 FTP 服务器，它在建立控制通道的时候和 PORT 模式类似，当客户端通过这个通道发送 PASV 命令的时候，FTP 服务器打开一个随机端口并且通知客户端在这个端口上传送数据的请求，然后 FTP 服务器将通过这个端口进行数据的传送，这个时候 FTP 服务器不再需要建立一个新的与客户端之间的连接。

【任务实施】

一、安装 FTP 服务器

如果在安装 Web 服务器的过程中没有选择 FTP 发布服务，则需要安装 FTP 发布服务，具体方法如下。

步骤一：单击"开始"中的"管理工具"中的"服务器管理器"菜单项，打开如图 3-4-1 所示的"服务器管理器"窗口。

步骤二：展开左侧目录树中的"角色"选项，然后单击"Web 服务器（IIS）"选项，再单击右侧窗格中的"添加角色服务"选项，打开如图 3-4-2 所示的"选择角色服务"对话框，在"角色服务"列表中选中"FTP 发布服务"复选框（这时可能会出现一个提示框，直接单击"添加必需的角色服务"按钮即可）。

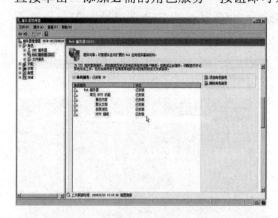

图 3-4-1 "服务器管理器"窗口

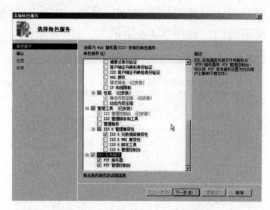

图 3-4-2 "选择角色服务"对话框

步骤三：单击"下一步"按钮，在确认无误之后单击"安装"按钮即可开始安装，安装完成以后退出"添加角色服务向导"即可。

二、创建 FTP 站点

安装 FTP 发布服务之后，可参照下述步骤创建 FTP 站点。

步骤一：运行"开始"中"管理工具"下的"Internet 信息服务（IIS）6.0 管理器"打开 IIS6.0 管理界面。

步骤二：展开右部"WIN2008（本地计算机）"的计算机名称，右键单击"FTP 站点"项目并在弹出的快捷菜单里选择"新建"下中的"FTP 站点"命令创建一个 FTP 站点，如图 3-4-3 所示。

步骤三：出现"FTP 站点创建向导"界面，如图 3-4-4 所示，在它的向导提示下能够很轻松地在用户的计算机上创建一个新的 FTP 站点。

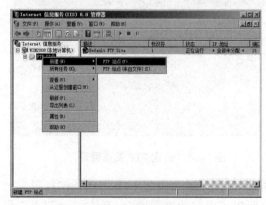

图 3-4-3 新建 FTP 站点

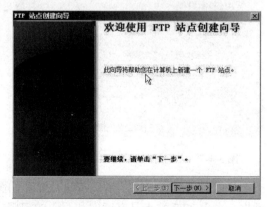

图 3-4-4 FTP 站点创建向导

步骤四：单击"下一步"按钮，为这个站点输入说明性的内容，如"FTP 站点"之类的文字，如图 3-4-5 所示。

步骤五：设置 FTP 服务器的 IP 地址和使用的端口。在设定 IP 地址的时候可以从下拉列表中查看到当前网卡设置的 IP 地址（图上为 192.168.4.20），因此不需要手工输入，只要直接选取即可快速完成。另外，Windows Server 2008 默认的 FTP 端口号为 21，一般不需要改动，如图 3-4-6 所示。

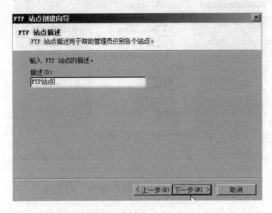

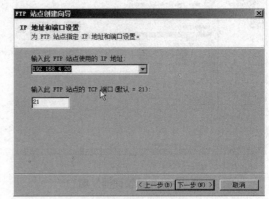

图 3-4-5　FTP 站点的说明　　　　　　图 3-4-6　设置 FTP 站点地址和端口

　　步骤六：单击"下一步"按钮，弹开如图 3-4-7 所示，需要设定隔离用户访问 FTP 站点上其他用户的 FTP 主目录。这里包括三项，其中"不隔离用户"可以让用户访问其他用户的 FTP 目录；"隔离用户"要求用户只能访问当前的 FTP 站点设定的目录；而"用 Active Directory 隔离用户"是为了其指定用其自己的 Active Directory 账户访问 FTP 目录。一般情况下，选择"隔离用户"。

　　步骤七：单击"下一步"按钮，在打开如图 3-4-8 所示的对话框中，为 FTP 站点指定一个主目录路径，此时可以直接单击"浏览"按钮并在弹出的对话框中选取相应的文件夹，或者手工输入目录的路径地址。

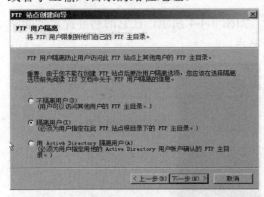

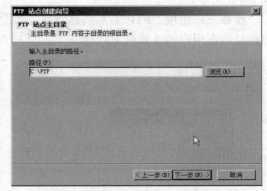

图 3-4-7　设定用户隔离主目录　　　　　图 3-4-8　设定 FTP 站点目录

　　步骤八：单击"下一步"按钮，弹开如图 3-4-9 所示的"设置 FTP 站点访问权限"对话框。由于 FTP 站点具有读取和写入的权限，所以可以在此进行设定，而勾选"写入"复选框，就可以让用户上传文件到服务中，这里可以根据实际需要进行选择。

　　步骤九：单击"下一步"按钮，出现如图 3-4-10 所示的信息，这就说明一个 FTP 服务器已经创建完成。

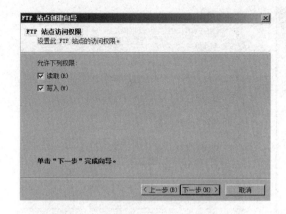

图 3-4-9 设置 FTP 站点访问权限

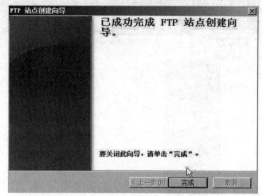

图 3-4-10 完成 FTP 站点创建

单击"完成"按钮返回到"Internet 信息服务 6.0 管理器"窗口，可以发现已经新增加了一个 FTP 站点，如图 3-4-11 所示。此时只要在网络中的另外一台计算机中运行"ftp 192.168.4.20"命令，然后再输入正确的用户名和口令，就可以看到如图 3-4-12 所示的界面，这样说明 FTP 服务器已经成功创建完成了。

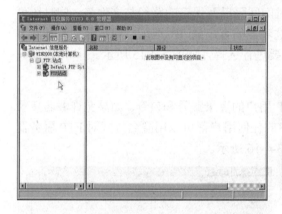

图 3-4-11 完成创建 FTP 站点的 IIS6.0 管理器窗口

图 3-4-12 FTP 站点测试

三、配置 FTP 服务器属性

在 Internet 信息服务 6.0 管理器中选取刚创建好的 FTP 站点，单击右键选择"属性"命令，如图 3-4-13 所示，此时将打开 FTP 服务器的属性设置对话框，在这里可以对 FTP 站点、安全账号、消息、主目录和目录安全性等几个方面进行设置。

1. FTP 站点设置

如图 3-4-14 所示，在子选项卡中可以更改 FPT 站点说明文字、IP 地址和所使用的端口号。另外，在"FTP 站点连接"区域里还可以设置连接到这个 FTP 站点的用户数量和连接超时的时间限制，其中前者不要设置太大，在防止过多的用户连接到 FTP 服务器上造成系统资源的急下降甚至系统崩溃，而后者一般设置为 90s 或者 120s，这样能够让连接到服务器之后一定时间内没有操作的客户端自动断开，从而使其他人能够顺利连接到服务器上。

Windows Server 2008 项目教程

图 3-4-13　从快捷菜单中选择"属性"命令　　　图 3-4-14　"FTP 站点"选项卡设置

在对话框下部还有一个"启用日志记录"区域，当勾选中这个复选框之后，系统就会在网络监视器中对计算机的各种任务和活动进行记录。这时，网络监视器中的日志会记载下所有的行为，从而可以凭借记录来分析计算机的故障。单击"属性"按钮打开"日志记录属性"对话框，不仅能够设定日志的记录时间间隔以及保存的路径与文件名，同时还可以在"高级"选项卡中设定扩充日志的记录选项，如客户的 IP 地址、用户名、服务器名称和 IP 地址等很多内容，这些都可以根据需要进行选择，如图 3-4-15 所示。

2. 安全账号设置

"安全帐号"选项卡中主要用于设定 FTP 用户的登录账号和口令。如果允许匿名登录则勾选"允许匿名连接"复选框，这样网络中的任何用户都可以用匿名方式对 FTP 服务器进行登录，并且实现下载和上传操作，如图 3-4-16 所示。

图 3-4-15　扩充日志记录选项　　　　　　图 3-4-16　"安全账号"选项卡设置

此外，这里还显示出 FTP 站点操作员的账号名称，表明有权设置 FTP 属性的用户通常是管理级别成员，当然也可以通过单击"添加"按钮来增加管理此项服务的用户，如图 3-4-17 所示。

3. 消息设置

如图 3-4-18 所示，"消息"选项卡可以设置等待登录时显示的欢迎信息。这时在"欢迎"文本框中写入的信息都会在用户登录的时候显示出来；而"退出"文本框中的字符也支持在用户退出 FTP 服务器的时候自动显示。很多 FTP 服务器的注意事项和相关信息发布比较麻烦，因此，可以在这里进行公布。

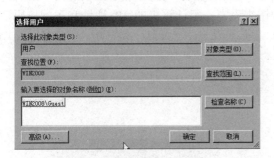

图 3-4-17　添加 FTP 用户　　　　图 3-4-18　"消息"选项卡设置

在对话框下部的"最大连接数"表明了这个 FTP 站点允许最大同时连接数目，建议不要设置得太多，以防止过多的用户连接到服务器造成系统资源下降或者系统崩溃。

4. 主目录设置

在"主目录"选项卡中可以设置连接到 FTP 资源的内容是在此计算机上的目录还是网络上另外一台计算机的共享目录，这个设置对于网络资源的充分利用有很大的好处，例如一台 FTP 服务器的硬盘空间不足时就可以将部分文件转移到网络的另外一台计算机中，而通过这里的设置就能够让其他的用户登录到该服务器时自动转移到网络中的其他计算机中下载文件。另外，通过这里的"读取"、"写入"和"日志访问"复选框可以设定 FTP 服务器中文件的使用权限，如图 3-4-19 所示。

图 3-4-19　"主目录"选项卡设置

5. 目录安全性设置

在"目录安全性"选项卡中可以设置默认情况下的访问限制,"授权访问"单选按钮表示用户可以使用 TPC/IP 来访问该计算机;"拒绝访问"则表示用户不能访问该计算机。不过用户可以根据需要对一些特殊的 IP 地址设定访问的权限,此时只要在"下列除外"列表框旁边单击"添加"按钮并输入 IP 地址,它就会成为例外的情况。选择了"授权访问"单选按钮,那么添加 IP 地址将作为例外,无法连接到服务器;若选择了"拒绝访问"单选按钮,那么只有列表中的计算机才可以正常登录到服务器中,如图 3-4-20 所示。

另外,在此单击"添加"按钮会弹开如图 3-4-21 所示的"拒绝访问/授权访问"的对话框,这里可以选择"一组计算机"单选项按钮来设定一组计算机的 IP 地址和子网掩码的地址,这些计算机便会被加入到列表框中。

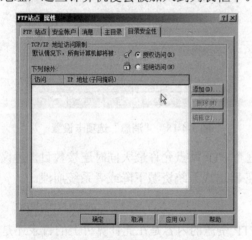

图 3-4-20 "目录安全性"选项卡设置

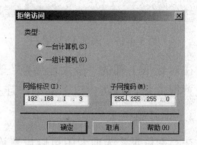

图 3-4-21 授权/拒绝访问设置

四、创建虚拟目录

使用虚拟目录可以在服务器硬盘上创建多个物理目录,或者引用其他计算机上的目录,从而为不同的上传或下载服务的用户提供不同的目录,并且可以为不同的目录分别配置不同的权限,例如只读、写入等,使用 FTP 虚拟目录时,由于用户不知道文件的具体保存位置,从而使得文件存储更加安全。

步骤一:在"Internet 信息服务(IIS6.0)管理器"窗口中,展开左侧的目录树,然后右键单击要创建虚拟目录的 FTP 站点,从打开的快捷菜单中单击"新建"中的"虚拟目录"选项,如图 3-4-22 所示。

步骤二:在弹开如图 3-4-23 所示的"欢迎使用虚拟目录创建向导"对话框中,单击"下一步"按钮。

步骤三:在弹开如图 3-4-24 所示的"虚拟目录别名"对话框中,设置虚拟目录别名。

步骤四:单击"下一步"按钮,打开如图 3-4-25 所示的"FTP 站点内容目录"对话框,设置虚拟目录要使用的文件夹。该文件夹既可以位于本地硬盘,也可以是远程计算机的共享文件夹。如果是远程共享文件夹,则引用的格式为"\\计算机名\共享名"。当使用远程主机中的共享文件夹时,需输入授权访问的用户名和密码。

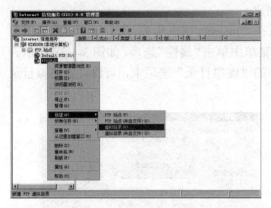
图 3-4-22 "Internet 信息服务（IIS6.0）管理器"

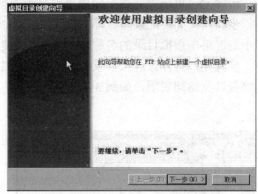
图 3-4-23 "欢迎使用虚拟目录创建向导" 对话框

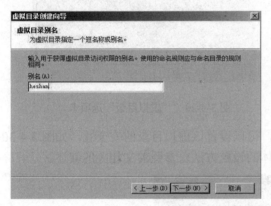
图 3-4-24 "虚拟目录别名"对话框

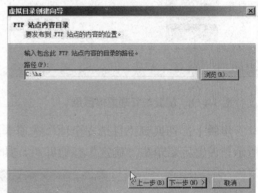
图 3-4-25 "FTP 站点内容目录"对话框

步骤五：单击"下一步"按钮，打开如图 3-4-26 所示的"虚拟目录访问权限"对话框，在这里设置该虚拟目录的访问权限。

步骤六：单击"下一步"按钮，打开如图 2-6-27 所示的"已成功完成创建虚拟目录创建向导"对话框。

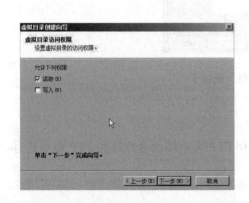
图 3-4-26 "虚拟目录访问权限"对话框

图 3-4-27 "已成功完成创建虚拟目录创建向导"对话框

步骤七：单击"完成"完成虚拟目录的创建。

步骤八：如要配置与管理虚拟目录，可以在"Internet 信息服务（IIS）6.0 管理器"窗口中右键单击虚拟目录的名称，从打开的快捷菜单中单击"属性"选项，如图 3-4-28 所示。

步骤九：打开该虚拟目录的属性对话框中的"虚拟目录"选项卡，可以设置虚拟目录的路径以及访问权限，如图 3-4-29 所示。

图 3-4-28　配置与管理虚拟目录

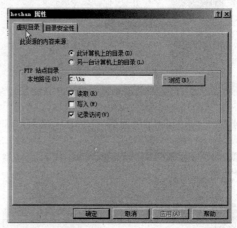

图 3-4-29　"虚拟目录"选项卡

步骤十：切换到"目录安全性"选项卡，可以设置该虚拟目录的安全性，如图 3-4-30 所示。设置好后单击"确定"按钮即可，具体的设置方法可参照前文相关的叙述。

图 3-4-30　"目录安全性"选项卡

五、测试 FTP 站点

在客户端计算机上，用户可以使用 IE 浏览器和 FTP 客户端命令连接到 FTP 站点进行访问。

1. FTP 站点的访问

Web 浏览器访问：如在浏览器上使用匿名访问，可采用"ftp://FTP 服务器地址"格式；如是用户访问 FTP 服务器，可采用"ftp://用户名：密码·FTP 服务器地址"的格式。

使用 FTP 软件访问：比较常用的 FTP 客户软件有 Cuteftp、Flashfxp、Leaftp 等。

步骤一：在 Windows Server 2008 中，默认情况下，FTP 服务是停止的，因此需要启动 FTP 服务，即在 FTP 服务器上打开"Internet 信息服务（IIS）6.0 管理器"窗口，右键单击 FTP 站点名称，从打开的快捷菜单中单击"启动"选项，如图 3-4-31 所示。

步骤二：在客户端上打开浏览器，在地址栏输入"ftp://192.168.4.20"回车，即可访问 FTP 站点，如图 3-4-32 所示。登录 FTP 网站以后，就可以像本地文件夹一样使用了，如果要下载文件，可以先复制一个文件，然后粘贴即可；如果要上传文件，可以先从本地文件夹中复制一个文件，然后在 FTP 站点文件夹中粘贴即可自动上传到 FTP 服务器；如果具有写入权限，还可以重命名、新建、删除文件及文件夹等操作。

图 3-4-31 启动 FTP 服务

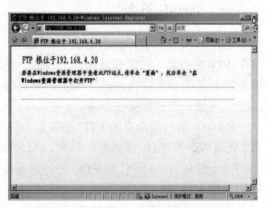

图 3-4-32 Web 访问 FTP 站点

2. 虚拟目录的访问

（1）如果使用浏览器的方式访问 FTP 站点，所列出的文件夹中不会显示虚拟目录，因此如果要显示虚拟目录，则需要在地址栏中输入地址的时候在后面添加虚拟目录的名称，具体格式"ftp://FTP 服务器地址/虚拟目录名称"。

（2）如果使用 FlashFXP 等软件连接 FTP 网站，可以在建立连接时，在"远程路径"文本框中输入虚拟目录和名称。

（3）如果已经连接到了 FTP 网站，要切换到 FTP 目录，可以在文件列表框中右键单击并在打开的快捷菜单中单击"更改文件夹"选项，然后在"文件夹名称"文本框中输入要切换的虚拟目录即可。

任务二 Serv-U FTP 服务器架设

【任务引入】

某企业原有一台基于 IIS 的 FTP 服务器，为用户提供文件下载服务，但功能上有许多不尽如人意的地方，现他们准备使用 Serv-U FTP Server 来架设一台 FTP 服务器，以支持断点续传、带宽限制、远程管理、远程打印、虚拟主机等功能。

假设新建的 FTP 服务器的 IP 地址是：192.168.4.20，域名为：ftp.hjths.com。

【任务分析】

Serv-U 是目前使用最为广泛的 FTP 服务器端软件，与 Windows Server 2008 系统附带的 FTP 功能相比，Serv-U 的设置和使用也非常方便，能够实现同时设定多个 FTP 服务器，限定登录用户的权限、登录主目录及空间大小等功能，所以对于需要架设 FTP 站点的用户来说，功能非常完备的 Serv-U 是不错的选择。

【相关知识】

一、Serv-U 简介

Serv-U 是一种被广泛运用的 FTP 服务器端软件，支持多种 Windows 系列。可以设定多个 FTP 服务器、限定登录用户的权限、登录主目录及空间大小等，功能非常完备。它具有非常完备的安全特性，支持 SSl FTP 传输，以及在多个 Serv-U 和 FTP 客户端通过 SSL 加密连接保护您的数据安全等。

Serv-U 是目前众多的 FTP 服务器软件之一。通过使用 Serv-U，用户能够将任何一台 PC 设置成一个 FTP 服务器，这样，用户或其他使用者就能够使用 FTP 协议，通过在同一网络上的任何一台 PC 与 FTP 服务器连接，进行文件或目录的复制、移动、创建、和删除等。这里提到的 FTP 协议是专门被用来规定计算机之间进行文件传输的标准和规则，正是因为有了像 FTP 这样的专门协议，才使得人们能够通过不同类型的计算机，使用不同类型的操作系统，对不同类型的文件进行相互传递。

二、Serv-U 功能简介

虽然目前 FTP 服务器端的软件种类繁多，相互之间各有优势，但是 Serv-U 凭借其独特的功能得以崭露头角。具体来说，Serv-U 能够提供以下功能：

- ➢ 符合 windows 标准的用户界面友好亲切，易于掌握。
- ➢ 支持实时的多用户连接，支持匿名用户的访问。
- ➢ 通过限制同一时间最大的用户访问人数确保 PC 的正常运转。
- ➢ 安全性能出众。在目录和文件层次都可以设置安全防范措施。
- ➢ 能够为不同用户提供不同设置，支持分组管理数量众多的用户。
- ➢ 可以基于 IP 地址对用户授予或拒绝访问权限。
- ➢ 支持文件上传和下载过程中的断点续传。
- ➢ 支持拥有多个 IP 地址的多宿主站点。
- ➢ 能够设置上传和下载的比率、硬盘空间配额、网络使用带宽等，从而能够保证用户有限的资源不被大量的 FTP 访问用户所消耗。
- ➢ 可作为系统服务后台运行。
- ➢ 可自用设置在用户登录或退出时的显示信息，支持具有 UNIX 风格的外部链接。

【任务实施】

一、SerV-U 的安装

可事先下载 Serv-U 的最新版本，并解压缩。Serv-U FTP Server 的官方网站是：http://www.serv-u.com，可在此下载 Serv-U 的最新版本。下载以后的安装可参照如下步骤完成。

步骤一：双击下载的 Serv-U 软件安装程序，最先弹出"选择安装语言"对话框，如图 3-4-33 所示。选择语言后单击"确定"按钮。

步骤二：在打开的如图 3-4-34 所示的"安装向导"对话框中选择"下一步"按钮继续安装。

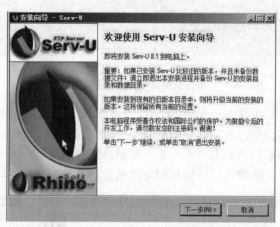

图 3-4-33　选择安装语言　　　　　　　　　图 3-4-34　Serv-U 安装向导

步骤三：打开 "使用许可协议"对话框，选择"我接受协议"单选按钮，同意 Serv-U 的安装协议，单击"下一步"按钮继续，如图 3-4-35 所示。

步骤四：打开如图 3-4-36 所示的"设置 Serv-U 的安装目录"对话框，需要注意的是，安装目录是服务器程序的存储位置，并不是 FTP 服务器的发布目录。单击"下一步"按钮继续。

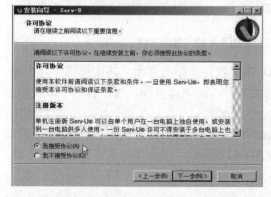

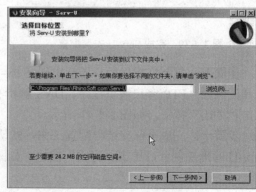

图 3-4-35　许可协议　　　　　　　　　　　图 3-4-36　设置 Serv-U 的安装目录

步骤五： 打开如图 3-4-37 所示的"选择开始菜单文件夹"对话框，在其中选择将 Serv-U 的程序快捷方式创建在开始菜单中，选择好后单击"下一步"按钮继续。

步骤六： 打开如图 3-4-38 所示的"选择是否创建桌面快捷方式"对话框，我们选中"创建桌面图标"复选框，单击"下一步"按钮继续。

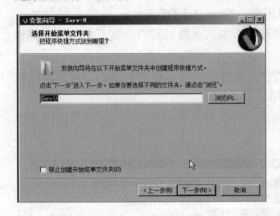
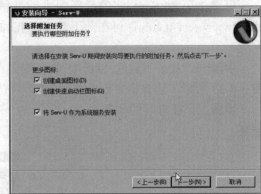

图 3-4-37　选择快捷菜单安装位置　　　　　图 3-4-38　选择是否创建桌面快捷图标

步骤七： 完成 Serv-U 安装配置工作后，将弹开如图 3-4-39 所示的"安装配置摘要"对话框，若对前面的配置不满意可单击"上一步"按钮返回到前面的对话框中进行修改，满意的话单击"下一步"按钮继续。

步骤八： 开始复制文件到安装目录，如图 3-4-40 所示。

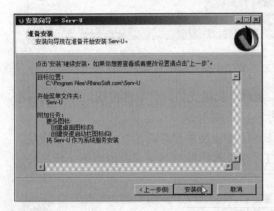
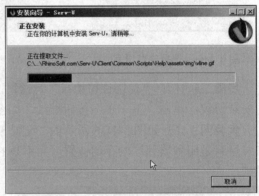

图 3-4-39　完成 Serv-U 安装配置　　　　　图 3-4-40　复制文件

步骤九： 复制完成以后，还会出现 Serv-U 相关软件介绍的界面，其中提供了几个小工具，例如，FTP 客户端小程序、DNS 解析小工具等，如果感兴趣，可以自行下载使用。单击"关闭"按钮，如图 3-4-41 所示。

步骤十： 完成全部安装与配置工作，默认会将 Serv-U 的快捷方式添加到桌面并启动 Serv-U 管理控制台，单击"完成"按钮，如图 3-4-42 所示。

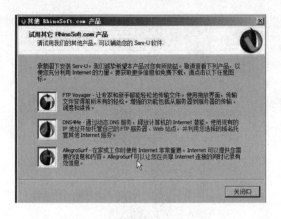

图 3-4-41 Serv-U 相关软件介绍

图 3-4-42 完成 Serv-U 安装

二、配置 SerV-U FTP 服务器

Serv-U FTP 服务器安装完成后，需要对其进行配置以后才可以使用，配置的过程可参照如下步骤完成。

步骤一：启动 Serv-U，会出现如图 3-4-43 所示的界面。

步骤二：在 Serv-U 界面左侧在域上右击，会弹开如图 3-4-44 所示的对话框，将新域的名字设置成为 test 后会弹出要求设置 IP 地址的对话框。以本机 IP 作为 Server-U 的测试，即在文本框中输入"127.0.0.0"，然后单击"下一步"继续。

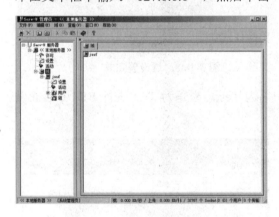

图 3-4-43 Serv-U 的主界面

图 3-4-44 IP 地址设置

步骤三：在弹开的如图 3-4-45 所示的添加新建域对话框中添加域名，这里把域名设置成"Ftp.test.com"。输入完成以后单击"下一步"按钮继续。

步骤四：在弹开的如图 3-4-46 所示的对话框中输入相应的端口号。端口号一般不用更改，为默认的 21 即可。然后单击"下一步"继续。

步骤五：在弹开的如图 3-4-47 所示的对话框中配置域的类型为 INI 配置信息文件存储的位置，不用修改。然后单击"下一步"按钮继续。

步骤六：全部设置完成以后会出现整个域的概况，如果显示"域正在线"就表示目前工作是正常的。如图 3-4-48 所示。

图 3-4-45　新建域名

图 3-4-46　设置端口号

图 3-4-47　设置域的类型

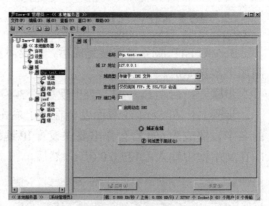

图 3-4-48　域设置完成

步骤七： 下面开始进行测试。以新建用户名为 Test，密码为 Test 进行 FTP 是否正常工作的测试。如图 3-4-49、图 3-4-50 所示。

图 3-4-49　设置新建用户名

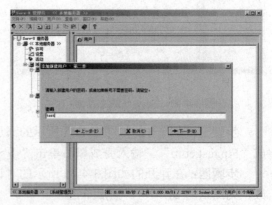

图 3-4-50　设置用户密码

步骤八： 在弹出表示用该用户名登陆是否只能看见制定文件夹的内容，选择"是"后表示已经完成所有的步骤。如图 3-4-51 所示。

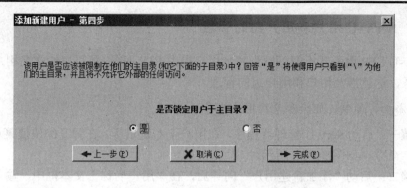

图 3-4-51 确认新建用户完成

步骤九：用 IE 进行测试。在 IE 的地址栏中输入"127.0.0.1"。如图 3-4-52 所示。输入完成以后单击回车。

 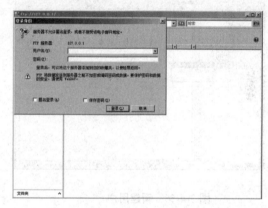

图 3-4-52 IE 浏览器　　　　　　　　　图 3-4-53 输入用户名和口令

步骤十：在弹出的如图 3-4-53 所示的对话框中，按要求输入用户名和密码。输入刚刚建立的 Test，即可进入。

步骤十一：看见 FTP 所建立的目录，如图 3-4-54 所示。

注意：将 FTP 目录设置成为 C:\test 目录，如图 3-4-55 所示。

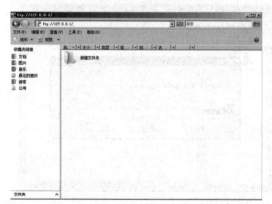 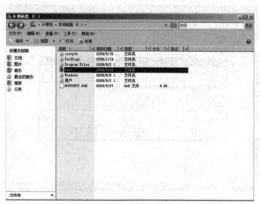

图 3-4-54 浏览 FTP 文件夹　　　　　　　图 3-4-55 示例文件夹

三、SerV-U 用户和用户组的管理

Serv-U FTP 服务器不但可以为匿名用户提供 FTP 服务，还可以给实名用户提供良好的 FTP 服务，这就涉及用户和用户组的管理。

1. 添加、复制、删除和禁用用户帐号

步骤一：启动 Serv-U 管理器程序，在用户上右键鼠标，在弹开的快捷菜单中选择"新建用户"命令，如图 3-4-56 所示

步骤二：启动"添加新建用户"向导后，在"用户名称"文本框中，输入需要创建的用户名，这里新建一个名字为"testuser"的用户，单击"下一步"按钮继续。如图 3-4-57 所示。

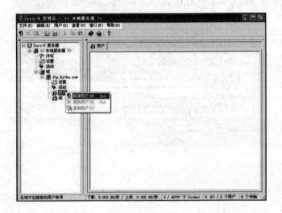

图 3-4-56　新建用户　　　　　　　　　　图 3-4-57　　"添加新用户"向导

步骤三：在"添加新建用户—第二步"对话框的"密码"文本框中。输入新建用户的密码，如果帐号不需要密码请留空。设置完毕后，单击"下一步"按钮，如图 3-4-58 所示。

步骤四：在"添加新建用户—第三步"对话框中输入新建用户的主目录，它是登录后用户的个人目录，这里假设将"C:\home\testuse"目录作为用户"testuser"的主目录。在"主目录"文本框中输入"C:\home\testuse"，单击"下一步"按钮，如图 3-4-59 所示。

图 3-4-58　"添加新建用户—第二步"对话框　　　图 3-4-59　　"添加新建用户—第三步"对话框

步骤五：在"添加新建用户—第三步"对话框中，选择"是"单选按钮，确定将该用

户锁定在其主目录中,该用户登录后被锁定在主目录中,不切换到其他目录。单击"完成"按钮,完成新建用户的添加,如图 3-4-60 所示。

步骤六:完成新建用户以后的界面如图 3-4-61 所示。

图 3-4-60 "添加新建用户—第四步"对话框 图 3-4-61 完成新建用户以后的界面

步骤七:若要增加多个用户帐号,可以使用用户复制功能。要复制一个用户,可右击选择该用户,并从弹出的快捷菜单中选择"复制用户"命令,从而生成一个新用户,其名称为原用户名前添加"副本"二字,它除了用户名和原用户不同外,其他名项(包括密码、主目录、目录权限等)完全一样。

步骤八:对于长期不再使用的用户帐号,应将其删除。要删除一个用户,可右击选中该用户,并从弹出的快捷菜单中选择"删除用户"命令即可。

步骤九:若要暂时禁止一个用户的登录权限,可选中该用户,然后在如图 3-4-61 所示的窗口右侧的窗格中打开"帐号"选项卡,选中"禁用帐号"复选框。

2. 用户组管理

为了简化用户贴管理,可以将拥有类似权限的多个用户纳入用户组,这样就可以对用户组集中赋予权限,而不必对每个用户分别赋予权限。

步骤一:启动 Serv-U 管理器程序,在"组"上右键鼠标,在弹开的快捷菜单中选择"新建组"命令,如图 3-4-62 所示。

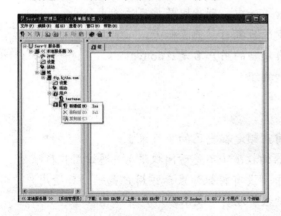

图 3-4-62 新建组 图 3-4-63 "添加新建组"向导

步骤二： 启动"添加新建组"向导后，在"用户名称"文本框中，输入需要创建的用户名，这里新建一个名字为"testuser"的用户组，单击"下一步"按钮继续。如图 3-4-63 所示。

步骤三： 设置目录访问权限。选择窗口右侧窗格中的"目录访问"选项卡，单击"添加"按钮将相应的文件夹（如 C:\home）添加到列表框中，再设置权限，如图 3-4-64 所示。一旦在组帐号中进行了设置，则该设置自动应用到隶属于该组的所有用户贴。

步骤四： 设置 IP 访问限制。选择窗口右侧窗格中的"IP 访问"选项卡，单击"添加"按钮将相应的 IP 地址添加到列表框，再设置权限，如图 3-4-65 所示。具体的设置参照前面有关用户贴的设置内容，一旦在组帐号中设置了 IP 访问限制，则隶属于该组中的所有用户帐号只能在设置的网段内访问该 FTP 站点（域）。

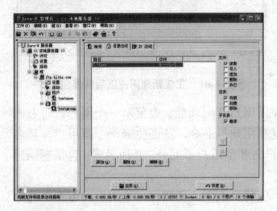

图 3-4-64　设置目录访问权限　　　　　图 3-4-65　设置 IP 访问限制

3．设置用户帐号属性

为了有效地控制用户访问 FTP 服务器的行为，FTP 管理员可以根据需要对某个用户帐号属于进行设置。

步骤一： 启动 Serv-U 管理器程序，单击需要设置的用户图标，如图 3-4-66 所示。在弹开的窗口右侧窗格中的"帐号"选项卡，根据实际情况，修改用户帐号属性。主要设置内容有以下几项。

➢ **禁用帐号：** 设置是否禁用该帐号，如果选中，则此帐号将无法使用。
➢ **自动移除帐号日期：** 设置是否在指定的日期自动删除帐号。
➢ **用户名：** 设置用户登录名，其中匿名用户的用户名是 Anonymous。
➢ **组：** 如果已建立组，可以将用户添加到组。
➢ **密码：** 用户设置帐号密码。
➢ **主目录：** 设置用户登录后的根目录。
➢ **将用户锁定于主目录：** 设置是否将用户锁定在自己的主目录上。
➢ **特权：** 设置用户远程管理 FTP 服务器的权限（不是访问权限），通过用户权限的设置可以实现用户的分组管理，其中"没有特权"表示该用户是一个普通用户，没有远程管理 FTP 服务器的特权；"组管理员"表示该用户可以远程管理其所在的用户组的用户帐号；"域管理员"表示该用户可以对其所在的域（FTP 站点）

进行远程管理；"系统管理员"表示该用户可以对该 FTP 服务器具有完全的管理权限；"只读管理员"表示该用户可以查看该 FTP 服务器所有配置情况，但不能修改配置。

步骤二：单击"常规"选项卡，可以查看或修改用户帐号的一般选项，如图 3-4-67 所示，根据实际情况，修改用户帐号的一般选项，主要设置内容如下：

➢ **需要安全连接**：设置用户是否需要安全连接。

➢ **隐藏"隐藏"文件**：设置是否在列表时不显示属性为"隐藏"的文件。

➢ **总是允许登录**：设置是否总是允许该用户登录，即使超出了服务器所允许的最大用户数。通常为管理员帐号选中该项，便于管理员随时登录。

➢ **同一 IP 地址只允许多少个登录**：设置是否限制使用同一 IP 地址的连接数，这对于限制外部局域网接入的机器数量非常有用。

➢ **允许用户更改密"**：设置是否允许用户自己改变登录密码。

➢ **最大上传速度**：可以限制客户端上传文件时的最大数据传输速度。

➢ **最大下载速度**：可以限制客户端下载文件时的最大数据传输速度。

➢ **空闲超时**：设置允许的最长空闲时间。

➢ **会话超时**：设置所允许的总的会话时间。

➢ **最大用户数量**：设置是否限制使用同一帐号连接的最大用户数量

➢ **登录消息文件**：设置登录消息文件，使用事先建立好的包括提示信息的文本文件。

➢ **密码类型**：设置密码类型，包括规则密码、OTP S/KEY MD4、OTP S/KEY MD5 三种。

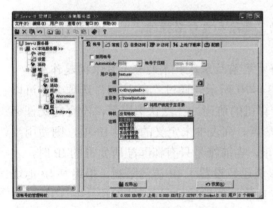

图 3-4-66 "帐号"选项卡

图 3-4-67 "常规"选项卡

步骤三：单击"目录访问"选项卡，可以查看或设置基于文件、目录和子目录的用户访问权限。单击"添加"按钮，打开如图 3-4-68 所示的"添加文件/路径到访问规则"对话框，输入要配置文件或目录的路径。

步骤四：选中列表框中的文件或目录路径，根据需要选择右侧的各种权限的单选按钮，如图 3-4-69 所示。

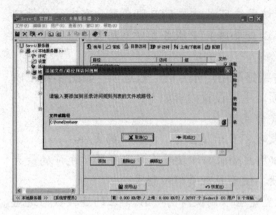

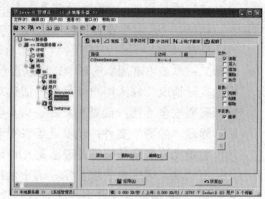

图 3-4-68 "添加文件/路径到访问规则"对话框　　　　图 3-4-69　设置权限

基于"文件"的访问权限，包括如下几项：

➢ **读取**：允许用户下载文件。

➢ **写入**：允许用户上传文件，但不能对文件进行更改、删除或重命名。

➢ **追加**：允许用户对已有的文件进行附加（续传）。

➢ **删除**：允许用户对文件进行更改、重命名和删除。

➢ **执行**：允许用户通过 FTP 运行可执行文件，如用户可以远程运行程序。

基于"目录"的访问权限包括台下几项：

➢ **列表**：允许用户目录列表（查看目录和文件）。

➢ **创建**：允许用户创建子目录。

➢ **删除**：允许用户删除目录，包括移动、删除和重命名操作。

基于"子目录"的访问权限如下：

➢ **继承**：选中该复选框，设置的权限将对当前目录及其下的整个目录树起作用。

步骤五：打开"IP 访问"选项卡，如图 3-4-70 所示。通过"IP 访问"选项卡，可以根据登录 FTP 服务器的 IP 地址，限制某些计算机的访问。在默认情况下，没有定义任何 IP 访问的规则，即允许任何计算机访问 FTP 站点。列表中未定义的任何 IP 项，则使用当前帐号不受任何 IP 限制。但是一旦设置了 IP 项，当前帐号只有在匹配所允许的 IP 时，才能登录到 FPT 服务器。需要指出的是，如果该域已经设置了 IP 访问限制，拒绝某 IP 地址访问，这里设置即使允许此地址访问，最终也拒绝该项地址访问。

选择"拒绝访问"或"允许访问"单选按钮，并在"规则"文本框中输入要控制的 IP 地址，IP 地址可以使用通配符，例如：输入"192.168.4.*"，表示:192.168.4.0～192.168.4.255 这一个网段，单击"添加"按钮，IP 访问规则就增加到窗口右上方的列表框中了。

步骤六：打开"上传/下载率"选项卡，可以设置用户上传/下载文件的速率。如图 3-4-71 所示。选中"启用上传/下载比率"复选项框，启动上传/下载比率限制功能；在"比率"组合框中，根据用户的需要进行设置；在"上传"和"下载"文本框中分别输入上传和下载量的比；在"预设/当前"文本框中设置信任文件数。

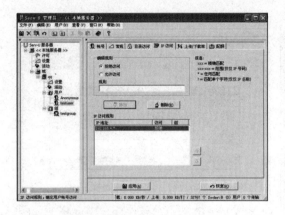

图 3-4-70 "IP 访问"选项卡

图 3-4-71 "上传/下载率"选项卡

步骤七：打开"配额"选项卡，如图 3-4-72 所示。通过配额选项卡，可以设置磁盘配额，即设置用户在 FTP 服务器上可拥有的最大空间。选中"启用磁盘配额"复选框，启用磁盘配额功能，即限制启用能够使用的空间；单击"计算当前"按钮，系统自动计算主目录及其子目录已经使用的磁盘空间，并将其显示在"当前"文本框中；在"最大"文本框中，设置用户可以使用的最大磁盘空间，如果超出了这个配额，用户就能不再上传文件了。

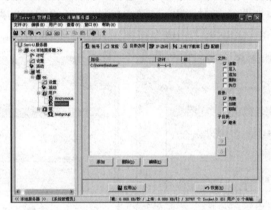

图 3-4-72 "配额"选项卡

4. 设置虚拟目录

在上面配置的 FTP 服务器中，匿名用户可以访问服务器"C：\test"目录中的内容，若希望匿名用户还能访问"C:\常用软件"。一般的方法就是把"C:\常用软件"复制到"C：\test"目录中，但最好的办法就是采用虚拟目录。通过虚拟目录，可以将物理目录映射到计算机或网络上的其他目录下，即使用户被锁定在自己的主目录，也可以通过访问虚拟目录来访问其他的目录或驱动器。下面就以"C:\常用软件"目录映射成"C：\test"下的"soft"为例，说明设置虚拟目录的操作步骤。

步骤一：启动 Serv-U 管理器程序，单击"设置"图标，打开"虚拟路径"选项卡，单击"虚拟路径映射"列表框下的"添加"按钮，如图 3-4-73 所示。

步骤二：打开"虚拟路径映射"向导，在"虚拟路径映射—第一步"对话框中，根据提示输入要被映射到虚拟路径的物理路径。在"物理路径"文本框中输入"C:\常用软件"，单击"下一步"按钮,如图 3-4-74 所示。

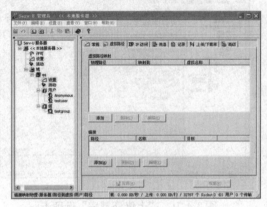

图 3-4-73 "虚拟路径"选项卡　　　　图 3-4-74 "虚拟路径映射—第一步"对话框

步骤三: 在"虚拟路径映射—第二步"对话框中,输入要映射物理路径的目录,也可使用宏来表示特定的目录,如%HOME%表示用户主目录,%USER%表示用户帐号名称。例如希望将"C:\常用软件"文件夹映射到匿名帐号的根目录"C:\test",需要输入"C:\test",单击"下一步"按钮。如力 3-4-75 所示。

步骤四: 打开"虚拟路径映射—第三步"对话框,在"映射的路径名称"文本框中输入映射的路径名称"soft",单击"完成"按钮,如图 3-4-76 所示。

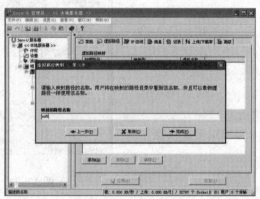

图 3-4-75 "虚拟路径映射—第二步"对话框图　3-4-76 "虚拟路径映射—第三步"对话框

步骤五: 设置完成以后将弹开如图 3-4-77 所示的对话框。

步骤六: 设定用户目录访问权限。创建虚拟目录并不意味着用户能够看到它,这要由用户或用户组的目录访问权限决定的。Serv-U 的所有访问都是基于物理目录,要让匿名用户能看到虚拟目录内容,必须要有访问相应物理目录的权限。选中匿名帐号"Anonymous",打开"目录访问"选项卡。单击"添加"将"C:\常用软件"添加到列表框中,再设置权限。由于希望匿名用户只能记取该目录的内容,因此只需要将基于"文件"的访问权限设置为"读取",将基于"目录"访问权限设置为"列表",将基于"子目录"的访问权限设置为"继承"。设置完毕后,单击"应用"按钮保存设置,如图 3-4-78 所示。

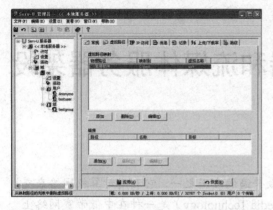

图 3-4-77　完成虚拟目录设置后的界面

图 3-4-78　设定目录的访问权限

步骤七： 打开浏览器，在地址栏中输入" ftp://ftp.hjths.com/soft "或者"ftp://192.168.4.20/soft"就可以匿名访问"C:\常用软件"下的内容了。

课题小结

本课题主要讲述了 FTP 和 Serv-U FTP 服务器的架设。通过本课题的学习，读者应了解 TTP 服务器的基本知识、连接过程和连接模式；掌握如何安装 FTP 服务器，如何创建 FTP 站点、虚拟目录，如何配置 FTP 服务器属性，如何测试站点；了解 Serv-U 的概念和功能；掌握如何安装和配置 Serv-U，以及 SerV-U 用户和用户组的管理。

课后练习

一、思考题

1．在 FTP 站点属性的设置中，设置"站点连接数限制"和"连接超时"有什么实际意义？是否可以不设置？

默认情况下匿名用户只能下载资料不能上传资料。如何实现让匿名用户能够上传资料到 FTP 站点上？

2．为什么要设置虚拟目录，有什么用途，是不是设置了虚拟目录就可以访问该目录？

3．用户特权设置有什么作用？

二、实践题

1．创建与配置 FTP 站点。

2．安装 Serv-U 服务器并进行配置。

3．某学校机房拟使用 Serv-U 服务器来对机器进行管理，请为该机房配置该 Serv-U 服务器。

课题五 邮件服务器和流媒体服务器架设

【课题概览】

电子邮件（E-mail），是 Internet 上最普遍的应用之一，它利用计算机网络来交换电子信件。流媒体技术（Streaming Media Technology）是一种在中低带宽网络上传输多媒体信息的网络技术，使用该技术能够在低带宽接入 Internet 情况下实现多媒体信息的流式传输。通过本课题的学习，使用户能在 Windows Server 2008 中架设自己的邮件服务器，在 Windows Server 2008 中架设自己的流媒体服务器。

【课题目标】

➢ 了解邮件服务器及其测试，并掌握 Imail 邮件服务器安装和配置
➢ 了解流媒体服务器知识
➢ 掌握 Windows Media 服务器安装、配置和管理

任务一 邮件服务器架设

【任务引入】

A 公司是一家小型的商务公司，公司需要为用户提供电子邮件服务，为了节约费用，建立一个支持 POP3 收发信件方式的邮件服务器。要求公司的邮件域是 abc.com.cn，建立 zhangsan@abc.com.cn 和 lisi@abc.com.cn 两个用户邮箱进行测试。

【任务分析】

由于 Windows Server2008 中只提供了 SMTP 服务器功能，不能搭建一个完整的邮件服务器，因此选择 IMail 邮件服务器软件。首先根据任务要求进行 DNS 服务器设置，安装 IMail 邮件服务器软件；然后配置 IMail，建立用户邮箱；最后在 Foxmail 邮件客户端软件中测试。

【相关知识】

一、电子邮件的工作原理

电子邮件工作原理是基于"客户机/服务器"模式，客户端负责邮件编写、向服务器发送邮件或从服务器收取邮件，服务器端负责邮件的传输。

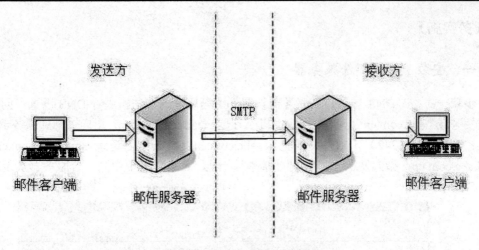

图 3-5-1　电子邮件系统工作原理

如图 3-5-1 所示，电子邮件发送和接收的过程是：

（1）发送方在客户端编写一封邮件，指明接收方的邮件地址，然后利用 SMTP 将邮件送往发送端邮件服务器。

（2）发送端的邮件服务器收到送来的邮件，按接收方的地址，通过 SMTP 将邮件送到接收端的邮件服务器，接收端的邮件服务器根据收件人地址中的账号将邮件投递到对应的邮箱。

（3）利用 POP3 协议，接收端的用户可以在任何时间、地点利用电子邮件应用程序从自己的邮箱中读取和管理邮件。

二、电子邮件协议

1．SMTP 协议

邮件传输协议（SMTP）是 TCP/IP 的应用层协议，使用端口 25，适用于主机与主机之间的电子邮件交换。它的特点是简单，只定义了邮件发送方和接收方之间的连接传输，Internet 上主机运行的电子邮件软件几乎都遵循 SMTP 协议，使用非常普遍。

2．POP3 协议

POP3 协议（邮局协议的第三版本）是一个邮件读取协议，当使用者要阅读电子邮件时，它都会把所有信件内容下载至使用者的计算机，用户选择把邮件保留在邮件服务器上或不保留在邮件服务器上。POP3 比较适合于用户只从一台固定的客户机访问邮箱，可以将所有的邮件都读取到该客户机中存储。

三、选择合适的邮件服务器软件

IMail 是一款支持 POP3 和 SMTP 的邮件服务器软件，运行在 Windows 系统中，其使用方法非常简单，很适合在企业内部网络中组建简单的邮件系统。

【任务实施】

一、安装 IMail 邮件服务器

步骤一：按"DNS 与 WINS 服务器设置"课题所述的方法，进行 DNS 设置，创建正向查找区域"abc.com.cn"，其中创建主机(A)记录 mail.abc.com.cn，指向该邮件服务器（IP地址：192.168.40.242），邮件交换记录 abc.com.cn，两条别名记录 smtp.abc.com.cn 和 pop3.abc.com.cn，指向发送、和接收的邮件服务器，在本任务中由同一台服务器实现。如图 3-5-2 所示。

图 3-5-2　DNS 服务器设置

步骤二：iMail 可按 http://count.pcsky.cn/Download.asp?ID=34278&sID=0 链接地址下载。解压缩后，运行 IMail 8.10.exe，在打开的"打开文件—安全警告"对话框中，单击"运行"按钮，开始安装。在弹出的"Welcome"对话框中单击"Next"按钮。

步骤三：在如图 3-5-3 所示的对话框中，设置"Official Host Name"为"abc.com.cn"，单击"Next"按钮。

图 3-5-3　设置邮件域　　　　　图 3-5-4　设置用户数据库存储在 iMail 数据库

步骤四：在如图 3-5-4 所示的对话框中，选择 "IMail User Database"单选按钮，设置用户数据库存储在 IMail 数据库中，单击"Next"按钮。

步骤五：在弹出的对话框中，设置安装路径，采用默认值，单击"Next"按钮。

步骤六：在弹出对话框中，设置程序所在的菜单项，采用默认值，单击"Next"按钮。

步骤七：在如图 3-5-5 所示对话框中，选择不安装默认的 SSL 密钥，单击"否"按钮。

步骤八：在如图 3-5-6 所示对话框中，选择"No mail relay"单选按钮，设置 SMTP 替代为否，单击"Next"按钮。

图 3-5-5 SSL 密钥安装提示 　　　　　图 3-5-6 设置 SMTP 替代为否

步骤九：在如图 3-5-7 所示对话框中，选择自动启动的服务，在本任务中仅需要勾选"IMail POP3 Server"、"IMail SMTP Server"、"IMail Queue Manager Service"三项，单击"Next"按钮。

图 3-5-7 选择自动启动的 iMail 服务

步骤十：在弹出的对话框中，选择暂时不增加用户。在接着出现的对话框中，单击"Finish"按钮，完成安装，安装程序自动打开 http://www.ipswitch.com/products/IMail_Server/index.html 网页，关闭即可。

二、配置 iMail 邮件服务器

iMail 邮件服务器安装后，需要进行分配邮箱等配置。

步骤一：依次选择"开始→所有程序→IMail→IMail Administrator"命令。打开如图 3-5-8 所示的 IMail Administrator 窗口，在左侧点击展开"IMail Administrator→localhost→abc.com.cn→Users"。

步骤二：在如图 3-5-8 所示窗口中，右键单击"Users"选项并选择快捷菜单中的"Add

Windows Server 2008 项目教程

User"命令。

步骤三：在如图 3-5-9 所示的对话框中输入用户邮箱的名称（如"zhangsan"），单击"下一步"按钮。

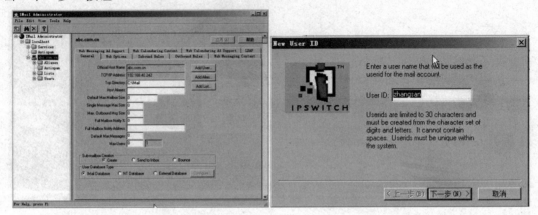

图 3-5-8　iMail 主界面　　　　　　　　　　　图 3-5-9　输入用户邮箱名

步骤四：弹出的"Full name of New User"，可以不设置，单击"下一步"按钮。

步骤五：在如图 3-5-10 所示的对话框中，设置用户邮箱密码（如"123456"），勾选下面的"User cannot change password"复选框，可以禁止用户修改密码。

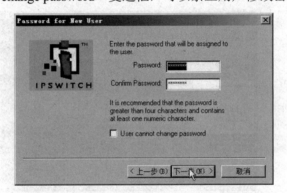

图 3-5-10　设置用户邮箱密码

步骤六：单击"下一步"按钮。在弹出的对话框中单击"完成"按钮，完成用户邮箱创建。按同样步骤创建"lisi"邮箱。

三、测试邮件服务器

在 Foxmail 邮件客户端软件中可以测试 iMail 应用 POP3 方式收发邮件。

步骤一：运行 Foxmail 之后通过选择"邮箱→新建邮箱账户"命令创建一个账户，将这个账户命名为 zhangsan@abc.com.cn，如图 3-5-11 所示。

步骤二：设置 SMTP 服务器为"smtp.abc.com.cn"，设置 POP3 服务器为"pop3.abc.com.cn"，如图 3-5-12 所示。按同样步骤创建"lisi"账号。

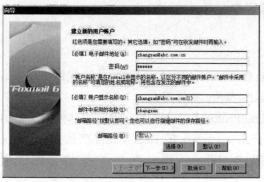

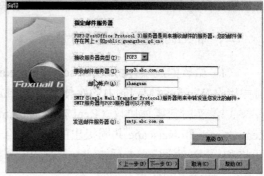

图 3-5-11 创建账号 　　　　　　 图 3-5-12 设置邮件服务器等

步骤三： 在 zhangsan@abc.com.cn 账户中给 lisi@abc.com.cn 撰写一封邮件，单击"发送"按钮，再单击"收取"按钮，在 lisi@abc.com.cn 的收件箱收到该邮件，说明 iMail 邮件服务器架设成功。

任务二　流媒体服务器架设

【任务引入】

目前网络技术已经相当普及，许多大学以网络作为主要教学媒介。A 学院的网络教育学院新建了一台流媒体服务器。采用 Windows Server 2008 操作系统，主机名为 vod.university.edu.cn，IP 地址为 218.93.117.83，架设一台 Windows Media Server 流媒体服务器。

【任务分析】

A 学院的视频资源主要为 AVI 和 WMV 格式，要实现视频点播（VOD）服务，可以利用 Windows Server 2008 自带的 Windows Media Server 流媒体服务器来架设，首先安装 Windows Media Server，然后在 Windows Media Server 中新建发布点，进行架设。

【相关知识】

一、流媒体概述

流媒体，是指采用流式传输的方式在 Internet/Intranet 上播放的媒体格式，如音视频或多媒体文件。流媒体在播放前并不下载整个文件，只将开始部分内容存入内存，在计算机中对数据包进行缓存并使媒体数据正确地输出。流媒体的数据流随时播放，只需经过几秒或几十秒的启动延时即可在用户的计算机上对多媒体文件解压后播放，而多媒体文件的剩余部分在后台服务内继续下载。该方式不仅启动延时大幅度缩短，而且对系统缓存容量的需求也大大降低。

流式传输除了能够发送已经制作完成的文件外，还可以通过采集服务器实时采集现场音视频，发送到流媒体服务器端，实时提供给用户。

二、常见的流媒体的传输协议

（1）微软的流媒体协议（Microsoft Media Protocol，MMS），微软的流媒体协议，访问并接收 Windows Media 中的媒体文件（如.asf、.wmv 文件等）。

（1）实时流媒体协议（Real Time Streaming Protocal，RTSP）实时流媒体协议，是由 Realnetwork 和 Netscape 共同提出的，现在用于 Realnetwork 的 Real Media 产品中。该协议可将媒体文件通过 Internet/Intranet 传送到 RealPlayer 中，传输的媒体文件主要有.rm、.rmvb、.ram 等。

三、流媒体服务器的种类

（1）Windows Media Server，是 Windows 2000 以上操作系统自带的流媒体服务器。

（2）Helix Server，又称 Real Server，是 Realnetwork 公司的流媒体服务器软件。它不仅支持.rm、.rmvb 格式，还支持.wmv 格式。

（3）Quick Streaming Serve，是苹果公司开发的流式音视频服务器。

【任务实施】

一、安装 Windows Media 服务器

在默认情况下，Windows Server 2008 内没有附带 Windows Media 服务器组件，因此需要下载安装相应的组件。

步骤一：输入 URL "http://www.microsoft.com/downloads/details.aspx?displaylang=zh-cn&FamilyID=9ccf6312-723b-4577-be58-7caab2e1c5b7#filelist" 打开 "面向 Windows Server 2008 的 Windows Media Services 2008" 网页，在下部，六个下载链接，根据安装的 Windows Server 2008 Enterprise Edition 32 位版本，依次选择下载安装 "Windows6.0-KB934518-x86-Server.msu" Windows Media 服务组件，"Windows6.0-KB934518-x86-Admin.msu" Windows Media 管理组件，"Windows6.0-KB934518-x86-Core.msu" Windows Media 内核编码组件。

步骤二：打开 "服务器管理器"，在窗口左侧选择 "角色" 选项后，在右侧单击 "添加角色" 链接，在如图 3-5-13 所示的向导中勾选 "流媒体服务" 复选框。

步骤三：在弹出的 "添加角色向导" 对话框中，单击 "下一步" 按钮。

步骤四：在如图 3-5-14 所示的对话框中可以选择为流媒体服务安装的角色服务，一般全部勾选，如果没有安装 Web 服务器，会提示安装 Web 服务器，单击 "下一步" 按钮。

步骤五：在如图 3-5-15 所示对话框中选择所采用的传输协议，勾选 "实时流协议" 复选框，如果 80 端口未占用，还可以勾选 "超文本协议"，单击 "下一步" 按钮。

步骤六：在如图 3-5-16 所示的对话框中显示了 Windows Media 服务安装的相关信息，单击 "安装" 按钮开始安装。

图 3-5-13 选择安装"流媒体服务"

图 3-5-14 选择为流媒体服务安装角色服务

图 3-5-15 选择数据传输协议

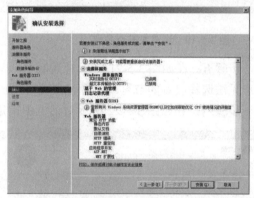
图 3-5-16 确认安装选择

二、架设 Windows Media 服务器

步骤一：在管理工具中选择打开"Windows Media 服务"，打开如图 3-5-17 所示 Windows Media 服务窗口，在左侧依次展开"vod.university.edu.cn""发布点"，在"<默认>(点播)"选项单击右键，在弹出的快捷菜单中选择"允许新连接"，在服务器管理器中添加"桌面体验"功能，即可对默认的发布点进行测试。

步骤二：在 Windows Media 服务窗口中右击"发布点"选项，在弹出的快捷菜单中选择"添加发布点"，如图 3-5-18 所示。在弹出的向导对话框中，单击"下一步"按钮。

图 3-5-17 设置 Windows Media 服务

图 3-5-18 添加发布点

Windows Server 2008 项目教程

步骤三： 在如图 3-5-19 所示对话框中，设置发布点名称，单击"下一步"按钮。

步骤四： 在如图 3-5-20 所示的对话框中选择 Windows Media 服务器发布的媒体项目，本任务是发布硬盘已有的媒体文件，采用"目录中的文件"方式，单击"下一步"按钮。

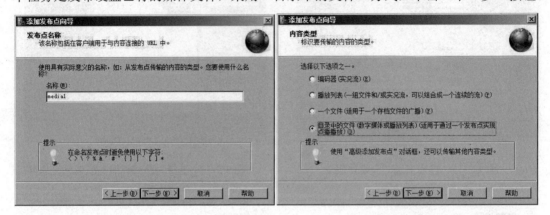

图 3-5-19　设置发布点名称　　　　　图 3-5-20　设置发布内容的类型

步骤五： 在如图 3-5-21 所示对话框中，提供了广播和点播发布两种类型，前者客户端用户无法选择收看的节目，后者客户端可以自行选择和控制，这里选择后者。

步骤六： 在如图 3-5-22 所示对话框中指定媒体文件存放路径。

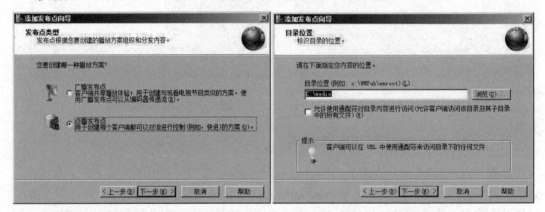

图 3-5-21　选择发布点类型　　　　　图 3-5-22　指定媒体文件存放路径

步骤七： 在如图 3-5-23 所示对话框中设置内容播放方式，一般不勾选复选框，采用顺序无循环播放方式。

步骤八： 在如图 3-5-24 所示的对话框中勾选复选框，启用发布点日志记录功能，如果服务器日志功能已经启用，则该功能不需要启用。

步骤九： 在如图 3-5-25 所示对话框中显示了有关添加发布点的具体信息，确认后单击"下一步"按钮。

步骤十： 在如图 3-5-26 所示对话框中单击"完成"按钮，完成发布。

发布点创建后，还需要创建公告文件，这样客户端用户才能通过网络收看节目。

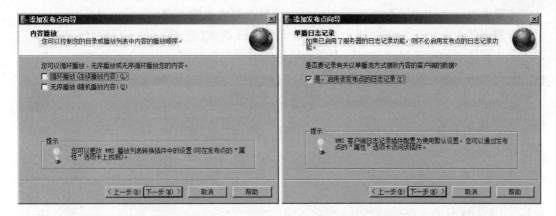

图 3-5-23 设置内容播放方式　　　　　　图 3-5-24 设置发布点日志记录

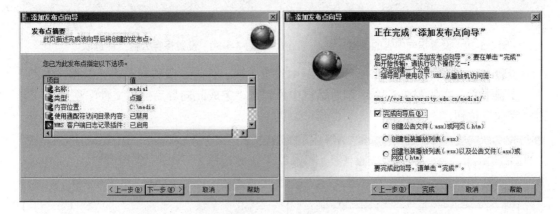

图 3-5-25 发布点摘要信息　　　　　　图 3-5-26 完成发布点向导

步骤十一：在 Windows Media 服务窗口中，左侧选择"media1"项，右侧选择"属性"选项卡，在"常规"类别中启用"允许使用通配符对目录内容进行访问"。右侧选择"公告"选项卡，单击"运行单播公告向导"，打开如图 3-5-27 所示对话框，单击"下一步"按钮。

步骤十二：在如图 3-5-28 所示对话框中设置点播目录。

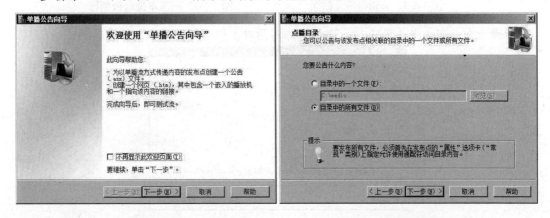

图 3-5-27 单播公告向导　　　　　　图 3-5-28 设置点播目录

步骤十三： 在如图 3-5-29 所示对话框中设置指向内容的 URL。

步骤十四： 在如图 3-5-30 所示对话框中设置.asx 格式的公告文件存放路径，勾选"创建一个带有嵌入的播放机和指向该内容的链接的网页"复选框，生成.htm 文件。

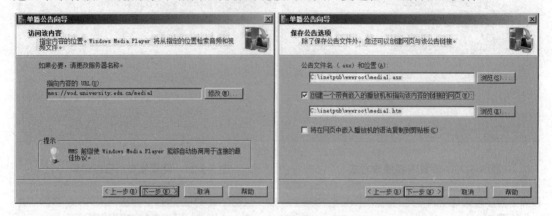

图 3-5-29 设置指向内容的 URL   图 3-5-30 设置保存公告文件选项

步骤十五： 在如图 3-5-31 所示对话框中设置主题、作者、版权等公告元数据。

步骤十六： 在如图 3-5-32 所示对话框中，勾选"完成此向导后测试文件"复选框，单击"完成"按钮。

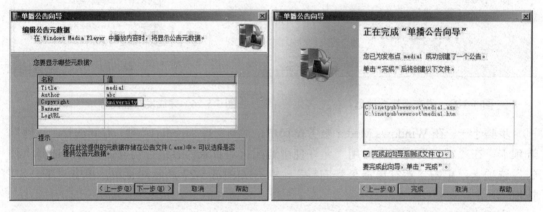

图 3-5-31 编辑公告元数据   图 3-5-32 完成单播公告创建

步骤十七： 在如图 3-5-33 所示对话框中对两种不同类型的公告文件进行测试。

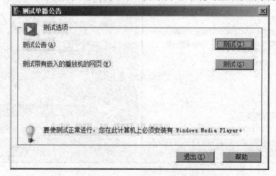

图 3-5-33 测试单播公告窗口

步骤十八: 如果分别看到如图 3-5-34、3-5-35 所示的窗口,则表示 Windows Media 服务器已经架设成功。

图 3-5-34　.asx 公告文件测试

图 3-5-35　.htm 公告文件测试

课题小结

本课题主要讲述了邮件服务器架设和流媒体服务器架设。通过本课题的学习,读者应了解电子邮件的工作原理、协议,以及选择合适的邮件服务器软件;掌握如何安装配置和测试 iMail 邮件服务器;了解流媒体的基本知识、常见的流媒体的传输协议,以及流媒体服务器的种类;掌握如何安装和架设 Windows Media 服务器。

课后练习

一、思考题

1. 电子邮件的工作原理是什么?
2. 电子邮件协议有哪些?
3. 什么是流媒体?
4. 常见的流媒传输体协议有哪些?
5. 流媒体服务器有哪些?

二、实践题

1. 架设一台 iMail 邮件服务器。邮件域是 abc.com.cn,建立 tom@abc.com.cn 和 nancy@abc.com.cn 两个用户邮箱进行测试。

2. 安装 Windows Media Server,架设流媒体服务器,在 Windows Media Player 或浏览器中测试。

课题六 路由和远程访问服务

【课题概览】

随着 Internet 网络迅速膨胀，IP 地址日益短缺及路由规模迅猛扩大已成为严重的问题。网络地址转换(NAT，Network Address Translation)技术是解决这一问题的有效方法之一。而远程访问服务可以使远程办公室和移动工作人员通过拨号连接或虚拟专用网（Virtual Private Network，VPN）访问专用办公网络。本课题将介绍 NAT 服务器设置，远程访问与 VPN 服务设置。

【课题目标】

➢ 了解 NAT 技术及其启用
➢ 掌握 NAT 映射表的管理
➢ 了解远程访问方式、VPN 组成及协议
➢ 掌握基于 PPTP 的 VPN 连接的创建和加密的 VPN 连接创建

任务一 NAT 服务器设置

【任务引入】

C 公司从 ISP 申请了 Internet 接入，获得了两个 IP 地址，一个是 192.168.40.1，用于 ISP 端得路由接口，另一个是 192.168.40.242，子网掩码均是 255.255.255.0，该公司用一台安装有双网卡的 Windows Server 2008 服务器作为接入设备，采用 NAT 技术使公司内部网络能够访问 Internet。公司内部的一台 Web 服务器（IP 地址 172.16.1.10，端口号为 80）和一台 FTP 服务器（IP 地址 172.16.1.11，端口号为 21），外网用户可以分别访问这两台服务器。

【任务分析】

本任务中服务器必须安装双网卡，一块用于连接外网，另一块用于连接内网；在 Windows Server 2008 服务器上添加"网络策略和访问服务"角色下的"路由和远程访问服务"；启用 NAT 和基本防火墙，采用复用动态地址转换；配置局域网中的 NAT 客户端。要使外网用户可以访问内网的服务器可以配置 NAT 映射来管理的端口映射或地址映射。

【相关知识】

一、NAT 技术简介

NAT 技术是一种广域网的接入技术，它是将私有（保留）地址转化为合法 IP 地址的转换技术，被广泛应用于各种类型 Internet 接入方式和各种类型的网络中。NAT 不仅完美地解决了 IP 地址不足的问题，而且还能够有效地避免来自网络外部的攻击，隐藏并保护网络内部的计算机。

二、NAT 地址转换方式

NAT 地址转换方式有三种：即静态地址转换、动态地址转换和复用动态地址转换。

静态地址转换是指将内部网络的私有 IP 地址转换为公有 IP 地址，IP 地址是一对一的，是一成不变的。借助于静态转换，可以实现外部网络对内部网络中的 FTP 服务器或邮件服务器等的访问。

动态地址转换是指将内部网络的私有 IP 地址转换为公用 IP 地址时，IP 地址对是不确定的、随机的，所有被授权访问上 Internet 的私有 IP 地址可随机转换为任何指定的合法 IP 地址。也就是说，只要指定哪些内部地址可以进行转换，以及用哪些合法地址作为外部地址时，就可以进行动态转换。动态转换可以使用多个合法外部地址集。当 ISP 提供的合法 IP 地址略少于网络内部的计算机数量时。可以采用动态转换的方式。

复用动态地址转换即端口地址转换（PAT）是指改变外出数据包的源端口并进行端口转换，采用端口多路复用方式。内部网络的所有主机均可共享一个合法外部 IP 地址实现对 Internet 的访问，从而可以最大限度地节约 IP 地址资源。同时，又可隐藏网络内部的所有主机，有效避免来自 Internet 的攻击。因此，目前网络中应用最多的就是端口多路复用方式。

【任务实施】

一、安装 NAT 服务器

Windows Server 2008 系统中，默认情况下没有安装 NAT 服务器，因此需要手动安装。

步骤一：运行"开始→服务器管理器"命令，打开服务器管理器。在左侧选择"角色"一项之后，单击右部区域中的"添加角色"链接，在"添加角色向导"对话框中勾选"网络策略与访问服务"复选框，并单击"下一步"按钮。

步骤二：在"网络策略与访问服务简介"的对话框中，单击"下一步"按钮。

步骤三：在如图 3-6-1 所示的对话框中，勾选"路由与远程访问服务"复选框，并单击"下一步"按钮。

步骤四：在"确认安装选择"对话框中，单击"安装"按钮开始安装。

步骤五：在"安装结果"对话框中，单击"关闭"按钮完成安装。

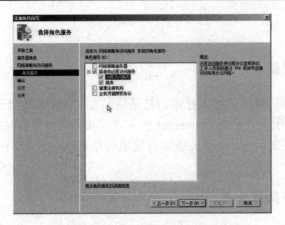

图 3-6-1　选择"路由与远程访问服务"

二、启用 NAT

步骤一：将服务器上连接 Internet 的网卡更名为"外网连接"，设置 IP 地址为 192.168.40.242，子网掩码为 255.255.255.0，网关为 192.168.40.1，DNS 服务器为 202.102.3.141；连接局域网的网卡更名为"内网连接"，设置 IP 地址为 172.16.0.1，子网掩码为 255.255.0.0。确保该服务器能访问 Internet。

步骤二：运行"开始→管理工具→路由和远程访问"命令，打开"路由和远程访问"控制台窗口，在左侧窗格中单击本地服务器图标，如果该图标左下角有带圈的红色箭头，则说明尚未启用"路由和远程访问"服务；右键单击该图标，在弹出的快捷菜单中选择"配置并启用路由和远程访问"命令，如图 3-6-2 所示。

步骤三：在"路由和远程访问服务器安装向导"对话框中，单击"下一步"按钮。

步骤四：在如图 3-6-3 所示的"配置"对话框中，选择"网络地址转换（NAT）"单选按钮，单击"下一步"按钮继续。

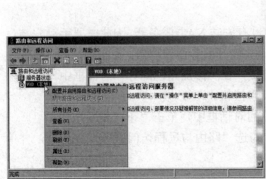

图 3-6-2　"路由和远程访问"控制台　　图 3-6-3　选择"网络地址转换（NAT）"

步骤五：在如图 3-6-4 所示的"NAT Internet 连接"对话框中，选择"使用此公共接口连接到 Internet"单选按钮,在列表框中选择"外网连接"作为公共接口连接到 Internet,并单击"下一步"按钮。如果服务器是通过 ADSL 宽带接入 Internet,则应选择"创建一个新的到 Internet 的请求拨号接口"单选按钮。

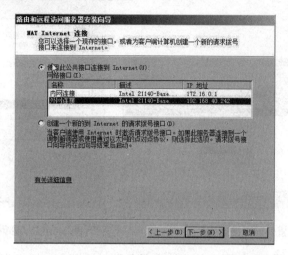

图 3-6-4 选择公共接口

步骤六:在"名称和地址转换服务"对话框中,选择"启用基本的名称和地址服务"单选按钮,单击"下一步"按钮。

步骤七:在"地址分配范围"对话框中,显示了网络地址:172.16.0.0,网络掩码:255.255.0.0,单击"下一步"按钮。

步骤八:在"正在完成路由和远程访问服务器安装向导"对话框中,单击"完成"按钮完成安装。这时,在如图 3-6-2 所示"路由和远程访问"控制台窗口中的本地服务器图标,左下角变成了绿色箭头。

三、NAT 客户端配置

如果服务器上没有安装 DHCP 和 DNS 服务,则 NAT 客户端的 TCP/IP 属性需要手工设置;设置 IP 地址和子网掩码与 NAT 服务器的"内网连接"在同一子网中,如 172.168.0.2,255.255.0.0,网关为 NAT 服务器的"内网连接"的 IP 地址,即 172.16.0.1;完成后客户端就可以利用 NAT 服务器进行上网。

四、NAT 映射表管理之——端口映射

步骤一:打开"路由和远程访问"控制台,展开控制台树,单击选中"NAT",在右侧窗格的列表框中,右键单击"外网连接",在弹出的快捷菜单中选择"属性"命令,如图 3-6-5 所示。

步骤二:在"外网连接 属性"对话框中,选择"服务和端口"选项卡,在"服务"列表框中选中要对外网开放的服务,如选中"Web 服务器(HTTP)",如图 3-6-6 所示。

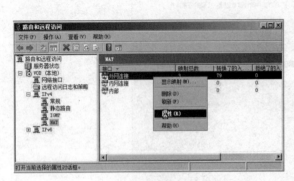

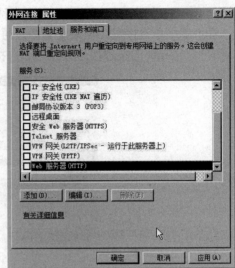

图 3-6-5　设置外网连接属性　　　　　　　图 3-6-6　"外网连接 属性"对话框

步骤三：在如图 3-6-7 所示的"编辑服务"对话框中，将"公用地址"设置为"在此接口"；在"专用地址"文本框中输入内部网络提供 Web 服务的计算机 IP 地址为 172.16.1.10，再单击"确定"按钮。在如图 3-6-6 所示对话框中勾选"Web 服务器（HTTP）"复选框。

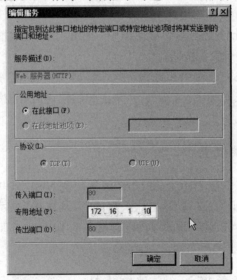

图 3-6-7　"编辑服务"对话框

重复上述步骤二、三，设置内部网络提供 FTP 服务的计算机 IP 地址 172.16.1.11，并勾选"FTP 服务器"。

这时外网用户就可以用"http://192.168.40.242"和"ftp://192.168.40.242"分别访问局域网内部的 Web 服务器（IP 地址 172.16.1.10，端口号为 80）和一台 FTP 服务器（IP 地址 172.16.1.11，端口号为 21）。

五、NAT 映射表管理之——地址映射

如果公司需要向外围开放的服务器越来越多，就需要通过"地址映射"功能来解决，这需要公司向 ISP 申请多个合法的 IP 地址，如：192.168.40.243～192.168.40.246，子网掩码是 255.255.255.0，设定当外网用户访问 192.168.40.243 时，就访问 172.16.1.10 这台服务器；当访问 192.168.40.244 时，就访问 172.16.1.11 这台服务器。地址映射首先要设置合法的地址池，再设置地址映射。

步骤一：在"外网连接 属性"对话框中，选择"地址池"选项卡，如图 3-6-8 所示，单击"添加"按钮。

步骤二：在如图 3-6-9 所示的"添加地址池"对话框中，输入合法的 IP 地址池，单击"确定"按钮。

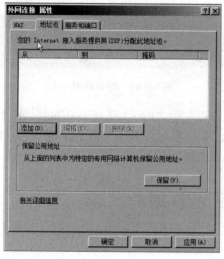

图 3-6-8 "地址池"选项卡

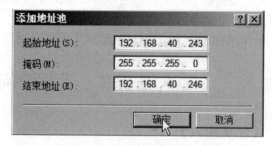

图 3-6-9 "添加地址池"

步骤三：返回如图 3-6-8 所示的对话框，单击"保留"按钮来实现地址映射。

步骤四：在如图 3-6-10 所示的"地址保留"对话框中，单击"添加"按钮。

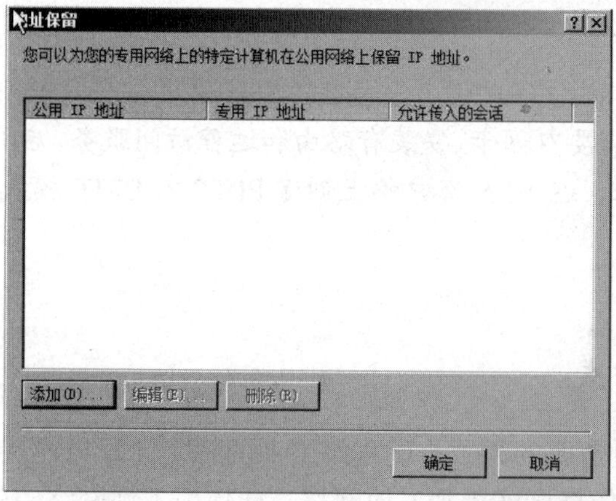

图 3-6-10 "地址保留"对话框

步骤五： 在如图 3-6-11 所示的"添加保留"对框中，"保留此公用 IP 地址"文本框中填入 192.168.40.243，"为专用网络上的计算机"文本框中填入 172.16.1.10，勾选"允许将会话传入到此地址"复选框，单击"确定"按钮。按同样方法将内部服务器 IP 地址与合法的 IP 地址映射。结果如图 3-6-12 所示。

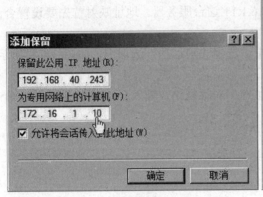
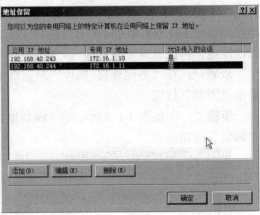

图 3-6-11 "添加保留"对话框   图 3-6-12 地址映射

这时，外网用户就可以用"http://192.168.40.243"和"ftp://192.168.40.244"分别访问局域网内部的 Web 服务器（IP 地址 172.16.1.10，端口号为 80）和一台 FTP 服务器（IP 地址 172.16.1.11，端口号为 21）。

任务二　远程访问与 VPN 服务设置

【任务引入】

C 公司已建成了内部局域网，利用防火墙技术使 Internet 用户无法访问内部网路。但由于该公司的业务人员需要在外地远程登录到公司的内部网络上，交换业务数据，因此 C 公司需要安装一台远程访问 VPN 服务器，在 VPN 客户端上创建 VPN 连接。

【任务分析】

在 VPN 服务器上需要双网卡，安装有路由和远程访问服务，启用远程访问 VPN 服务，赋予用户远程访问权限，在 VPN 客户端上创建 PPTP 或 L2TP 模式的 VPN 连接。

【相关知识】

一、远程访问方式

远程访问是指通过透明的方式将远程网络上的特定计算机连接到本地网络中。启用远程访问时，远程客户就像直接连接到本地网络一样使用本地网络中的资源。Windows Server 2008 中包含了远程访问服务，其是网络策略与访问服务中的一个组件，远程访问服务支持远程客户端使用拨号网络连接和虚拟专用网络（VPN）连接这两种远程访问方式。

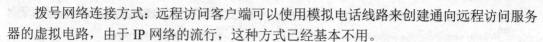

拨号网络连接方式：远程访问客户端可以使用模拟电话线路来创建通向远程访问服务器的虚拟电路，由于 IP 网络的流行，这种方式已经基本不用。

虚拟专用网络连接方式：VPN 客户端通过 IP 网络与 VPN 服务器建立虚拟点对点连接。

二、VPN 组成及协议

一个完整的 VPN 连接包括远程访问 VPN 服务器、远程访问 VPN 客户端和 VPN 承载链路。

> **远程访问 VPN 服务器**：Windows Server 2008 的远程访问服务器能够接受基于 PPTP 或 L2TP/IPSec 的远程访问 VPN 连接，或者基于 PPTP、L2TP/IPSec、IPSec 隧道模式的站点到站点 VPN 连接。

> **远程访问 VPN 客户端**：VPN 客户端可以是独立计算机，也可以是建立站点到站点 VPN 连接的 VPN 服务器；前者称为远程访问 VPN 连接，后者称为站点到站点的 VPN 连接。

> **VPN 承载链路**：远程访问 VPN 客户端必须能通过 IP 网络访问到远程访问 VPN 服务器，如果 VPN 服务器位于内部网络而 VPN 客户端位于外部网络，那么在 VPN 服务器连接到外网的网关上作端口映射。

VPN 协议包括：端到端隧道协议（PPTP），微软基于 PPP 协议开发的隧道协议，广泛应用于 Windows 系统；第二层隧道协议（L2TP），微软 PPTP 隧道协议和 CISCO 第二层转发协议（L2F）的结合体，采用 IPSec 技术加密，L2TP 与 IPSec 结合称为 L2TP/IPSec；IPSec 隧道模式，只用于站点到站点 VPN 连接。

【任务实施】

一、架设 VPN 服务器

VPN 服务器与 NAT 服务器一样需要安装双网卡，安装网络策略、访问服务中的路由与远程访问服务组件，如果已启用 NAT 服务，必须禁用。

步骤一：在 VPN 服务器上，执行"开始→管理工具→路由和远程访问"命令，打开"路由和远程访问"控制台窗口，在左侧窗格中单击本地服务器图标，确认该图标左下角有带圈的红色箭头；右键单击该图标，在弹出的快捷菜单中选择"配置并启用路由和远程访问"命令，见图 3-6-2。

步骤二：在"路由和远程访问服务器安装向导"对话框中，单击"下一步"按钮。

步骤三：在如图 3-6-13 所示的"配置"对话框中，选择"远程访问（拨号或 VPN）"单选按钮，如果需要同时提供 NAT 服务可选择"虚拟专用网络(VPN)访问和(NAT)"单选按钮，单击"下一步"按钮继续。

步骤四：在如图 3-6-14 所示的对话框中，勾选"VPN"复选框，单击"下一步"按钮。

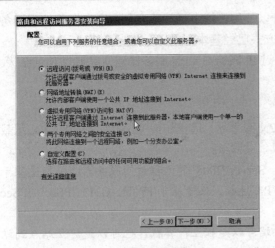

图 3-6-13　选择远程访问服务

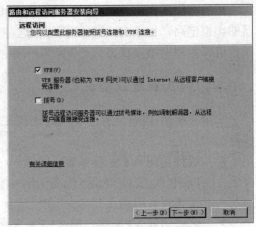

图 3-6-14　选择"VPN"

　　步骤五: 在如图 3-6-15 所示的"VPN 连接"对话框中,在列表框中选择"外网连接"作为公共接口连接到 Internet,勾选"通过设置静态数据包筛选器……"复选框,并单击"下一步"按钮。

　　步骤六: 在如图 3-6-16 所示的"IP 地址分配"对话框中,如内部网络没有 DHCP 服务器,可选择"来自一个指定的地址范围"单选按钮,单击"下一步"按钮。

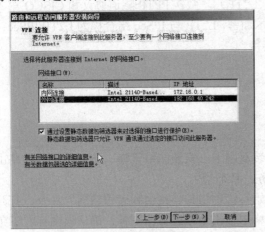

图 3-6-15　选择公共接口　　　　　　　　图 3-6-16　选择 IP 地址分配方式

　　步骤七: 在如图 3-6-17 所示的"地址范围分配"对话框中,单击"新建"按钮。

　　步骤八: 在如图 3-6-18 所示的"新建地址范围"对话框中,输入分配给 VPN 客户端的起止 IP 地址(172.168.0.201～172.16.0.254),单击"确定"按钮,返回到"地址范围分配"对话框中,可以看到上述 IP 地址范围增加到列表框中,单击"下一步"按钮。

　　步骤九: 在如图 3-6-19 所示的"管理多个远程访问服务器"对话框中,由于不使用RADIUS 服务器,选择"否,使用路由和远程访问……",单击"下一步"按钮。

　　步骤十: 在"正在完成路由和远程访问服务器安装向导"对话框中,单击"完成"按钮完成安装。

　　步骤十一: 在弹出的提示需要配置 DHCP 中继代理的对话框中,单击"确定"按钮,稍等片刻，在如图 3-6-20 所示"路由和远程访问"控制台窗口中的本地服务器图标，左下角变成了绿色箭头，表示 VPN 服务架设完成。

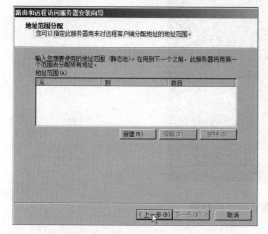

图 3-6-17 "地址范围指定"对话框

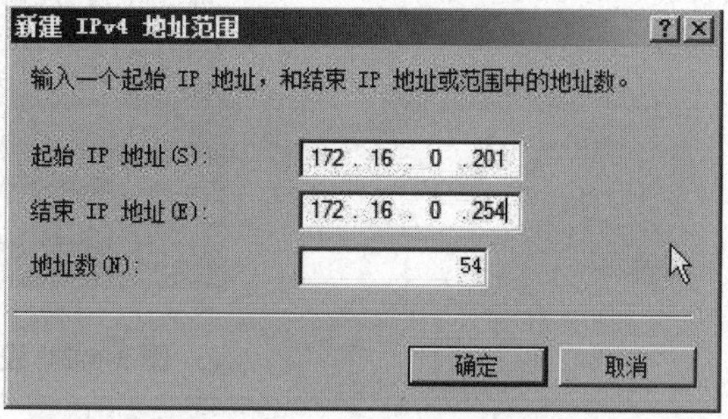

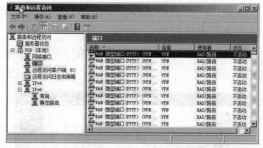

图 3-6-18 新建 IPv4 地址范围

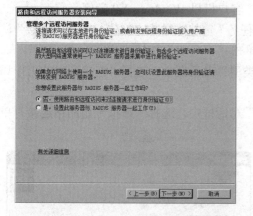

图 3-6-19 选择不使用 RADIUS 服务器

图 3-6-20 "端口"列表

在"路由和远程访问"控制台中，单击左侧窗格控制树上的"端口"，可以看到建立的 PPTP 和 L2PT 端口，可用于远程用户访问内部网络。

二、设置用户远程访问权限

VPN 客户通过身份验证时，VPN 服务器上 VPN 用户账户的"拨入"属性需要设为"允许访问"。

按模块二中课题二的"用户账户管理"任务，新建"tom"账户，右键单击该账户，在弹出的快捷菜单中选择"属性"命令，选择"拨入"选项卡，在"远程访问权限"选项组中选择"允许访问"单选按钮，单击"确定"按钮。如图 3-6-21 所示。

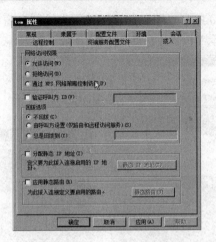

图 3-6-21 设置允许访问权限

三、设置 VPN 客户端

在 VPN 客户机上需要创建 VPN 拨号连接，客户机以 Windows XP 为例。

步骤一：打开"网络连接"窗口，在"网络任务"窗格中单击"创建一个新的连接"，在弹出的"欢迎使用连接向导"的对话框中，单击"下一步"按钮。

步骤二：在如图 3-6-22 所示的"网络连接类型"对话框中，选择"连接到我的工作场所的网络"单选按钮，单击"下一步"按钮。

步骤三：在如图 3-6-23 所示的"网络连接"对话框中，选择"虚拟专用网络连接"单选按钮，单击"下一步"按钮。

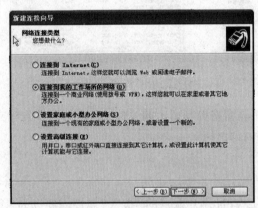

图 3-6-22　选择网络连接类型

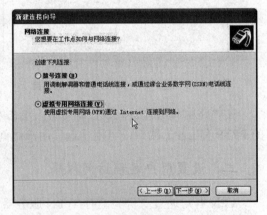

图 3-6-23　选择连接方式

步骤四：在"连接名"对话框的"公司名"文本中输入连接名，如"VPN 连接公司"，单击"下一步"按钮。

步骤五：在"VPN 服务器连接"对话框中，输入 VPN 服务器的外网连接 IP 地址，本任务中为 192.168.40.242，单击"下一步"按钮。

步骤六：在"正在完成新建连接向导"对话框中，勾选"在我的桌面上添加一个到此连接的快捷方式"复选框，单击"完成"按钮。

　　步骤七： 在如图 3-6-24 所示的"连接"对话框中，输入上述的 VPN 账户名"tom"和密码，单击"连接"按钮。账户及密码验证无误并连接上后，在任务栏托盘区中可以看到 VPN 连接图标。

　　步骤八： 右键单击任务栏上的 VPN 图标，在弹出的快捷菜单中选择"状态"命令，在如图 3-6-25 所示的对话框中选择"详细信息"选项卡，可以查看该连接的信息。

　　这时 VPN 客户机就如在内部局域网中一样，可以与 VPN 服务器及局域网中的计算机通信。

图 3-6-24　"连接"对话框　　　　　　　图 3-6-25　VPN 连接的详细信息

　　步骤九： 在 VPN 服务器的"路由和远程访问"控制台窗口中，单击控制树上的"端口"，在右侧窗格中看到有一个处于"活动"状态的端口，它就是刚才用户登录的端口。如图 3-6-26 所示。

　　步骤十： 双击该端口，可以看到端口的状态信息，管理员可以通过"刷新"、"重置"、"断开"按钮对端口进行管理。如图 3-6-27 所示。

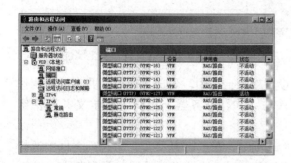　　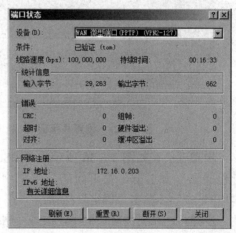

图 3-6-26　端口状态　　　　　　　　　图 3-6-27　查看和管理端口

　　至此完成了基于 PPTP 的 VPN 连接创建。

四、创建加密的 VPN 连接

PPTP 的加密安全性等级不高，存在被破解的风险。且用户拨入内网后，没有相应的权限管理，可以访问到任意内网资源，不利于内部网络信息安全管理。

L2TP/IPSec 提供了更强的身份验证过程，既要验证用户身份，还要验证客户端计算机的身份。计算机身份验证有两种：一是使用预共享密钥进行认证，二是此采用数字证书进行身份认证，当局域网中有 CA 证书服务器时，可以采用，安全性更高。

步骤一：在 VPN 服务器上，打开"路由和远程访问"管理控制台，在服务器名图标上单击右键，在弹出的快捷菜单中选择"属性"命令。

步骤二：在如图 3-6-28 所示的 VPN 服务器属性对话框中，选择"安全"选项卡，勾选"为 L2TP 连接允许自定义 IPSec 策略"复选框，在下方的文本框中输入预定义的共享密钥"1234567"，单击"确定"按钮，弹出对话框提示需要重启路由和远程访问服务。

步骤三：在 VPN 客户机上，断开现有的 VPN 连接，在"网络连接"窗口中，在创建的 VPN 连接图标上单击右键，在弹出的快捷菜单中选择"属性"命令。

步骤四：在如图 3-6-29 所示的属性对话框中，选择"安全"选项卡，单击"IPSec 设置"按钮。

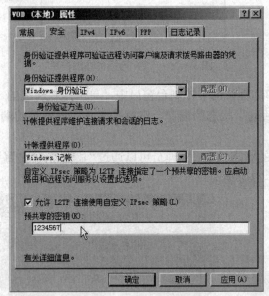
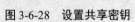
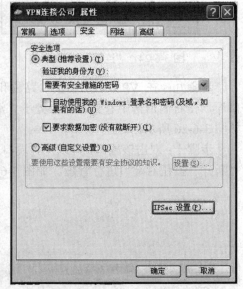

图 3-6-28　设置共享密钥　　　　　图 3-6-29　VPN 连接安全属性

步骤五：在如图 3-6-30 所示的"IPSec 设置"对话框中，勾选"使用预共享的密钥作身份验证"复选框，在下面的文本框中输入与 VPN 服务器上相同的预定义共享密钥"1234567"，单击"确定"按钮。

步骤六：在属性对话框中，选择"网络"选项卡，在"VPN 类型"下拉列表框中选择"L2TP IPSec VPN"，单击"确定"按钮。这时，VPN 连接显示的端口类型改为 L2TP。

步骤七：双击"VPN 连接公司"图标，重新建立 VPN 连接，成功后查看连接的详细信息，现在的 VPN 连接方式为 L2TP，加密方式为 IPSec，ESP 3DES。如图 3-6-31 所示。

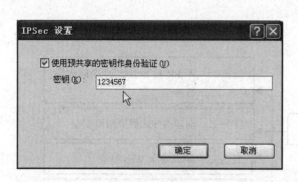

图 3-6-30 设置共享密钥

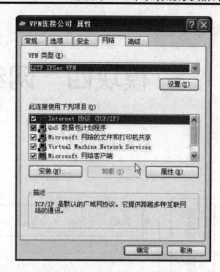

图 3-6-31 选择 VPN 类型

课题小结

本课题主要讲述了 NAT 服务器设置,远程访问与 VPN 服务设置。通过本课程的学习,读者应了解 NAT 技术简介和 NAT 地址转换方式;掌握如何安装和启用 NAT,如何设置 NAT 客户端,以及如何管理 NAT 映射表;了解远程访问方式,VPN 组成及协议;掌握如何架设和设置 VPN 服务器,如何设置用户远程访问权限,如何创建加密的 VPN 连接。

课后练习

一、思考题

1. 什么是 NAT 地址转换? NAT 地址转换方式有哪几种?
2. 远程访问方式有哪几种?
3. VPN 由哪几部分组成?VPN 协议有哪些?

二、实践题

1. 安装 NAT 服务,外网 IP 地址是 222.190.68.20,网关是 222.190.68.19,子网掩码是 255.255.255.248,内网连接 IP 地址是 192.168.0.1,子网掩码是 255.255.255.0 启用 NAT,将内部的一台 Web 服务器(IP 地址 192.168.0.10,端口号为 80)和一台 FTP 服务器(IP 地址 192.168.0.11,端口号为 21)以端口映射方式开放给外网用户。

2. 某公司的 VPN 服务器外网 IP 地址安装 VPN 服务,外网 IP 地址是 222.190.68.20,网关是 222.190.68.19,子网掩码是 255.255.255.0,内网连接 IP 地址是 192.168.0.1,子网掩码是 255.255.255.0,创建 nansy 远程登录用户,配置 VPN 客户端建立 PPTP 模式 VPN 连接。

模块四　网络服务器安全管理

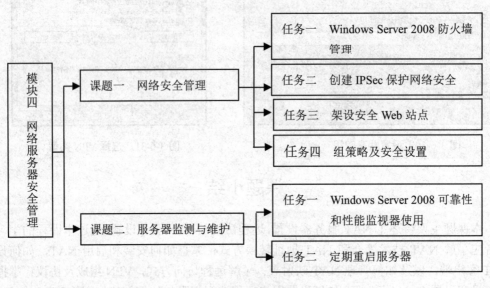

模块四结构图

课题一　网络安全管理

【课题概览】

本课题将介绍 Windows Server 2008 网络安全管理方面的功能，包括防火墙的高级设置，创建 IPSec 保护网络安全，架设安全的 Web 站点，组策略及安全设置等内容。

【课题目标】

➢ 掌握防火墙的高级设置，了解 IPSec 工作原理，掌握 IPSec 安全筛选器的创建与操作和 IPSec 安全策略的创建
➢ 了解 Web 安全的解决方法，掌握证书服务器的安装，并掌握 SSL 的 Web 站点架设与测试
➢ 了解组策略，掌握本地安全策略设置、域与域控制器安全策略设置，以及审核策略设置

任务一　Windows Server 2008 防火墙管理

【任务引入】

进行高级安全 Windows 防火墙设置，使外部网络计算机能够访问 Web 服务，但 IE 浏览器无法访问网站。

【任务分析】

从 Windows Server 2003 开始提供了附带的防火墙，它配置非常简单，也很有效。在 Windows Server 2008 中提供了高级安全 Windows 防火墙，可以通过它的域配置文件、专用配置文件和公用配置文件分别用于域环境、单机和公用环境；经过对入站和出站规则进行合理设置后，大大增强系统的安全性。

【任务实施】

一、创建入站规则

入站规则指的是计算机接入网络后，外部网络的计算机通过 Web 等服务建立连接时所采用的规则。下面创建一个允许外部网络计算机访问 Web 服务的规则。

步骤一：执行"开始→管理工具→高级安全 Windows 防火墙"，打开"高级安全 Windows 防火墙"窗口，在左侧窗格的"入站规则"的图标上单击右键，在弹出的快捷菜单中选择"新规则"命令，如图 4-1-1 所示。

步骤二：在如图 4-1-2 所示的"规则类型"对话框中，选择"自定义"单选按钮，单击"下一步"按钮。

图 4-1-1　高级安全 Windows 防火墙　　　　　图 4-1-2　创建规则类型

步骤三：在如图 4-1-3 所示的"程序"对话框中，选择"所有程序"单选按钮，单击"下一步"按钮。

步骤四：在如图 4-1-4 所示的"协议和端口"对话框中，按 Web 服务通常使用 TCP 协议的 80 端口进行设置，单击"下一步"按钮。

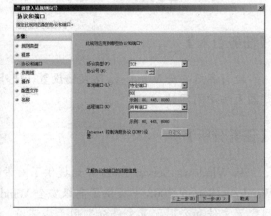

图 4-1-3　设置规则所应用的程序　　　　　图 4-1-4　设置规则应用的协议和端口

步骤五：在如图 4-1-5 所示的"作用域"对话框中，一般将本地 IP 地址与远程 IP 地址都设置为"任何 IP 地址"，单击"下一步"按钮。

步骤六：在如图 4-1-6 所示的"操作"对话框中，一般选取"允许连接"，如果对入站连接的安全性要求较高，还可选择"只允许安全连接"，并勾选"要求加密连接"复选框，单击"下一步"按钮。

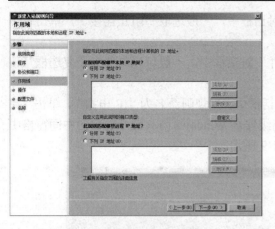

图 4-1-5　设置规则匹配的 IP 地址

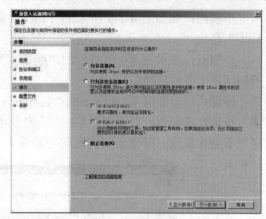

图 4-1-6　设置条件匹配时执行的操作

步骤七：在如图 4-1-7 所示的"配置文件"对话框中，一般可以勾选三个复选框，使规则适用于各种环境。

步骤八：在如图 4-1-8 所示的"名称"对话框中，为规则命名为"Web 规则"，单击"完成"按钮完成配置。在如图 4-1-1 所示的"高级安全 Windows 防火墙"窗口的中间窗格中可以看到该规则。

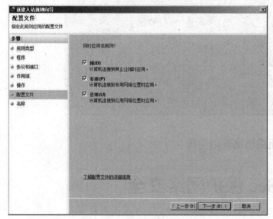

图 4-1-7　设置规则应用的配置文件

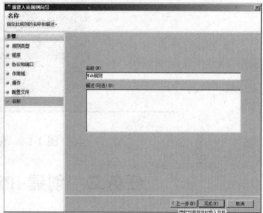

图 4-1-8　规则命名

二、创建出站规则

出站规则指的是在计算机接入网络后，一些网络程序需要接入外部网络时所用的规则。下面创建一个阻止 IE 浏览器访问网站的规则。

步骤一：在如图 4-1-1 所示的"高级安全 Windows 防火墙"窗口中，在左侧窗格的"出站规则"的图标上单击右键，在弹出的快捷菜单中选择"新规则"命令。

步骤二：在如图 4-1-2 所示的"规则类型"对话框中，选择"程序"单选按钮，单击"下一步"按钮。

步骤三：在如图 4-1-3 所示的"程序"对话框中，选择"此程序路径"单选按钮，单击"浏览"按钮选择 IE 浏览器所在的路径，并单击"下一步"按钮。

步骤四： 在如图 4-1-6 所示的 "操作" 对话框中，一般选取 "阻止连接"，单击 "下一步" 按钮。

步骤五： 在如图 4-1-7 所示的 "配置文件" 对话框中，一般可以勾选三个复选框，使规则适用于各种环境。

步骤六： 在如图 4-1-8 所示的 "名称" 对话框中，为规则命名为 "IE 出站"，单击 "完成" 按钮完成配置。在如图 4-1-1 所示的 "高级安全 Windows 防火墙" 窗口的中间窗格中可以看到该规则。新建出站规则向导如图 4-1-9 所示。

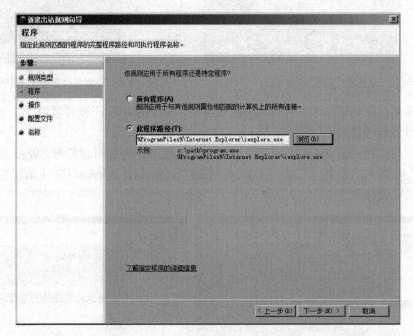

图 4-1-9　新建出站规则向导

任务二　创建 IPSec 保护网络安全

【任务引入】

创建 IPSec，进行数据包筛选，协商安全后才许可 Ping 的回应信息。

【任务分析】

通过 IPSec 实现数据包筛选，需要创建 IPSec 安全筛选器，进行 IPSec 安全筛选器的操作。在设置安全规则的身份验证方法时，如果网络环境中有域，可以选择 "Active Directory" 方法，设置预共享密钥的方法和使用证书服务器的方法。创建 IPSec 安全筛选器并进行操作设置，创建 IPSec 安全策略。

【相关知识】

　　IPSec 即 Internet 协议安全性，它的作用有两个：一是保护 IP 数据包的内容，二是通过数据包筛选并实施受信任通信来防御网络攻击。

　　IPSec 在 IP 层进行数据的对称加密，封装整个 IP 数据包，应用程序使用 TCP/IP 将数据包传递到 IP 协议层，并在这里进行保护，它对于应用程序来说是透明的。

　　在 IPSec 保护下，发送端计算机在传输前对每个 IP 数据包实施保护，而接收端计算机只有在数据被接收和验证之后才解除对数据的保护，实现了数据传输的安全。

　　设置了 IPSec 策略后的两台计算机在通信时，主机会检查这个策略，策略在应用到主机时有一个协商过程，协商后在两台计算机之间建立一个加密的连接，数据进行加密传输，加密的数据包传输给 TCP/IP，然后传输给接收端的应用程序。

【任务实施】

一、IPSec 安全筛选器的创建和操作设置

　　步骤一：运行"开始→管理工具→本地安全策略"命令，打开"本地安全策略"控制台，在"IP 安全策略"上单击右键，从弹出的快捷菜单中选择"管理 IP 筛选器表筛选器操作"命令，如图 4-1-10 所示。

　　步骤二：在如图 4-1-11 所示的"管理 IP 筛选器表筛选器操作"对话框中，单击"添加"按钮。

图 4-1-10　本地安全策略控制台

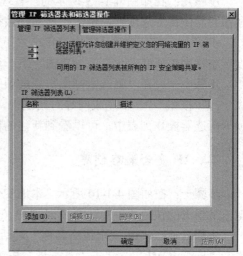

图 4-1-11　管理 IP 筛选器表筛选器操作

　　步骤三：在如图 4-1-12 所示的对话框中，为 IP 筛选器列表命名为"ICMP"，单击"添加"按钮。

　　步骤四：在"IP 筛选器向导"对话框中，单击"下一步"按钮，在"IP 筛选器描述和镜像"对话框中，可不设置描述，勾选"镜像"复选框，单击"下一步"按钮。

　　步骤五：在"IP 流量源"对话框中，源地址下拉列表中选择"我的 IP 地址"，也就

是本机的 IP 地址 192.168.7.12，单击"下一步"按钮。

步骤六： 在"IP 流量目标"对话框中，源地址下拉列表中选择"任何 IP 地址"， 单击"下一步"按钮。

步骤七： 在"IP 协议类型"对话框中，在"选择协议类型"下拉列表中选择"ICMP"，单击"下一步"按钮。

步骤八： 在"正在完成 IP 筛选器向导"对话框中，单击"完成"按钮，在如图 4-1-13 所示的"IP 筛选器列表"中显示了创建的 IP 筛选器，然后单击"确定"按钮。

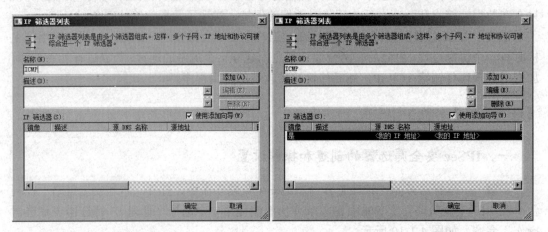

图 4-1-12　IP 筛选器列表命名　　　　　图 4-1-13　已添加的 IP 筛选器

步骤九： 在如图 4-1-13 所示的"管理 IP 筛选器表筛选器操作"对话框中，选择"管理筛选器操作"选项卡，单击"添加"按钮。

步骤十： 在向导对话框中，单击"下一步"按钮，在"筛选器操作名称"对话框中，设置名称为"协商安全"，并单击"下一步"按钮。

步骤十一： 在"筛选器操作常规选项"对话框中，选择"协商安全"单选按钮，单击"下一步按钮"， 在完成向导对话框中，单击"完成"按钮，在"管理筛选器操作"选项卡筛选器操作列表中，可以看到新建的操作，单击"关闭"按钮。

二、IP 安全策略创建

步骤一： 在如图 4-1-10 所示"本地安全策略"控制台中，在"IP 安全策略"上单击右键，从弹出的快捷菜单中选择"创建 IP 安全策略"命令。

步骤二： 在"IP 安全策略名称"对话框中，在"名称"文本框中为该 IP 安全策略命名为"屏蔽 ICMP"，单击"下一步"按钮。

步骤三： 在"安全通讯请求"对话框中，单击"下一步"按钮，然后在完成向导中，单击"完成"按钮。

步骤四： 在如图 4-1-14 所示的"属性"对话框中，单击"添加"按钮。在"安全规则"对话框中，单击"下一步"按钮。

步骤五： 在"隧道终结点"对话框中，选择"此规则不指定隧道"，单击"下一步"按钮。

步骤六： 在"网络类型"对话框中，选择"所有网络连接"，单击"下一步"按钮。

步骤七：在如图 4-1-15 所示的"IP 筛选列表"对话框中，在列表框中选择刚才创建的"ICMP"，单击"下一步"按钮。

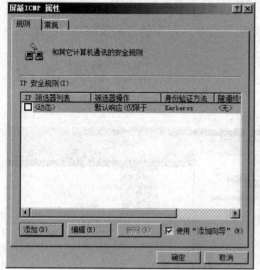

图 4-1-14 添加安全规则

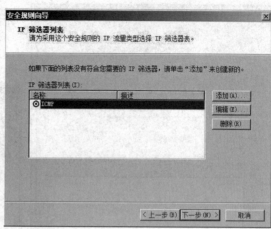

图 4-1-15 选择 IP 筛选器列表

步骤八：在如图 4-1-16 所示的"筛选器操作"对话框中，在列表框中选择刚才创建的"阻止"，单击"下一步"按钮。

步骤九：在完成向导对话框中，单击"完成"按钮，在如图 4-1-14 所示的对话框中，会显示刚添加的 IP 安全规则，并已经勾选。

步骤十：在如图 4-1-14 所示对话框中，选择刚添加的 IP 安全规则，单击"编辑"按钮，在"属性"对话框中选择"身份验证方法"选项卡，在如图 4-1-17 所示对话框中，选中现有的身份验证方法，单击"编辑"按钮。

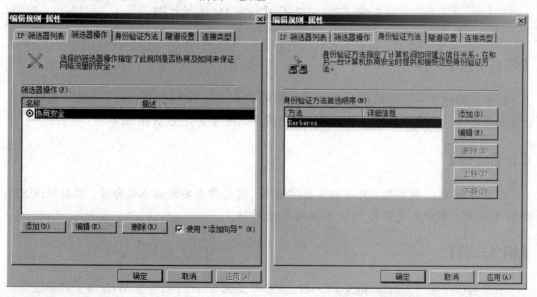

图 4-1-16 选择筛选器操作   图 4-1-17 设置身份验证方法

Windows Server 2008 项目教程

步骤十一：因为网络中没有域与证书服务器，可在如图 4-1-18 所示对话框中，设置预共享密钥"1234567"，单击三次 "确定"按钮，回到"本地安全策略"窗口中。

步骤十二：在如图 4-1-19 所示的"本地安全策略"窗口中，选中"屏蔽 ICMP"安全策略，单击右键，在弹出的快捷菜单中选择"分配"命令，对新建立的策略进行分配。

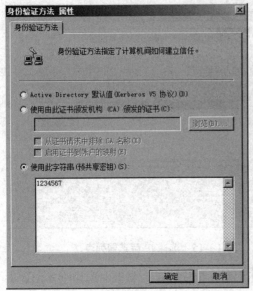

图 4-1-18 设置预共享密钥

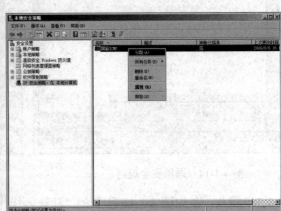

图 4-1-19 分配安全策略

这时，可以打开一个命令行窗口，用 Ping 命令检查通讯情况，如"Ping 192.168.7.11 -t"，一直会显示"Negotiating IP Security"，如果在该计算机上应用了同样的 IPSec 策略，则 ICMP 能正常通信。

任务三 架设安全 Web 站点

【任务引入】

C 学院新建了一台内部办公的 Web 服务器（IP 地址 192.168.40.242），为了保证办公数据的完整性、机密性和不可否认性，将该服务器配置为安全 Web 服务器。

【任务分析】

架设安全 Web 服务器，可以利用数字证书，首先需要安装证书服务器，然后架设 SSL 的 Web 站点，测试浏览器与 Web 站点的 SSL 连接。

【相关知识】

安全套接字层（Secure Socket Layer，SSL）是允许 Web 服务和 Web 浏览器通过安全连接进行通信的技术。这种安全连接，数据在发送前经过加密，然后在接收时先解密再进行处理。SSL 协议功能有以下几个：

> ➢ 认证用户和服务器，确保数据发送到正确的客户机和服务器。
> ➢ 加密数据以防止数据中途被窃取。
> ➢ 维护数据的完整性，确保数据在传输过程中不被改变。

安全超文本传输协议（Secure Hypertext Transfer Protocol，HTTPS）应用了 Netscape 的完全套接字层（SSL）作为 HTTP 应用层的子层，在 HTTP 下加入 SSL 层。HTTPS 使用端口 443；SSL 使用 40 位关键字作为 RC4 流加密算法。

【任务实施】

一、安装证书服务器

步骤一：运行"开始→服务器管理器"命令，打开服务器管理器。在左侧选择"角色"一项之后，单击右部区域中的"添加角色"链接，在"添加角色向导"对话框中勾选"Active Directory 证书服务"复选框，并单击"下一步"按钮。

步骤二：在"Active Directory 证书服务简介"的对话框中，单击"下一步"按钮。

步骤三：在如图 4-1-20 所示的对话框中，勾选"证书颁发机构 Web 注册"复选框，在弹出的"添加角色向导"对话框中单击"添加必需的角色服务"按钮后，单击"下一步"按钮。

步骤四：在"指定安装类型"对话框中，由于网络中没有域选择"独立"单选按钮，单击"下一步"按钮。

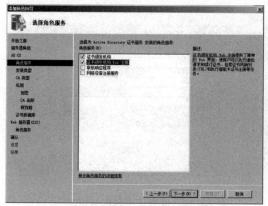
图 4-1-20 选择需要的角色服务

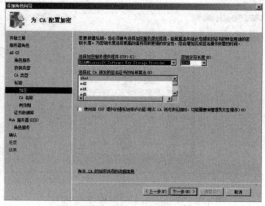
图 4-1-21 为 CA 配置加密

步骤五：在"指定 CA 类型"对话框中，因是第一次安装所以选择"根 CA"单选按钮，单击"下一步"按钮。

步骤六：在"设置私钥"对话框中选择"新建私钥"单选按钮，单击"下一步"按钮。

步骤七：在如图 4-1-21 所示的"为 CA 配置加密"对话框中，选择"加密服务提供程序"、"密钥字符长度"和"选择此 CA 颁发的签名证书的哈希算法"，可以选默认设置，单击"下一步"按钮。

步骤八：在"配置 CA 名称"对话框中，"此 CA 的公用名称"自动设置成计算机名后加"-CA"，单击"下一步"按钮。

步骤九：在"设置有效期"对话框中，证书有效期默认设置为五年，单击"下一步"按钮。

步骤十：在"配置证书数据库"对话框中，"证书数据库位置""证书数据库日志位置"按默认设置即可，单击"下一步"按钮。

步骤十一：由于选择安装了"证书颁发机构 Web 注册"，因此必须安装 Web 服务器，在"Web 服务器简介（IIS）"的对话框中，单击"下一步"按钮。

步骤十二：在"选择角色服务"对话框中，单击"下一步"按钮。

步骤十三：在"确认安装选择"对话框中，单击"安装"按钮完成安装。

步骤十四：在"安装结果"对话框中，单击"关闭"按钮。

二、架设 SSL 的 Web 站点

在 IIS 中部署 SSL 的 Web 站点（即 HTTPS 服务），需要在 Web 服务器上具有服务器身份验证证书，并将证书绑定在 Web 站点。

步骤一：运行"开始→管理工具→Internet 信息服务（IIS）管理器"在如图 4-1-22 所示的窗口中，在中间窗格双击"服务器证书"图标，然后在右边窗格单击"创建证书申请"链接。

步骤二：在如图 4-1-23 所示的"可分辨名称属性"对话框中，输入相关信息，本任务 Web 用 IP 地址访问，则"通用名称"必须输入"192.168.40.242"，单击"下一步"按钮。

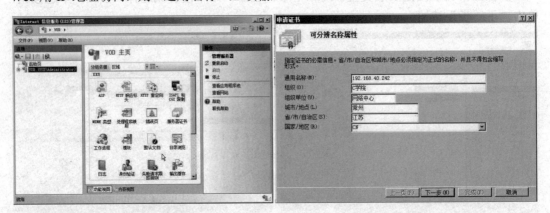

图 4-1-22　Internet 信息服务管理器　　　　图 4-1-23　设置证书名称等信息

步骤三：在如图 4-1-24 所示的"加密服务提供程序属性"对话框中，"加密服务提供程序"和"位长"下拉列表框中的值可采用默认值，单击"下一步"按钮。

步骤四：在如图 4-1-25 所示的"文件名"对话框中，在指定文件名文本框，输入路径及文件名，如"C:\certreq.txt"，单击"完成"按钮即可。

步骤五：打开浏览器，在地址栏输入证书（CA）服务器地址及路径，如 http://192.168.40.242/certsrv，在欢迎页面中，单击"申请一个证书"超链接。

步骤六：在"申请一个证书"页面中，单击"高级申请证书"超链接。

步骤七：在"高级证书申请"页面中，单击"使用 base64…"超链接。

步骤八：用"记事本"打开证书申请文件"certreq.txt"，选中所有内容，复制到剪贴板中，粘贴在如图 4-1-26 所示的"提交一个证书申请或续订申请"页面的"Base-64 编码

的证书申请"文本框中，单击"提交"按钮，将看到"证书正在挂起"页面。

数字证书服务器收到 Web 服务器的证书申请时，证书还处于挂起状态，需要证书服务器管理员颁发后才能生效。

步骤九： 运行"开始→管理工具→Certification Authority"，打开如图 4-1-27 所示的"证书颁发机构（本地）"控制台窗口，单击左侧窗格中的"挂起的申请"图标，然后右键单击右侧窗格中 Web 服务器申请的证书，在弹出的快捷菜单中选择"所有任务"下的"颁发"命令。

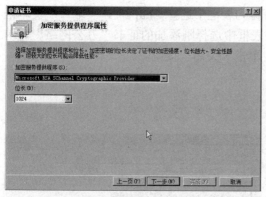

图 4-1-24 设置加密服务提供程序属性

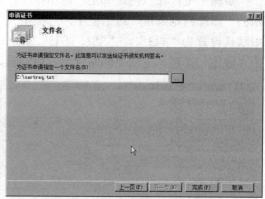

图 4-1-25 申请文件保存路径及文件名

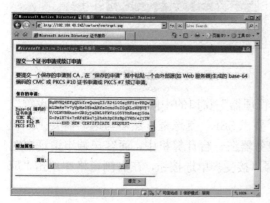

图 4-1-26 提交证书申请页面

图 4-1-27 颁发证书

步骤十： 单击左侧窗格中的"颁发的证书"图标，可以看到已经颁发的所有证书。

这时在 Web 服务器上就可以下载申请到的数字证书了。

步骤十一： 在 Web 服务器上，在浏览器中再次打开 CA 服务器，在欢迎页面中，单击"查看挂起的证书申请的状态"超链接。

步骤十二： 在"查看挂起的证书申请的状态"中，单击"保存的申请证书"超链接。

步骤十三： 在"证书已颁发"页面中，选择"Base-64 编码"单选按钮，单击"下载证书"超链接，在"文件下载"对话框中，单击"保存"按钮把证书文件保存到磁盘中，默认的文件名是"certnew.cer"。单击"下载证书链"超链接，在"文件下载"对话框中，单击"保存"按钮把证书文件保存到磁盘中，默认的文件名是"certnew.p7b"。

证书申请完毕后，就可以安装证书并启用 SSL。

步骤十四： 在如图 4-1-22 所示的窗口中，中间窗格双击"服务器证书"图标，然后在右边窗格单击"完成证书申请"链接。

步骤十五：在如图 4-1-28 所示的"指定证书颁发机构响应"对话框中，在"包含证书颁发机构响应的文件名"文本框中，输入刚下载的证书文件路径及文件名，在"好记名称"文本框，输入"办公网络"，单击"确定"按钮即可。

步骤十六：在"Internet 信息服务（IIS）管理器"窗口的左侧窗格中展开控制树，单击"Default Web Site"图标，在右侧窗格中单击"绑定"链接。

步骤十七：在"网站绑定"对话框中，单击"添加" 按钮，在打开的如图 4-1-29 所示的"添加网站绑定"对话框中，"类型"下拉列表框中选择"https"，"端口"文本框中默认设置为"443"，"SSL 证书"下拉列表框中选择刚添加的证书"办公网络"，单击"确定"按钮，返回"网站绑定"对话框，单击"关闭"按钮。

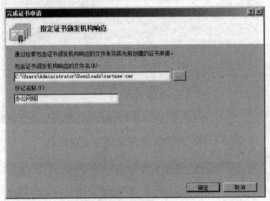

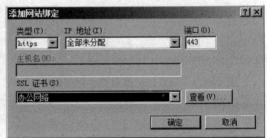

图 4-1-28　设置证书文件名等　　　　　　图 4-1-29　添加网站绑定

步骤十八：在"Internet 信息服务（IIS）管理器"窗口的中间窗格双击"SSL 设置"图标，在如图 4-1-30 所示的窗口中间，勾选"要求 SSL"复选框，然后勾选"需要 128 位SSL"复选框，本任务中证书服务器与 Web 服务器在一台计算机中，而客户端申请证书时需要 HTTPS 连接，因此在"客户证书"下选择"接受"单选按钮，在右侧窗格中单击"应用"链接。

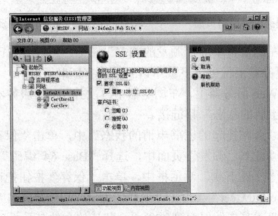

图 4-1-30　SSL 设置

这样强制客户端以 https 访问该站点，客户端浏览器必需支持 128 位加密，客户提供或不提供用户证书都能连接。

三、客户端设置

步骤一： 在客户端打开 IE 浏览器，在地址栏输入证书（CA）服务器地址及路径，如"https://192.168.40.242/certsrv"，在欢迎页面中，单击"申请一个证书"超链接。

步骤二： 在"申请一个证书"页面中，单击"Web 浏览器证书"超链接。

步骤三： 在"Web 浏览器证书—识别信息"页面中，输入用户识别信息，如"姓名"为"zhangsan"等，单击"提交"按钮。

步骤四： 按"架设 SSL 的 Web 站点"部分的步骤九颁发证书。

步骤五： 在 Web 服务器上，在浏览器中再次打开 CA 服务器，在欢迎页面中，单击"查看挂起的证书申请的状态"超链接。

步骤六： 在"查看挂起的证书申请的状态"页面中，单击"Web 浏览器证书"超链接。

步骤七： 在"证书已颁发"页面中，单击"安装此证书"超链接，在弹出的"Web 访问确认"对话框中，单击"是"按钮后，显示"证书已安装"页面即可。

步骤八： 在 Web 服务器上按"架设 SSL 的 Web 站点"部分步骤十八，将"SSL 设置"下的"客户证书"设置为"必需"。

步骤九： 打开 IE 浏览器，地址栏输入"https://192.168.40.242"，弹出如图 4-1-31 所示的"选择数字证书"对话框，选择数字证书后，单击"确定"按钮，即可打开页面，在 IE 状态栏有一个小锁图标，这时浏览器与网站间建立了 SSL 的安全连接，鼠标指针移到该图标上能看到加密级别。

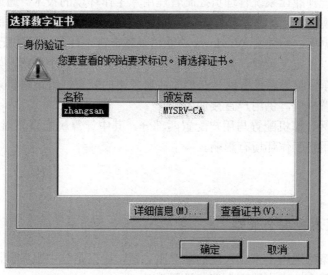

图 4-1-31 选择数字证书

任务四 组策略及安全设置

【任务引入】

通过组策略工具完成下列配置任务：
- 配置本地安全策略，包括账户密码和锁定策略、本地策略；
- 配置域与域控制器安全策略；
- 配置审核策略，包括审核登录事件、文件的访问行为、Active Directory 对象的访问行为。

【任务分析】

为了账户的密码安全，可以启用密码必须符合复杂性要求，密码长度最小值为 7 个字符；用户登录 3 次失败后，锁定该账户；用户权限分配中拒绝 "henry" 用户从网络访问服务器和作为终端服务客户端登录；安全选项中设置不显示最后的用户名。

审核是否有用户登录本地计算机；审核某用户是否访问某文件，如审核 "henry" 用户是否打开 "book.txt" 文件；审核是否有用户在域中创建了新用户。

【相关知识】

组策略是一种能让系统管理员控制管理用户工作环境的技术。通过它可确保用户拥有合适的工作环境，减轻系统管理员的负担。注册表是 Windows 系统中保存系统软件和应用软件配置的数据库，而随着 Windows 功能越来越丰富，注册表里的配置项目也越来越多，很多配置都可以自定义设置，但这些配置分布在注册表的各个角落，如果是手动配置，会非常困难和烦杂，组策略设置就是在修改注册表中的配置，组策略将系统重要的配置功能汇集成各种配置模块，供用户直接使用。

组策略包括计算机配置与用户配置两部分，其中计算机配置只对计算机环境有影响，用户配置只对用户工作环境有影响。

【任务实施】

一、配置本地安全策略

本地安全策略适用于未加入域的独立服务器，如果是域中服务器，由于域内的组策略优先权高，可能会造成本地安全策略设置无效。

步骤一：运行 "开始→管理工具→本地安全策略" 命令，打开如图 4-1-32 所示 "本地安全策略" 管理窗口，在左侧窗格依次展开 "账户策略"、"密码策略"，在右侧窗格将显示下列六项密码策略：
- 密码必须符合复杂性要求。
- 密码长度最小值。
- 密码最短使用期限。

> 密码最长使用期限。
> 强制密码历史。
> 用可还原的加密来储存密码。

双击"密码必须符合复杂性要求"策略，将打开"属性"对话框，单击"说明"选项卡，如图 4-1-33 所示，显示该策略的详细说明；单击"本地安全设置"选项卡，选择"已启用"单选按钮。

用同样方法设置"密码长度最小值"为 7 个字符。

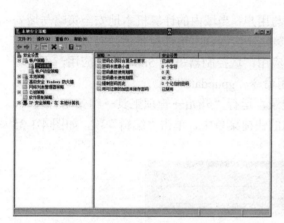

图 4-1-32　本地安全策略管理窗口

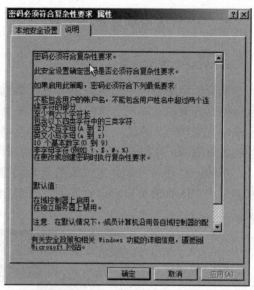

图 4-1-33　密码必须符合复杂性要求属性

步骤二：展开"账户锁定策略"，在右侧窗格将显示下列三项账户锁定策略：

> 复位账户锁定计数器。
> 账户锁定时间。
> 账户锁定阈值。

双击"账户锁定阈值"策略，根据任务要求用户登录 3 次失败后，锁定该账户，则将该值设为"3"，单击"确定"按钮，将弹出如图 4-1-34 所示"建议的数值改动"对话框，将"复位账户锁定计数器"改为"30 分钟之后"，"账户锁定时间"改为"30 分钟"，单击"确定"按钮完成设置。

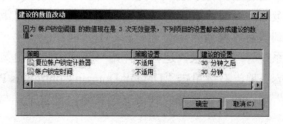

图 4-1-34　建议账户锁定时间等数值改动

步骤三：在左侧窗格展开"本地策略"。本地策略包括"用户权限分配"、"安全选项"和"审核策略",审核策略将在后面单独介绍。展开"用户权限分配",在右侧窗格将显示"备份文件和目录"等 44 项策略,双击"拒绝从网络访问这台计算机",在属性对话框中单击"添加用户或组"按钮,在弹出的对话框选择"henry"用户后单击"确定"返回属性对话框,单击"确定"按钮完成设置。同样方法设置"通过终端服务拒绝登录"。

步骤四:展开"安全选项",在右侧窗格将显示"DCOM:使用安全描述符定义语言(SDDL)语法的计算机访问限制"等 74 项策略,双击"交互登录:不显示最后的用户名",在属性对话框中选择"已启用"单选按钮,单击"确定"按钮完成设置。

二、域与域控制器安全策略

1. 域安全策略设置

域安全策略会应用到域内的所有计算机与用户;当域内的计算机本地安全策略与域安全策略有冲突时,域安全策略优先;域安全策略需应用到本地计算机后才有效,当本地安全策略有变动时、本地计算机重启时会自动应用,域控制器每隔 5min 自动应用,不是域控制器每隔 90~120min 自动应用,手动应用命令"gpupdate"。

步骤一:在域控制器上以系统管理员登录,运行"开始→管理工具→组策略管理",右键单击"Default Domain Policy",在弹出的快捷菜单中,单击"编辑"项,如图 4-1-35 所示。

图 4-1-35 域安全策略设置

步骤二:在"组策略管理编辑器"中,依次展开"计算机配置"、"策略"、"Windows 设置"、"安全设置",设置域安全策略,设置方法与本地安全策略相同。

2. 域安全策略设置

域控制器安全策略会应用到位于组织单元 Domain Controllers 内的域控制器;域控制器安全策略与域安全策略冲突时,域控制器安全策略优先,但账户策略除外;域控制器安全策略须应用到域控制器后才有效。

在域控制器上以系统管理员登录,运行"开始→管理工具→组策略管理",展开域下的"Domain Controllers"项,右键单击"Default Domain Controllers Policy",在弹出的快捷菜单中单击"编辑"项,然后设置域控制器安全策略,设置方式与域安全策略相同。

三、审核策略设置

审核策略的设置可以通过本地安全策略、域安全策略、域控制器安全策略来设置,这里以本地安全策略来设置。

步骤一：运行"开始→管理工具→本地安全策略"命令打开"本地安全策略"管理窗口，在左侧窗格依次展开"本地策略"、"审核策略"，在右侧窗格将显示审核策略更改等九项审核策略。

步骤二：在右侧窗格双击"审核登录事件"，在如图 4-1-36 所示的属性对话框中，勾选"成功"和"失败"复选框，单击"确定"按钮完成该项设置。那么登录事件不管成功还是失败都会被记录到安全日志文件内，可以在"事件查看器"的"Windows 日志"下"安全"一项中查看到。

步骤三：双击"审核对象访问"，在属性对话框中，勾选"成功"和"失败"复选框，单击"确定"按钮完成该项设置。如将审核"henry"用户是否打开"book.txt"文件。

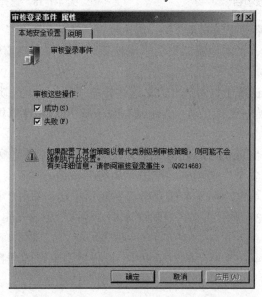

图 4-1-36 审核登录事件属性

步骤四：右键单击需要审核的文件"book.txt"，在弹出的快捷菜单中选择"属性"命令，在打开的属性对话框中单击"安全"选项卡，单击"高级"按钮。在打开的高级安全设置对话框中，单击"审核"选项卡，单击"编辑"按钮，在如图 4-1-37 所示的对话框中，单击"添加"按钮，在如图 4-1-38 所示对话框中的"输入要选择的对象名称"文本框中，输入"henry"用户，单击"确定"按钮，在如图 4-1-39 所示的对话框中，选择需要审核的项目，"列出文件夹/读取数据"勾选"成功"和"失败"复选框，依次单击"确定"按钮返回。

步骤五：注销后用"henry"用户登录，打开"book.txt"文件。注销后重新用系统管理员用户登录，查看审核日志。

步骤六：在域控制器上以系统管理员账号登录，运行"开始→管理工具→组策略管理"命令，展开域下的"Domain Controllers"项，右键单击"Default Domain Controllers Policy"，在弹出的快捷菜单中单击"编辑"项。

Windows Server 2008 项目教程

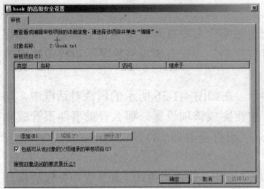

图 4-1-37　添加审核项目

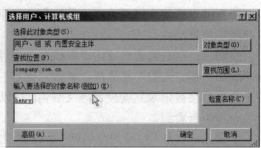

图 4-1-38　选择需审核的用户

步骤七： 在"组策略管理编辑器"中，依次展开"计算机配置"、"策略"、"Windows设置"、"安全设置"、"本地策略"、"审核策略"，在右侧窗格双击"审核目录服务访问"策略。

步骤八： 在属性对话框中，勾选"定义这些策略设置"、"成功"、"失败"复选框。

步骤九： 运行"开始→管理工具→Active Directory 用户和计算机"，运行菜单中的"查看"、"高级功能"。

步骤十： 右键单击"Domain Controllers"组织单元，在快捷菜单中选择"属性"命令，在属性对话框中单击"安全"选项卡，单击"高级"按钮。

步骤十一： 在如图 4-1-37 所示高级安全设置对话框中，单击"审核"选项卡，单击"添加"按钮，在如图 4-1-38 所示的选择对象文本框中输入"everyone"（即所有用户），单击"确定"按钮。

步骤十二： 在如图 4-1-39 所示的对话框中，选择需要审核的项目，"创建所有子对象"勾选"成功"和"失败"复选框，依次单击"确定"按钮返回。

图 4-1-39　设置审核项目

步骤十三： 等审核策略成功应用到域控制器后，可手动应用。右键单击"Domain Controllers"组织单元，在快捷菜单中选择"新建→用户"命令创建一个账户，如"mary"。然后可在事件查看器中查看。

课题小结

本课题主要讲述了 Windows Server 2008 网络安全管理方面的功能，包括防火墙的高级设置，创建 IPSec 保护网络安全，架设安全的 Web 站点，组策略及安全设置等内容。通过本课题的学习，读者应掌握如何创建入站规则和出站规则；掌握 IPSec 安全筛选器的创建和操作设置，以及 IP 安全策略创建；掌握如何安装证书服务器、架设 SSL 的 Web 站点，以及客户端设置；掌握如何配置本地安全策略，域与域控制器安全策略，以及审核策略的设置。

课后练习

一、思考题

1. Windows Server 2008 的高级安全 Windows 防火墙有哪几种配置文件？
2. 简述 IPSec 的工作原理。
3. 什么是 SSL？SSL 协议的功能是什么？
4. 什么是 HTTPS 协议？
5. 什么是组策略，它包括哪两部分？

二、实践题

1. 创建 FTP 服务器的入站规则和 QQ 程序的出站规则。
2. 创建 IPSec，进行数据包筛选，关闭 Ping 的回应信息。
3. 安装数字证书服务器，架设 SSL 的 Web 站点，测试浏览器与 Web 站点的 SSL 连接。
4. 配置本地安全策略，启用密码必须符合复杂性要求，密码长度最小值为 7 个字符；用户登录 3 次失败后，锁定该账户；安全选项中设置不显示最后的用户名。

审核是否有用户登录本地计算机。

课题二 服务器监测与维护

【课题概览】

本课题将介绍 Windows Server 2008 服务器监测与维护方面的功能，包括 Windows Server 2008 可靠性和性能监视器的使用，定期重启服务器等内容。

【课题目标】

➢ 了解可靠性和性能监视器的启用
➢ 掌握数据收集器集的创建和数据报告的查看
➢ 掌握性能计数器警报的使用
➢ 掌握定期重启服务器和服务自动启动

任务一 Windows Server 2008 可靠性和性能监视器使用

【任务引入】

网络管理人员的首要工作是确保网络系统稳定正常运行，这就需要经常对网络系统进行监测与维护，要求经常使用 Windows Server 2008 可靠性和性能监视器监测服务器的工作状况。

【任务分析】

在 Windows Server 2008 中提供了可靠性和性能监视器，它整合了以前独立工具的功能，包括性能日志和警报、服务器性能审查程序和系统监视器，主要有三个监视工具：资源视图、性能监视器和可靠性监视器。

【任务实施】

一、启动可靠性和性能监视器

步骤一：运行"开始→管理工具→可靠性和性能监视器"命令，打开如图 4-2-1 所示的"可靠性和性能监视器"窗口，实时监控系统 CPU、磁盘、网络和内存资源的使用状况。

展开某个项目能查看更详细的信息，如展开"网络"一项，可以查看网络程序的名称、与远程计算机连接的 IP 地址、接收和发送的字节数等信息，网络带宽窗口显示了当前网络使用情况，其数值越大表示网络越繁忙，显示的数值越小则网络系统就越稳定，如数值维持在 50%左右，那么网络带宽已经成为局域网性能的一个瓶颈，如数值到 85%左右，说明网络中数据传输已经接近饱和程度了。

　　步骤二： 在如图 4-2-2 所示的"可靠性和性能监视器"窗口左侧展开"监视工具"，单击"性能监视器"，在右边的窗口中可查看具体的性能数据，以实时或查看历史数据的方式显示性能计数器。曲线表示系统资源占用情况，如曲线值一直大于 60%则表示系统处于满负荷状态。

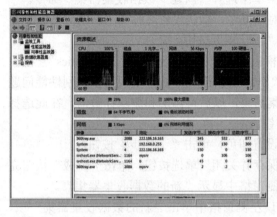

图 4-2-1　可靠性和性能监视器

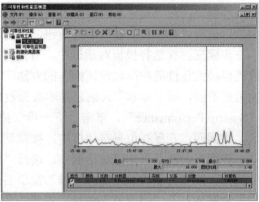

图 4-2-2　查看性能监视器

　　步骤三： 性能监视器默认只提供 CPU 使用率的监测，可根据需要添加其他监测项目，在性能监视器的右边窗格单击右键，在弹出的快捷菜单中选择"添加计数器"命令。

　　步骤四： 在如图 4-2-3 所示的"添加计数器"对话框中，可在其提供的计数器中，选择需要的计数器，单击"添加"按钮，添加到右侧的列表中。可在性能监视器中查看新增计数器的统计信息。

图 4-2-3　添加计数器

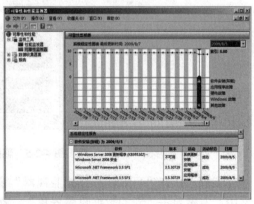

图 4-2-4　可靠性监视器

　　步骤五： 在如图 4-2-2 所示的"可靠性和性能监视器"窗口左侧展开"监视工具"，单击"可靠性监视器"，在右边的窗口中可查看系统稳定性的大体情况及趋势分析，它显示了系统稳定性指数。该监视器在系统安装时开始收集数据，通过它可以了解软件安装操作系统更新和硬件故障等信息，从而得到解决问题的方案。

　　稳定性指数为 1~10，当指数小于 6 时，表示系统存在较大的稳定性隐患，需要排查系统中可能存在的故障隐患。如果指数在某个日期有显著变化，可以查看该日期的所有活动，找到出现故障的原因。

二、创建数据收集器集

步骤一：在"可靠性和性能监视器"窗口中展开"数据收集器集"，单击"用户定义"项，在右侧窗格中单击右键，在弹出的快捷菜单中选择"新建→数据收集器集"命令。

步骤二：在"创建新的数据收集器集"对话框中，默认设置名称为"新的数据收集器集"，选择"从模板创建"单选按钮，单击"下一步"按钮。

步骤三：在选择模板对话框中，有两种模板可供选择："System Diagnostics" 模板能提供最大化性能和简化系统操作的方法；"System Performance"模板可以识别性能问题的可能原因，而"基本"只创建基本数据收集器集，以后可添加和删除计数器。在此选择"System Performance"，单击"下一步"按钮。

步骤四：在保存位置对话框中，按默认设置即可，单击"下一步"按钮。

步骤五：在是否创建对话框中，选择"保存并关闭"单选按钮，单击"完成"按钮完成操作。在"可靠性和性能监视器"窗口右侧窗格中显示"新的数据收集器集"。

步骤六：在"可靠性和性能监视器"窗口左侧窗格中单击"新的数据收集器集"项，在右侧窗格中的"Performance Counter"项上单击右键，在弹出的快捷菜单中选择"属性"命令，可在如图 4-2-5 所示的对话框中删除和添加计数器，然后单击"确定"按钮。

图 4-2-5　删除添加数据收集器集项目

步骤七：在"可靠性和性能监视器"窗口左侧窗格中单击"用户定义"项，在右侧窗格中，右键单击"新的数据收集器集"，在弹出的快捷菜单中选择"开始"命令，该数据收集器开始工作。

三、查看数据报告

步骤一：监测一段时间后，展开"报告"→"用户定义"→"新的数据收集器集"，单击监测时间项，可以看到报告信息，如图 4-2-6 所示。

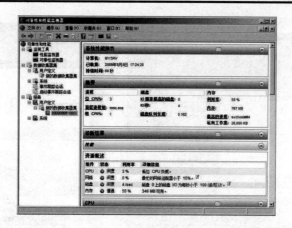

图 4-2-6　查看报告信息

步骤二：展开"CPU"查看 CPU 的详细信息，如发现 CPU 占用率始终在 80%以上，说明 CPU 已达到系统运行的瓶颈。

步骤三：展开"内存"中的"进程"，查看内存的利用率，哪些进程消耗内存多，判断内存是否需要扩充。

步骤四：展开"磁盘"中的"物理磁盘"，查看硬盘利用率。

四、性能计数器警报

设置性能计数器警报，当某些程序占用过多系统资源的时候自动进行预警提示，可以根据警告关闭一些不使用的程序，避免系统崩溃。

步骤一：在"可靠性和性能监视器"窗口中展开"数据收集器集"，单击"用户定义"项，在右侧窗格中单击右键，在弹出的快捷菜单中选择"新建→数据收集器集"命令。

步骤二：在"创建新的数据收集器集"对话框中，默认设置名称为"新的数据收集器集"，选择"手动创建"单选按钮，单击"下一步"按钮。

步骤三：在选择数据类型对话框中，选择"性能计数器警报"单选按钮，单击"下一步"按钮。

步骤四：在如图 4-2-7 所示对话框中，单击"添加"按钮，如选择 CPU 使用率计数器，设置使用率大于 60%。

步骤五：在是否创建对话框中，选择"保存并关闭"单选按钮，单击"完成"按钮完成操作。在"可靠性和性能监视器"窗口右侧窗格中显示"新的数据收集器集"。

步骤六：在"可靠性和性能监视器"窗口左侧展开"数据收集器集"→"用户定义"，单击"新的数据收集器集"项，在右侧窗格双击"Datacollector01"项，打开如图 4-2-8 所示属性对话框，在"警报"选项卡上可以选择监测的性能计数器，更改警报条件与间隔时间等参数。

步骤七：选择"警报操作"选项卡，勾选"将项记入应用程序事件日志"复选框，在"启动数据收集器集"下拉列表中选择相应的数据收集器集。

步骤八：在"可靠性和性能监视器"窗口左侧窗格中单击"用户定义"项，在右侧窗格中，右键单击"新的数据收集器集"，在弹出的快捷菜单中选择"开始"命令，该数据收集器开始工作。

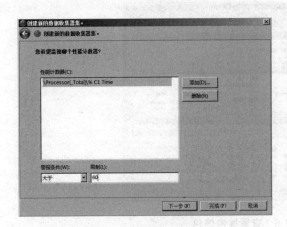

图 4-2-7　选择监视的性能计数器

图 4-2-8　调整警报参数

任务二　定期重启服务器

【任务引入】

服务器在长时间连续工作后，内存中会残留很多无用的程序，系统出现故障的可能性大增，可以通过定期重启服务器来确保服务器能正常运行。

【任务分析】

可以利用 Windows Server 2008 的 Shutdown.exe 程序来创建重启文件，再通过计划任务来设置定期重新启动服务器。服务器重启时用户可能不在现场，无法直接登录，因此需要将必需的服务设置为自启动模式。

【任务实施】

一、定期重启服务器

Shutdown.exe 命令的常用参数有：-s：关闭本地计算机；-f：强行关闭应用程序；-l：注销当前用户；-r：关机并重启；-a：取消关机操作。

执行"Shutdown -r"命令，默认有 60s 的倒计时，提示用户保存工作。

步骤一：根据任务使用"记事本"工具，建立一个重启程序文件"reboot.bat"，文件内容为"Shutdown -r -f"，执行该程序时，将强制关闭应用程序，这是因为某些应用程序时运行时禁止关机，然后重新启动服务器。

步骤二：运行"开始→所有程序→附件→系统工具→任务计划程序"命令，打开如图4-2-9 所示的"任务计划"窗口。

步骤三：在如图 4-2-9 所示的窗口右侧单击"创建基本任务"链接，在打开的任务计划向导对话框中，在"名称"文本框中输入"reboot"，并单击"下一步"按钮。

步骤四：在"任务触发器"对话框中，选择"每周"单选按钮，则每周执行一次该任务，单击"下一步"按钮。

步骤五：在如图 4-2-10 所示对话框中，设置每周日 0:00 运行任务，单击"下一步"按钮。

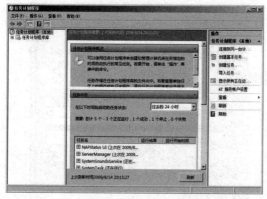

图 4-2-9　任务计划窗口

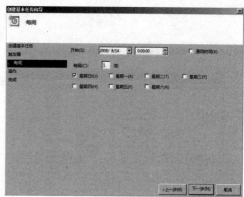

图 4-2-10　设置任务运行具体时间

步骤六：在"操作"对话框中，选择"启动程序"单选按钮，单击"下一步"按钮。

步骤七：在如图 4-2-11 所示的"启动程序"对话框中，单击"浏览"按钮，选择创建好的"reboot.bat"。

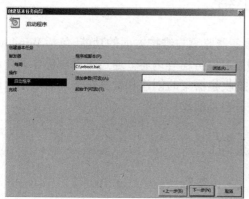

图 4-2-11　选择重启程序

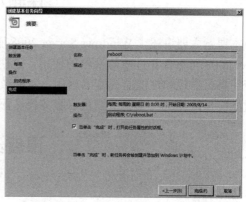

图 4-2-12　计划任务设置完成

步骤八：在如图 4-2-12 所示的对话框中，勾选"在单击'完成'时，打开此任务属性的对话框"复选框，单击"完成"按钮。在属性对话框中，可以调整任务计划时间、操作、条件、设置等属性，可以查看该任务已运行的历史记录。

这样，任务计划就会在无人值守情况下每周日 0:00 自动运行"reboot.bat"程序重新启动服务器。

二、服务自动启动

在无人值守情况下自动重新启动服务器后，一些必需的服务就需要自动启动。

步骤一：运行"开始→管理工具→服务"命令，打开如图 4-2-13 所示的"服务"管理窗口，可以查看系统中所有服务的状态和启动类型。

步骤二： 如将"Netlogon"服务设置为自动启动，双击该服务，打开如图 4-2-14 所示的属性对话框，在"启动类型"下拉列表框中，选择"自动"，单击"确定"按钮。

按上述步骤可将 Web、FTP 等服务设置为自动启动，确保网站能正常运行。

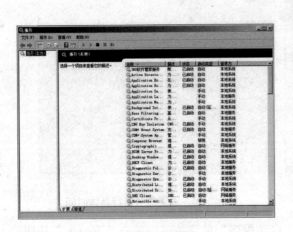

图 4-2-13　服务管理器

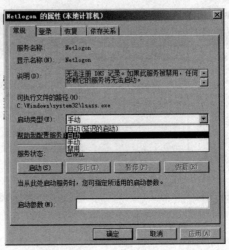

图 4-2-14　设置服务启动类型

课题小结

本课题主要讲述了 Windows Server 2008 服务器监测与维护方面的功能，包括 Windows Server 2008 可靠性和性能监视器的使用，定期重启服务器等内容。通过本课题的学习，读者应了解可靠性和性能监视器的启用；掌握数据收集器集的创建和数据报告的查看，性能计数器警报的使用；掌握定期重启服务器和服务自动启动。

课后练习

一、思考题

1．当管理分析监测报告发现网络性能急剧下降时内存占有率剧增，可能的原因是什么？如何提升网络速度？

2．当管理分析监测报告发现网络性能急剧下降时"%Processor Time（处理器时间）"一直在 80%以上，可能的原因是什么，如何提升网络速度？

3．Shutdown.exe 程序有哪些常用参数？

二、实践题

1．创建一个能提供最大化性能和简化系统操作的方法数据收集器集。

2．设置服务器每周五 23：00 重启，重启后 Web 服务自动运行。